Klaus Lumma · Brigitte Michels · Dagmar Lumma

Resilienz-Coaching

Führungkräfte-Handbuch

Das A und O der orientierungsanalytischen Gestaltung von Beratungsprozessen: Ein Lehrbuch zum lebendigen Lernen mit Tafeln, Minilektionen, Anleitungen und bebilderten Praxisbeispielen

ISBN 978-3-86451-014-4

WINDMÜHLE VERLAG GmbH
Postfach 73 02 40
22122 Hamburg
Telefon +49 40 679430-0
Fax +49 40 67943030
info@windmuehle-verlag.de
www.windmuehle-verlag.de

Satz und Gestaltung: FELDHAUS VERLAG, Hamburg
Umschlaggestaltung: Reinhardt Kommunikation, Hamburg
Druck und Verarbeitung: WERTDRUCK, Hamburg

Bibliografische Information der Deutschen Nationalbibliothek
Die Deutsche Nationalbibliothek verzeichnet diese Publikation in der Deutschen Nationalbibliographie; detaillierte bibliografische Daten sind im Internet über http://dnb.d-nb.de abrufbar.

Inhaltsverzeichnis

Klang-Steine

Steine – zeitlose Erinnerungen an die Menschheitsgeschichte
Sie zum sprechen zu bringen begann schon sehr früh
Sie erklingen zu lassen weckt Ressourcen des Wissens
Wissen ist Macht

Macht ohne Wissen ist hohl ohne Stein
Ihr zu frönen entbehrt aller Liebe
Steter Tropfen höhlt den Stein
Steine zu hauen ist wie Beten zu Gott

Langlebiger Stein – Elixier für das Leben
Du zeigst uns den Weg aus Gewalt und Verzicht
Verzichten auf Liebe bringt Not – bringt Tod
Wer Steine versteht, hat seine Ohren bei Gott

Fats von Gerolstein

Dabei Dabei 4502

Kraft zum Sein & Sein mit Kraft
Kraft zum Sein ~ Von Bein zu Bein
Von Person zu Person ~ Von Blume zu Blume

Dazwischen der Boden, auf dem wir stehn
Der Boden ist gut und sicher für viele
Es ist gut, ihn zu nutzen

Du dárfst ihn auch nutzen ~ ist Schwester und Bruder
Auch Vater und Mutter
4502 ~ auch Du bist dabei

In Freude und Schmerz
Als Team ganz und gar
Wo Du bist mit mir – wo wir sind mit euch

Denken kommt später
Jetzt geht es ums Sein
Von Dir ~ mit mir UND im Wir

Fats von Gerolstein

Wohin du auch gehst

Ich glaube, das Zwischen-Uns
kann heilen – entzweien.
Es lebt von Dir und von mir
~ ist kein Parasit.

Es ist, wo es ist ~
ein Schwingung des Kosmos.
Resonanz klingt im Körper
~ bei mir und in uns.

Wohin Du auch gehst, ~
das Zwischen-Uns wirkt.
Es beteiligt den Erdball
~ materiell ist es nicht.

Du kannst es nicht sehen.
Es fühlt sich wie Luft,
wenn heilend es wirkt
~ wie Donner, wenn's bricht.

Es bleibt, wenn Du gehst ~
zwischen Dir und bei mir.
Es ist, wenn Du willst,
~ ein Kompass der Liebe.

Fats von Gerolstein

Ich habe einen Traum.
Martin Luther King hat 1963 seinen Traum von Freiheit beschrieben,
und dieser Traum ist wahr geworden.

Vorwort: Wieso haben wir dieses Buch geschrieben?

Nachdem wir mit »Quellen der Gestaltungskraft« unsere Konzeption der Verbindung von Kunst-Therapie und Entwicklungspsychologie veröffentlicht haben, stellen wir mit diesem Buch unsere kreative Umgangsweise mit dem Fachgebiet Coaching vor.

Wir berufen uns dabei überwiegend auf unsere eigenen Erfahrungen aus dem Coaching von Einzelpersonen, insbesondere von Menschen in Leitungsfunktion. Diese Zielgruppe legt großen Wert darauf, dass Beratung in Form von Coaching in streng vertraulichem Rahmen gehalten und gestaltet wird, weil immer noch die Vorstellung kursiert, dass ein Mensch in Leitungsfunktion alles alleine schafft. Beratung/Coaching aufzusuchen wird oft als Schwäche ausgelegt. Wie die Praxis zeigt, ist jedoch der Erfolgs- und Leistungsdruck so groß, dass es sinnvoll und oft auch notwendig ist, Leiter-Denken und Verhalten mit einem erfahrenen Coach zu reflektieren, insbesondere anhand ganz konkreter Situationen aus dem Leitungsalltag im Unternehmen.

Eine unserer Spezialitäten ist, den heutigen Konflikt in Bezug zu setzen zur Biografie. Wir setzen dafür entsprechende Tools ein und arbeiten zukunftsorientiert. Das heißt, wir konzentrieren uns in der Beratung auf das, was im Leben gut funktioniert und den eindeutigen Charakter von Zielorientierung und Erfolg hat. Dazu begleiten wir unsere Klienten dabei, sich von destruktiven Denkmustern und Verhaltensweisen zu trennen.

Tools, die wir beim Coaching zum Einsatz bringen, sind in der Regel situativ entwickelt und entspringen sowohl tiefenpsychologischen als auch lerntheoretisch begründeten Modellen, sowohl in Theorie als auch in der Praxis. Alle Tools, die wir vorstellen, sind zugleich in der Praxis erprobt und wissenschaftlich begründet. Wir arbeiten mit

- Früh-Erinnerungen
- Farben und anderem künstlerischem Material
- Musik
- Resonanzen
- Resilienz-Bildern
- Baum-Bildern
- Tiersymbolen
- Frank Parsons' Idee der Berufungsberatung

Wir nutzen Sprache, Spiel, Musik, Imagination und Gestaltung wechselbezogen und »switchen« auf die jeweilige Situation bezogen zwischen diesen methodischen Ansätzen. Dadurch werden Denken und Handeln im Bezug auf die Problemstellung flexibel: Neues wird möglich.

Praxisfeld-Studie 1 *Svens Traum*

Ähnlich wie Martin Luther King haben wir alle als Kinder einen Traum geträumt und uns eine erfolgreiche Zukunft ausgemalt.

- Was wir werden wollen.
- Wie, wo und mit wem wir leben wollen.
- Was wir erforschen und erfinden werden. ...

Was ist daraus geworden? Was davon haben wir erreicht?

Auch der fünfjährige Sven aus der Nachbarschaft hatte seinen Traum: Er spielte stundenlang allein und hochkonzentriert »Rummenigge«, dribbelte mit seinem Ball, schoss Tore, setzte sich durch gegen einen imaginären Gegner. Er war gleichzeitig Fußballspieler, Trainer, Schiedsrichter und Zuschauer und ging in diesen Rollen auf. Oft habe ich fasziniert am Zaun gestanden, ohne dass Sven mich bemerkte – er ging voll auf in den Rollen seines Traumjobs.

Was ist aus Sven geworden? Es gibt bei ihm keine glänzenden Augen mehr, er fällt nicht auf im Meer der Arbeitnehmer. Leistungs- und Erfolgsstreben finden sich nicht. Damals mit der Einschulung hat seine Mutter ihm »die Flausen ausgeredet«, wie sie sagt. Sven solle das dumme Ballspielen lassen und ernsthaft für die Schule lernen. Die Botschaft ist angekommen: »Du und Dein Traum – ihr seid nicht richtig!«

Erfolg ohne Traum, ohne Vision ist nicht möglich!

Wenn wir innehalten und zurückdenken, fällt uns möglicherweise der gute alte Traum wieder ein. ... Auch Sven hat seinen Traum wiederbelebt (s. Seite 210).

Haben wir unsere Ziele erreicht, oder haben wir sie aus dem Blick verloren?

In unseren Coachings ist immer wieder Thema, »alte« Ziele aus der Kindheit neu und zukunftsorientiert zu formulieren, anzuvisieren und durch die Aufgabenstellung der damit verbundenen Herausforderungen des Hier und Jetzt zu verschütteten Entwicklungspotenzialen zurückzufinden. Sie dienen als Schlüssel für neue Lebensplanung und Lebensgestaltung gemäß unserer Berufung.

Bild 1: Die Vision vom Erfolg

Mit diesem Buch wollen wir Anstöße geben und Tools (supervisorisches Handwerkszeug) vermitteln, Klienten zukunftsorientiert zu begleiten. »Das, was wir heute übereinstimmend als Identitätspfeiler von Beratung/Counseling ansehen, also die Dimension der Information, die Dimension der Prävention und auch die Entwicklungsförderung waren maßgeblich durch die Beratung in Bildung und Beruf schon früh betonte Funktionen des professionellen Beratens.« (Frank Nestmann 2011)

Erinnerungen
ans Sein

Zum Fühlen und Denken
gehör'n mindestens zwei.

Du und ich
kann mehr sein als drei.

Der Frisör und die Oma
sind von Wert für uns all.

Wolf und Spiegel
sind immer dabei.

Mehr wird es dann,
wenn Du schätzt, was da ist.

Das Ganze ist mehr
als die Summe von Zahlen.

Recollections
on How to be

To feel and to think
you need two and more.

You and me
may be more than three.

The barber and grandma
should be respected by all.

A wolf and a mirror
are always included.

You even get more
when you accept what's going on.

The whole is more
than summing up numbers.

Fats von Gerolstein

Gib dem Zufall eine Chance.
Entdecke Deine Chancen in Deinen Erinnerungen.

Einleitung

Unsere Manuskripte zum Resilienz-Coaching waren längst überfällig, in Form eines Handbuches publiziert zu werden – jetzt haben drei Jubiläen dazu geführt:

2012: 25. Jahrestagung des Berufsverbandes für Beratung, Pädagogik und Psychotherapie BVPPT e.V.

2012: 40. Geburtstag des IHP, des Instituts für Humanistische Psychologie als staatlich anerkanntes Ausbildungsinstitut, welches den Begriff Counseling in Deutschland erstmals nutzte und ihm auch berufspolitisch in der Fachrichtung »Supervision« den Coaching-Begriff zuordnete.

2013: 100 Jahre Counseling

Frank Parsons legte bereits ab 1909 den Grundstein für die Felder Supervision und Coaching. Er forschte, praktizierte und publizierte sein Konzept der Berufungsberatung (vocational guidance).

Praktiker aus unterschiedlichen Berufsfeldern gründeten dann 1913 in den USA den ersten Beratungsverband, die National Vocational Guidance Association NVGA. Dieser trug zwischen 1952 und 1992 den Namen American Personnel and Guidance Association APGA und wurde dann zur American Counseling Association ACA, wobei in der Hauptsache, wie schon bei Parsons, drei Coaching-Ziele im Vordergrund standen:
- das Wissen über Arbeitszusammenhänge
- das Wissen über sich selbst, seine Fähigkeiten und Verhaltensmuster
- die Fähigkeit, beides in Einklang miteinander bringen zu können.

1913 gründete Alfred Adler in Wien den österreichischen Verein für Individualpsychologie. Auch wenn es in der deutschen Medizin von 1913 bereits hie und da Initiativen gegeben haben mag, die man dem professionellen Feld der Beratung zuordnen könnte, so beziehen wir uns für den europäischen Lebensraum gerne auf Adlers Vereinsgründung in Wien, denn er war der Erste, der hierzulande Beratung auch als pädagogische und nicht nur als medizinische Disziplin deklarierte – und das ist ein großer Unterschied, wie in diesem Buch an vielen Praxisbeispielen deutlich wird – und natürlich auch an der dahinter angewandten Theorie. Die erste deutschsprachige Publikation, die solche Möglichkeiten eröffnete, war das 1913 erstmals erschienene Buch »Bilden und Heilen« aus der Feder von Alfred Adler und Curt Furtmüller (Reinhardt Verlag München). Wen weitere Details solcher Vorläufer-Institutionen interessieren, den verweisen wir auf Kapitel 6 zur Counseling-Geschichte in Kurzform.

Dass professionelle Beratung in Deutschland erst nach dem Zweiten Weltkrieg so richtig »auf die Bühne« kam, lag einzig und allein daran, dass viele der führenden psychologischen Vertreter dieser Disziplin jüdischer Herkunft waren und deshalb in Nazi-Deutschland (und auch Österreich) verfolgt wurden. Es gibt einen einzigen Hinweis über berufsbezogene Beratung bei Karl Koch, der den Schweizer Berufsberater Emil Juncker benennt, der in seiner Beratungsarbeit Klienten auffordert, Bäume zu zeichnen, da er davon ausgeht, dass das Zeichnen von Bäumen die »Seinsgeschichte der Gesamtpersönlichkeit des Menschen« aufdecke. Das geschah etwa 1930 und war eine der Quellen für Karl Koch, den Baumtest zu entwickeln. Noch heute wird dieser Test als projektiver Persönlichkeitstest angewandt. (Siehe dazu auch Praxisfeld-Beispiele in diesem Buch.)

Die Vocational Guidance (Coaching & Supervision) Seite des Counseling wird erst jetzt allmählich auch seitens ihrer Entstehungsgeschichte beleuchtet.

Diese berufsbezogene Form des Coaching, die Vocational Guidance ist aller Wahrscheinlichkeit nach ausschließlich amerikanischen Ursprungs, während der psychologische Teil in der Tat zwar in Europa entstand, jedoch den Umweg brauchte über die USA und England, um nach dem Zweiten Weltkrieg auch hier fruchtbaren Boden zu finden. Wie kam es dazu?

Ein sehr engagierter Schüler Alfred Adlers wurde der amerikanische Theologe und Psychologe Rollo May. Nach Erledigung seiner beruflichen Aufträge in Europa brachte er die Ideen seines Lehrers erfolgreich nach Kalifornien. Er publizierte 1939 bereits sein Standardwerk über die Kunst der (psychologischen) Beratung, »The Art of Counseling« (in Deutsch erstmals erschienen bei Matthias Grünewald, Mainz 1991) und war im Saybrook Institute (heute Saybrook University: www.saybrook.edu) am Aufbau der ersten Counselor-Studiengänge beteiligt.

Rollo May gründete innerhalb von Saybrook ein »Center for Humanistic Studies« und war damit ähnlich wie Charlotte Bühler und Fred Massarik von der University of California am Aufbau der Humanistischen Psychologie als dritter Disziplin neben Psychoanalyse und Behaviorismus beteiligt.

Und es gab da noch eine weitere »kalifornische« Adlerianerin, die an dieser Stelle genannt sein muss: Lucy Ackerknecht (ehemals Berlin, dann Berkeley). Sie war es, die ab 1977 an ihrem zweiten Wohnsitz in Köln und ab Mitte der 1990er-Jahre auch im französischen Argelès-sur-Mer-Plage, in der Schweiz, in Österreich und Luxemburg die Ausbildungsangebote für Beratung des WIRTH »Western Institute for Research and Training in Humanics« auch in Europa anbot. Klaus Lumma ist einer der Absolventen dieser Ausbildung mit Praxislizenz für Kalifornien (MFCC Marriage, Family & Child Counselor). Er hat mehrere Jahre vor ihrem Tod mit Lucy Ackerknecht zusammengearbeitet, in Köln ebenso wie in Berkeley, und das Konzept des orientierungsanalytischen Coachings von ihr supervidiert bekommen, praktisch ebenso wie theoretisch.

Bild 2: Co-Autorin Dagmar Lumma 1995 am Rollo May Center for Humanistic Studies in San Francisco

Soweit zum geschichtlichen Hintergrund des Coaching-Ansatzes, wie er in diesem Handbuch beschrieben wird.

Der Begriff »Coach« stammt aus der englischen Sprache und bedeutet dort Kutsche. Dieser Begriff beschreibt also ein Instrument, das es Menschen ermöglicht, von einem Ort an einen anderen zu gelangen. Coaching kann vor diesem Hintergrund auch als Entwicklungsinstrument bezeichnet werden. Das Ziel formuliert der Klient (Coachee), der Coach begleitet ihn auf dem Weg als neutraler »Reise«-Gefährte.

Erste entlehnte Verwendungen des Wortes Coach fanden im Sport statt. Dort ist der Coach nicht nur der Vermittler von sportlichen Fertigkeiten, sondern darüber hinaus ist er Begleiter, Motivator, etc. Der Coach im Sport ist auch oder gerade Trainer der mentalen Fähigkeiten und Fertigkeiten der Sportler.

Vor diesem Hintergrund wird klar, dass der Charakter eines Coachings nicht dadurch gekennzeichnet ist, dass der Coach die Lösungen für Probleme oder Konflikte mitbringt. Vielmehr ist der Coach ein »neutraler Gesprächs- und Interaktionspartner, der seinem Coachee (Klienten) den Prozess der individuellen (Weiter-)Entwicklung eröffnet, erleichtert und begleitet.« (aus: Wikipedia)

Grundsätzlich können wir dieser Beschreibung in einigen Aspekten zustimmen, und doch empfinden wir uns als Counselor in der Coaching-Praxis bezüglich Gruppen und Teams keineswegs als neutral, sondern vielmehr parteiisch in dem Sinne, dass Team-Coaching eine Menschengruppe dazu führen soll, konstruktiv zum Wohle des Menschen (und seiner Unternehmen und Unternehmungen) beizusteuern und nicht nur materiellen Gewinn zu erhöhen. (Wozu solche Einseitigkeit führt, erleben wir immer wieder in Zeiten von Wirtschaftskrisen und Naturkatastrophen.)

Was zeichnet diese Konzeption aus, die sich auf die lange Tradition des Counseling beruft? Coaching im orientierungsanalytischen Sinne ist eine zielgerichtete und sinnvoll organisierte Lernform zur Bearbeitung von persönlichen und beruflichen Themen, Konflikten zur Erfindung von neuen Lösungen aus einem Denken von der Zukunft her. Wir verwenden durchgängig den Begriff Klient, denn wir schätzen die in diesem Begriff ausgedrückte Augenhöhe beider Partner.

Orientierungsanalytisches Coaching erlaubt den Zufall als Weichensteller für berufliche Entscheidungen, denn in der Tat sind manche Erfolgsgeschichten auf Zufälle zurückzuführen – und das Auswerten von Erinnerungen hilft dem Zufall oft auf die Sprünge, indem durch Wechsel der Perspektive eine Neuorientierung möglich wird.

Innerhalb der Beschäftigung mit den eigenen Zielvorstellungen lernt der Klient mittels biografischer Reflexionen, belastende Erinnerungen so umzuformen, dass sein Denken und Fühlen dafür frei wird, offen für das zu werden, was ihm »zufällt« und sich mehr mit der Gestaltung von Zukunft zu beschäftigen als in belastenden Gedanken an Vergangenes und Nicht-Erreichtes zu versinken – dies übrigens ganz im Sinne dessen, was Otto Scharmer in seiner Theorie U beschreibt (Carl Auer Verlag 2009) und was Frank Parsons bereits 1909 publizierte.

Unser Buch zeichnet sich dadurch aus, dass es im Stil eines Fieldbooks übersichtlich und klar strukturiert ist, zahlreiche Praxisbeispiele bringt und Theorie ausschließlich in der knappen Form von Minilektionen vermittelt. Unsere Praxis des Resilienz-Coachings unterscheidet sich vor allem dadurch von anderen Beratungskonzepten, dass sie nicht Personen und deren eventuell psychodynamisch begründeten Entwicklungsdefizite analysiert, sondern sehr konzentriert ist auf eine an Zielprojektionen orientierte Änderung von Denk- und Handlungsmustern bezüglich der Entwicklung von Widerstandskraft in Berufs- und Persönlichkeitsentwicklung. Im Sinne von Frank Nestmanns Plädoyer für die Wiedervereinigung von Counseling und Guidance (2011) ist dieses Handbuch geradezu rechtzeitig auf dem Weg.

Bezüglich der Schreibweise des englischsprachigen Begriffes Counseling haben wir uns aus inhaltlichem Grund für die amerikanische Variante mit einem »l« entschieden, denn wie die ACA American Association for Counseling deutlich werden lässt, ist der Beratungsbegriff dort weiter gefasst als zum Beispiel bei den Engländern, die Counselling sehr in der Nähe von heilkundlich-therapeutischer Tätigkeit platziert haben.

Irgendwann jedoch wird das ganze Gebäude so schwer begehbar
und passt nur noch so schlecht in die Landschaft,
dass ein drastischer Umbau oder sogar
eine Neukonstruktion des ganzen
bisher aufgetürmten Theoriegebäudes
unvermeidbar wird.
Gerald Hüther und Christa Spannbauer, 2012

Wieso wir mit Erinnerungen arbeiten oder: Die Früh-Erinnerung (FE) als Spiegel des unbewussten Lebensstils

Unsere Beratungsarbeit haben wir mehrere Jahre lang überwiegend in Form von Lerngruppen angeboten. Dabei trafen wir immer wieder auf Teilnehmer, die vom Gruppen-Lernprozess dazu angeregt wurden, nach Abschluss der Gruppe oder auch zwischen einzelnen Gruppenterminen Einzelkonsultationen anzufragen. Der Gruppenprozess hat sie angeregt, vertiefende Betrachtungen ihres persönlichen wie beruflichen Sinn-Zusammenhanges anzustellen. So entstand die in diesem Buch vorgestellte Form des Coaching mittels Bearbeitung der Biografie. (Siehe auch: Lumma 1983.)

Das Themenspektrum solcher Einzel-Coachings ließ sich anfangs in der Regel auf Entscheidungsschwierigkeiten in persönlichen wie beruflichen Konfliktsituationen zurückführen. Generell gesprochen, tauchte mehr und mehr die Auffassung auf, die eigenen Eltern bzw. Erzieher und Lehrer hätten versäumt, uns auf die Lösung von Alltagskonflikten vorzubereiten. Doch im Verlauf vertiefender Erfahrungen mit dem Arbeitsmittel »Erinnerung« und mit dem steigenden Wissen über die Struktur des menschlichen Gehirns wurde immer deutlicher, dass für das Unvermögen eigene Konflikte zu lösen, nicht (wirklich) Eltern, Erzieher oder Lehrer verantwortlich zu machen sind.

Auch der Versuch, ausschließlich das therapeutische Handwerkszeug des Gestalt-Ansatzes für den Rahmen von Einzel-Coachings zu benutzen, hatte sich als zu blauäugig erwiesen, selbst wenn er durch transaktionsanalytische Erklärungsmuster ergänzt wird. Wir brauchten also so etwas wie einen tiefgreifenden »Umbau oder eine Neukonstruktion des ganzen bisher aufgetürmten Theoriegebäudes« (siehe Hüther & Spannbauer 2012, Seite 9).

Obwohl die Arbeitsweise des gestaltorientierten Rollenspiels für konkrete Hier- und Jetzt-Situationen »Hilfe« gewährt, stieg die Unzufriedenheit mit dieser Vorgehensweise immer mehr. Auch die Klienten berichteten davon, dass sie zwar in einzelnen Situationen konkrete Entscheidungshilfe erhalten hätten, jedoch wünschten sie sich darüber hinaus mehr systematische Bezugnahme auf ihre biografischen Ressourcen und Kraftquellen. Dazu verlangten sie zur Lösung konkreter Alltagskonflikte nach einer breiteren Orientierungsmöglichkeit für zukünftige Situationen.

Wir lösten uns also mehr und mehr vom bislang in der Humanistischen Psychologie üblichen »Hier und Jetzt-Diktat« und begannen damit, gemeinsam mit dem Klienten ressourcenorientierte Reflexionen zur Biografie anzustellen, also Reflexionen zur Entwicklungsgeschichte des jeweils persönlichen konstruktiven Entwicklungspotenzials und natürlich auch zu der brennenden Frage:

»Was früher gewesen sein könnte, dass man sich heute so und so verhält.«

Wenn die frühen Prägungen so stark sind, wie wir alle annehmen, dann könnte man ja lernen, wie man sie in zukünftigen Situationen positiv nutzen könnte, anstatt sie immerwährend zu bekämpfen und in diesem inneren Kampf viel Energie zu vergeuden, die sinnvollerweise zukünftigen Aufgabenstellungen und Herausforderungen zugutekommen könnte.

Erst als wir lernten, dass unser wichtigster Gestalt-Lehrer John Brinley seinen Beratungsansatz nicht auf das Hier und Jetzt beschränkte, sondern die Hier und Jetzt-Situation mehr und mehr dazu nutzte, Verbindungen herzustellen zur eigenen Entwicklungsgeschichte und zur möglichen zukünftigen Weiterentwicklung, konnten sich die methodischen Schritte verändern. Wir probierten erste Schritte hinsichtlich einer konzeptionellen Weiterentwicklung des von John Brinley gelehrten Ansatzes zur Persönlichkeitsentwicklung. Da Brinley von seiner Grundausbildung als Individualpsychologe nach Alfred Adler geprägt war, konnte man davon ausgehen, dass bei ihm bereits mehr individualpsychologische Grundlagen im Arbeitskonzept steckten, als ihm selbst (als Gestalt-Therapeut) bewusst war.

Bild 3: John Brinley, Counselor für individualpsychologische und Gestalt-Therapie

Die Entwicklungsarbeit mit Lucy Ackerknecht und später auch Fanita English brachte weitere Erkenntnisse im Hinblick auf den Umbau von Denkmodellen. Methodisch arbeitete Lucy Ackerknecht mit dem Konzept der Lebensstilanalyse nach Alfred Adler auf der Grundlage von sieben oder mehr Früh-Erinnerungen (FE) aus Kindheit und Jugend, indem sie aus der jeweils speziellen Reihenfolge und dem Inhalt der Früh-Erinnerungen dem Klienten Interpretationen für sein spezielles Verhalten in Konfliktsituationen bzw. auch für das Entstehen von psychosomatischen Störungen anbot. Diese Vorgehensweise könnte man als klinisch-therapeutisch bezeichnen, es ging mehr um Behandlung als um partnerschaftliches Lernen auf Augenhöhe.

Unser Ziel wurde, das methodische Vorgehen des Counseling dem Klienten und seiner Situation anzupassen und nicht länger Energie darauf zu verwenden, den Klienten von der Methodik zu überzeugen. Mit Bezug auf die Hirnforschung fanden wir einen neuen Weg, Counseling-Arbeit entsprechend dieser Hypothese zu gestalten und dadurch dem Klienten zu ermöglichen, mittels Erinnerungen seine Entwicklungsgeschichte neu zu betrachten und aus dieser Betrachtung für die Erfordernisse von »Hier- und Jetzt-Situationen« und für die Gestaltung der Zukunft zu lernen.

Aus erfolgreich gestalteten Coaching-Prozessen und aus der individualpsychologischen Literatur war inzwischen bekannt, dass eine Folge von mindestens sieben Früh-Erinnerungen Spiegel für drei unterschiedliche Lebensbereiche des Menschen sein kann (siehe auch Ackerknecht 1978):

- die konkrete Hier- und Jetzt-Situation
- die Zukunftsprojektionen
- das soziale Gefüge.

Mit diesem Wissen (inzwischen auch wissenschaftlich belegt durch Ergebnisse der Hirnforschung) und mit der oben genannten Hypothese im Hintergrund praktizieren wir (seit etwa 1980) Einzel-Coaching und Supervision unter anderem orientierungsanalytisch angelegt aus der Verbindung von Früh-Erinnerung (FE) und gestaltendem Tun heraus. Konkret bedeutet das, Erinnerungen im Sinne lebendigen Lernens für die Gestaltung des aktuellen und des zukünftigen Lebensrahmens handelnd nutzbar zu machen und sie nicht mehr nach einem Theoriekonzept zu interpretieren.

Mit dem Begriff »handelnd nutzen« ist Folgendes gemeint:

- Erinnerungen werden aus den inneren Bildern des Gehirns abgerufen und nach außen gebracht, indem sie zweidimensional (mit Stiften auf Papier) oder dreidimensional (Gestaltungen mit Seidenpapier) sichtbar gemacht und anschließend aus dem Erleben des damaligen Kindes/Jugendlichen in Worte gefasst werden. (Hierbei wird die Ratio unterwandert, und das analog-kreative Potenzial kommt wie von selbst zum Vorschein.)
- Erinnerungen werden psychodramatisch (wie ein Theaterstück) inszeniert und situationsbezogen neu inszeniert. (Durch das spontane Inszenieren und vom Coach gesteuerte Umgestalten ist eine ansonsten schnell einsetzende Zensur der Ratio durch die körperliche Bewegung beim »Theater spielen« fast nicht möglich.)

- Erinnerungen werden inhaltlich neu geschrieben, sodass sie besser zu dem passen, was der Klient erreichen möchte als zu dem, was er ungeprüft (als imprint) übernommen hat. (Durch diese Vorgehensweise gelingt es, destruktive Prägungen in konstruktives Potenzial umzugestalten.)
- Erinnerungen werden mit dem Wissen des heute erwachsenen Klienten verändert. (Hier nutzen wir kognitives Wissen des Erwachsenen-Ichs.)
- Erinnerungen werden gestalterisch bearbeitet: mit Farben, Ton, Seidenpapier, Transparentpapier und Ähnlichem. (Dadurch wird ähnlich wie beim psychodramatischen Inszenieren die Ratio unterwandert und die bedrückende Momentaufnahme einer Erinnerung lässt sich danach durch weitere kreative Vorgehensweisen in ein »Wunschbild« umgestalten.)
- Aus Resilienz-Bildern, gemalten Erinnerungen von anderen Menschen, die Krisen und Schicksalsschläge erfolgreich überwunden haben, werden Ausschnitte ausgewählt und/oder vergrößernd abgemalt. (Hierbei übernimmt die vergrößernd gestaltende Hand gewissermaßen einen Teil der »Überlebenskraft« aus der gemalten Erinnerung des anderen bzw. aus dessen Resilienz-Bild und integriert sie in das eigene Denken- und Fühlen-Repertoire. Es empfiehlt sich, bei solchen Mal-Aktionen entwicklungsfördernde Musik oder die Wunschmusik des Klienten begleitend abzuspielen.)
- Andere »Handwerkszeuge« aus der Entwicklungsgeschichte des Coaching werden situativ umgestaltet und zum Aufspüren von konstruktiven Lösungen für aktuelle berufliche und persönliche Neu-Orientierungen genutzt. (Solches ist zum Beispiel möglich durch Einsatz des analog angelegten projektiven Baum-Tests nach Karl Koch oder durch Einsatz des rational angelegten Fragebogens nach Frank Parsons.)

Im Coaching gilt es aufmerksam zu sein,
wie unsere Denk- und Handlungslogik durch
die innere Logik der Bilder, die wir … nutzen, bestimmt wird.
Heidi Möller, 2013, Seite 3

Sein

Trauer – über das, was niemals sein konnte
Verbunden mit dem Gestern im Stern
Loslassen,
Neues entsteht im Heute,
ES DARF SEIN.

Brigitte Michels

Die in der Kindheit und Jugend erlernten, angewöhnten und übernommenen Grundvorstellungen über den Sinn des Lebens, über »Gott und die Welt«, über die Zuordnung der Werte, kurzum: über das »Weltbild« und Lebensverständnis werden durch die Jahrzehnte hindurch abgenutzt, veralten, schleifen ab, verflachen, erweisen sich als unpassend und überholt.
Franz Pöggeler 1974, S. 70

1 Resilienz-Coaching-Struktur

1.1 Konsultations-Struktur für orientierungsanalytisch-systemische Coachings

Das Grundkonzept dieses Coaching-Ansatzes führte 1986 an der Rheinisch-Westfälischen Technischen Hochschule RWTH zum Doktorat Klaus Lummas bei den Aachener Professoren Franz Pöggeler und Gerhard Glück.

Lenkungsprozesse müssen mithilfe psychologischer, soziologischer und organisationstheoretischer Erklärungsmodelle reflektiert werden.
Franz Pöggeler 1974, S. 88

Bei diesem Coaching-Ansatz zum Aufspüren sinnvoller Orientierung geht es grundsätzlich darum, Probleme, Konflikte und neue berufliche oder persönliche Aufgabenstellungen als Herausforderung (und nicht als Behinderung) zu verstehen, destruktiv und unbewusst wirkende Ziele zu erkennen und im Hinblick auf konstruktives Denken und Handeln »umzupolen«.

Dazu machen wir Gebrauch vom größten Kapital, welches der Mensch sein Eigen nennt, nämlich die Erinnerungen an seinen bisherigen Werdegang, seinen Entwicklungsprozess von klein auf.

Wir stellen an dieser Stelle die »Startkonzeption« orientierungsanalytischen Coachings vor, das auf der Grundlage des allgemeinen Coaching-Ablaufs basiert, dazu kommen die speziellen Elemente der Orientierungsanalyse.

Die äußeren Bedingungen

Wir brauchen einen Praxisraum, ausgestattet mit sechs bis acht bequemen und dennoch leicht beweglichen Sitzmöbeln. Er hat mehr den Charakter eines gemütlich eingerichteten Kleingruppenraumes, wie man ihn auch in gut ausgestatteten Bildungseinrichtungen vorfindet. Es ist Platz genug, um Rollenspiele mit viel Bewegungsfreiheit inszenieren zu können.

Sinnvoll ist ein Ton-Aufnahmegerät, um das Gesagte aufzuzeichnen. Es ist genügend Papier in kleinem Format zum Mitschreiben der Früh-Erinnerungen, in großem Format (Zeichenblöcke) zum bildhaften Erklären vorhanden.

Für die orientierungsanalytische Vorgehensweise verbinden wir grundlegend das individualpsychologische Wissen um die Bedeutung der Früh-Erinnerungen mit der Praxis des gestalttherapeutischen Rollenspiels (Vignette). Es geht hierbei um das Kennenlernen von Sinnzusammenhängen verschiedener konkreter Lebenssituationen des Klienten im Kontext gegebener Konflikte und um das Lernen neuer bzw. neu entdeckter Orientierungen, neuer »Ziele als imaginärem Ort der Sicherheit«. (Krütte-Rüping 1984, S. 221)

Es ist etwas anderes, ob man diese Möglichkeiten lediglich weiß, oder ob man sie in eigener Darstellung erlebt und dabei neu entdeckt, dass man sie durchaus auch selber in sich trägt. (Cohn in Farau/Cohn S. 288.)

Tafel 1 *Der Aufbau orientierungsanalytisch-systemischen Coachings* (Struktur 1)

1. Die äußeren Bedingungen klären
2. Den Konsultationsvertrag verhandeln
3. Das FE-Interview durchführen – meist eine Doppelstunde zum Einholen von sieben bis neun Früh-Erinnerungen aus der Biografie des Klienten
4. FE-Szenarien durchführen – in der Regel von der dritten bis zur vorletzten Sitzung
5. Coaching-Abschluss – die letzte Sitzung mit Auswertungsfragen gestalten

FE = Früh-Erinnerung zu konkreten Szenarien aus der Entwicklungsgeschichte des Klienten

Der Konsultationsvertrag

Wir starten wie beim allgemeinen Strukturablauf mit dem Klären des Auftrages und finden heraus, was gelernt werden will, wohin die »orientierungsanalytische Reise« gehen soll, welches konkrete Ziel die Beratung haben soll.

Wir besprechen die Rahmenbedingungen für den gemeinsamen Lernprozess. Wir fragen nach vorhandenen Konfliktsituationen, nach dem Anlass des Kommens, d. h. nach Thematik und Ziel unserer zukünftigen Arbeit. Des Weiteren erläutern wir die Arbeitsweise und dass wir für die gemeinsame Arbeit ein Interview über biografische Daten und Kindheitserinnerungen führen werden. Diese Daten bestimmen die Länge des Lernprozesses. Wir klären, ob der Klient wünscht, dass die Sitzungen aufgezeichnet werden, damit er sie mit nach Hause nehmen kann, sodass die Möglichkeit besteht, das Besprochene nochmals in Ruhe nachzuerleben, gegebenenfalls zu vertiefen und schriftlich auszuwerten.

Tafel 2 *Kontext-Fragebogen zur Ursprungsfamilie*

für (Name) ______________________

Spitzname? ______________________

In der Ursprungsfamilie lebten früher:

VATER geb. ______________ MUTTER geb. ______________

gest. ______________ gest. ______________

Vorname ______________ Vorname ______________

Mädchenname ______________

Beruf Vater ______________ Beruf Mutter ______________

Wer sonst noch in der bzw. in der Nähe der Ursprungsfamilie lebte:

____

Sonstige Notizen

____

____

+ (n)

+ (n)

+ (n)

KLIENT geb. ______________ Geschwister Jahre
Älter +, bzw. jünger –
Jahre

– (n)

– (n)

– (n)

____

Wir holen beim FE-Interview ein:
Sieben (oder mehr) spontane Früh-Erinnerungen = konkrete Situationen mit dem Charakter der Einmaligkeit, Angabe des ungefähren Lebensalters (n), des begleitenden Gefühls (G) und des inhaltlichen Hauptaspektes (HA). Ebenfalls notiert werden: Märchen, Lieder, Geschichten, Träume, Filme, Fotos und Ähnliches.

Siehe auch Lumma, Klaus: Orientierungsanalyse in Humanistische Psychologie 2/99, Eschweiler (IHP)

Wichtig ist, dass im Sinne der Verschwiegenheitspflicht die Tonträger nur für das eigene Lernen des Klienten und nicht für »dritte Ohren« bestimmt ist, es sei denn, dies sei notwendig und miteinander abgesprochen.

Zum Abschluss der ersten Sitzung verbleiben wir so, dass beim nächsten Termin das Interview für die Früh-Erinnerungen geführt wird. Erst danach wird entschieden, wie viele Stunden bezüglich welcher Thematik miteinander gearbeitet wird.

Das FE-Interview – Doppelstunde

Für die zweite Sitzung verhandeln wir in der Regel einen längeren Zeitraum als für die folgenden Sitzungen. In dieser Sitzung werden sieben Kindheitserinnerungen (Früh-Erinnerungen) eingeholt, was möglicherweise mehr Zeit in Anspruch nimmt als die 45 Minuten, die eine übliche Arbeitssitzung dauert.

Wir interviewen dann (unabhängig vom eingeholten Auftrag) unsere Klienten im Hinblick auf sieben bis neun Früh-Erinnerungen (FE-Interview), notieren sie stichpunktartig, legen gemeinsam den inhaltlichen Schwerpunkt, das jeweilige Thema der Erinnerung fest und vergegenwärtigen uns das die Erinnerung begleitende Gefühl.

Den strukturellen Rahmen dazu bildet ein Fragebogen-Raster zur Biografie des Lernenden, der Kontext-Fragebogen zur Ursprungsfamilie (siehe Tafel 2).

In dieser Sitzung befragt der Counselor den Klienten nach seinen biografischen Daten und interviewt ihn bezüglich sieben konkreter Lebenssituationen (Früh-Erinnerungen) aus seiner Kindheit.

Tafel 3 *Die biografischen Daten des Klienten*

- geben Einblick in seine Lebenszusammenhänge
- beinhalten offene und verdeckte Ressourcen
- offenbaren beim Inszenieren hinderliche Denk- und Verhaltensmuster
- ermöglichen Empathie gegenüber frühen, prägenden Lebenssituationen (Script)
- bieten optimale Möglichkeiten zum Umstrukturieren hinderlicher Denk- und Verhaltensmuster (Re-Parenting)

Wir gehen davon aus, dass ein Grund für die Unfähigkeit, mit Konflikten konstruktiv umzugehen, darin liegt, dass ein früher Mangel an zuverlässiger Empathie vorliegt. Haben die frühen Bezugspersonen die für Konfliktfähigkeit notwendige Empathie in die konkrete Lebenssituation des Kindes nicht aufbringen wollen oder nicht aufbringen können, so bietet sich hier dem Klienten als »partizipierendem Beobachter« (significant other = bedeutsamer Anderer des erwachsenen Menschen) die Möglichkeit, dies nachzuholen, und damit teilweise bereits die Störung des Konfliktlösepotenzials aufzuheben (s. dazu auch: Farau/Cohn 1984, S. 240).

Das Einholen von biografischen Daten beinhaltet die Frage nach den Eltern, nach den Geschwistern und sonstigen Personen, die während der Kindheit des Klienten eine direkte Rolle im Familienkontext gespielt haben. Die Berufssituation der Eltern wird erörtert, ebenso die allgemeine Lebenssituation, z. B. die Wohnverhältnisse. Des Weiteren werden die Geburtsdaten notiert, und es wird Klarheit über die Altersunterschiede der Geschwister gewonnen. Diese Angaben werden in einem einfach strukturierten Musterfragebogen notiert.

Dem Einholen solcher biografischer Daten folgt die Befragung bezüglich konkreter Situationen aus der Kindheit. Damit sind nicht Ereignisse gemeint, die immer wieder eine Rolle spielten, sondern einmalige Situationen, die sich zu einem speziellen Zeitpunkt mit spezieller Personenkonstellation abspielten. Nachdem eine konkrete Situation (s. Praxis-Feldstudien) beschrieben ist, erfragen wir das ungefähre Lebensalter (n), das die Erinnerung begleitende Gefühl bzw. die begleitende Körperempfindung (G), und es wird der inhaltliche Hauptaspekt (HA) festgelegt. Schließlich fragen wir noch nach Märchen, Liedern, Geschichten und Träumen aus der Kindheit. Alle gegebenen Informationen werden vom Counselor möglichst wörtlich und in Gegenwart-Sprache aufgeschrieben, damit das Material für spätere Rollenspiele und Besprechungen so genau wie möglich zur Verfügung steht. Wenn diese Informationen zusammengetragen sind, erläutert der Counselor dem Klienten, dass zusammenhängend eingeholte Erinnerungen in der Regel Auskunft geben können über drei thematische Grundfelder:

Tafel 4 *Früh-Erinnerungen spiegeln drei Lebensbereiche:*

- die derzeitige Lebenssituation (Hier und Jetzt)
- die Zukunftsprojektionen (bislang unbewusste Ziele, verdeckte Orientierungen)
- das Sozialverhalten (Personenbindungen u. Ä.)

Wir erläutern dies, um eine bessere Entscheidungsgrundlage dafür zu bekommen, worüber und wie lange wir gemeinsam arbeiten. An diese Erörterung schließt sich die Verhandlung der noch offenen Vertragspunkte an.

Wenn jemand zum Beispiel aus allen Erinnerungen Rückschlüsse für sein Konfliktverhalten bzw. für seine Orientierungen, sein Verhalten im sozialen Kontext ziehen will, verabreden wir für jede Erinnerung eine eigene Arbeitssitzung mit einer zusätzlichen Gesamtreflexion, sodass die Gesamtsitzungszahl auf zehn Sitzungen kommt. Will sich jemand allein mit einem Teilbereich beschäftigen, so reduzieren wir die Sitzungszahl entsprechend unserer beider Einschätzung, welche der Erinnerungen sich auf diese Bereiche bezieht, welche Erinnerungen ausgelassen werden. Will jemand die Bedeutung von erinnerten Märchen, Liedern, Geschichten und Träumen für den eigenen Lebenszusammenhang erarbeiten, so erweitern wir die Sitzungszahl entsprechend. Nach der Übereinkunft über diese Einzelheiten werden die weiteren Sitzungstermine festgelegt.

FE-Szenarien – in der Regel von der dritten bis zur vorletzten Sitzung

Von der dritten bis zur vorletzten Sitzung erarbeiten wir gemeinsam mit dem Klienten die im Interview erinnerten Szenen aus seiner Kindheit. Dazu bedienen wir uns im klassischen Sinne des gestalttherapeutischen Rollenspiels als Coaching-Tool (FE-Szenario). Das heißt konkret: Der Klient ist eingeladen, die gegebene Szene nachzuspielen, so wie er sie erzählt hat (und wie sie vom Counselor aufgeschrieben wurde). Dabei übernimmt er alle in der Szene angegebenen Rollen selbst, um aus diesen verschiedenen Rollen heraus zu agieren. Der Counselor hat dabei zunächst allein die Aufgabe, das beim Interview Gesagte ins Gedächtnis zurückzurufen, Hilfestellungen beim Inszenieren zu geben und die Befindlichkeit des Klienten in den einzelnen Rollen zu erfragen. Ist das Rollenspiel durchgespielt – in der ursprünglich gegebenen Form oder gar mit einigen durch die Aktion zusätzlich aufgetretenen Erinnerungen –, stellt der Counselor die Frage nach der Parallele zur gegebenen Konfliktsituation bzw. zum allgemeinen Lebenskontext des Klienten (s. Praxisfeld-Studien).

Beide besprechen mit Bezug zur gespielten Erinnerung oder auch zur im Spiel bereits abgewandelten Erinnerung die Bedeutung der erinnerten Szene für das heutige Verhalten und erörtern mögliche Verhaltensalternativen. In diese Besprechungsphasen gehören oft auch Minilektionen über psychologisches Grundwissen.

Im fortgeschrittenen Coaching-Prozess lernt der Klient mehr und mehr, bereits während der Inszenierung von Früh-Erinnerungen markante Teilszenen zu erkennen und daraus Rückschlüsse für sein Verhalten in Hier- und Jetzt-Situationen zu ziehen. Es müssen nicht alle Erinnerungen durchgearbeitet werden.

Tafel 5 *Zentrale Merkmale des FE-Szenarios*

- Identifikation mit allen gegebenen Rollen und den damit verbundenen Verhaltensweisen,
- Verharren in den Befindlichkeiten der verschiedenen Rollen,
- Parallelziehungen zur Alltagsituation des Klienten,
- Besprechung des »damaligen« Verhaltens für heutigen Situationen; Herauskristallisieren von Verhaltensalternativen,
- Um-Inszenieren mittels der Verhaltensalternativen im Hinblick auf heutige Situationen (Re-Parenting)
- Lernen von psychologischem Grundwissen.

In den darauffolgenden Coachingsitzungen werden einzelne Erinnerungen so in Szene gesetzt, als wären sie das Rollenbuch zu einem Theaterstück. Dabei werden sie entweder genau nachgespielt oder aber bei destruktiv erscheinendem Kontext so im Rollenspiel neu inszeniert, wie man sie gerne gehabt hätte, bzw. wie es sinnvoller und unterstützender gewesen wäre. Statt zu inszenieren, können die Erinnerungen auch gemalt oder skizziert werden.

Das bei der Inszenierung oder beim Malen Erlebte, Gedachte, Gefühlte, körperlich Empfundene wird anschließend in Beziehung zu dem gesetzt, was auf rationaler Ebene als Coaching-Ziel genannt wurde. Außerdem kann es darum gehen, über Identifikation mit einzelnen Personen und Gegenständen aus den Erinnerungen das bislang unbewusste Handlungskonzept des »Autors dieser Erinnerungen« herauszufinden, den »geheimen Lebensstil« (Alfred Adler), das Skript (Eric Berne).

In sorgfältigem Dialog wird der Klient in dem bestärkt, was seine Prägung an konstruktiven Mustern aufzuweisen hat. Zudem wird gemeinsam darüber verhandelt, wie aufgefundene Destruktivitäten in Schach gehalten oder ausgeglichen werden können. Es wird nach Parallelen im aktuellen Berufs- oder Lebenskontext gesucht, und es werden dazu über das Rollenspiel oder andere kreative Gestaltungen neue Verhaltensmuster und Verhaltenseinstellungen gesucht.

Ausmaß, Länge und Häufigkeit solcher Sitzungen werden im gegenseitigen Einvernehmen immer wieder neu festgelegt. Der Coaching-Abschluss wird verhandelt, sobald das in der ersten Sitzung bestimmte Ziel nach Meinung des Klienten oder des Counselor erreicht ist.

Der Coaching-Abschluss – die letzte Sitzung

Die Coaching-Folge begann mit einer Themen- und Zielsetzung. Sie wird mit einer Gesamtbesprechung des Gelernten abgeschlossen, einer Reflexion darüber, was erarbeitet und was noch offen ist, ggf. auch durch die Arbeit offengelegt wurde und vorher nicht auf der Bewusstseinsebene bekannt war. Sie führt in der Regel zum Abschluss des Coachings, manchmal allerdings auch zu einem neuen, dann thematisch geänderten Vertrag mit neuer Zielsetzung.

In der Abschlusssitzung wird auch die methodische Vorgehensweise gemeinsam reflektiert, damit der Klient über die gemachten inhaltlichen Erkenntnisse hinaus auch das »Wie« des orientierungsanalytischen Coachings erfahren kann, dies gewissermaßen zur Erweiterung seines allgemeinen, psychologischen Grundwissens.

Tafel 6 *Coaching-Abschlussfragen*

- Was haben Sie konkret gelernt?
- Wie ist es mir (Coach) im Beratungsprozess gegangen?
- Wie haben Sie gelernt? Was hat am meisten gebracht?
- Wie war unsere Kommunikation?
- Was fühlen Sie in Bezug auf mich, Ihren Counselor?
- Wo war ich als Begleiter für Ihren Lernprozess förderlich, wo hindernd?
- Wo werden Sie die neuen Erkenntnisse konkret anwenden?
- Wie wollen Sie mit den nicht im Coaching bearbeiteten Erinnerungen umgehen?

Beim Beratungsabschluss ist es hilfreich, das Gelernte mittels Empowerment-Fragen gemeinsam ganz konkret zu reflektieren.

Natürlich werden solche Reflexionsfragen immer wieder variiert und der jeweiligen Beratungssituation angepasst. Die Coaching-Stunden können auch zum nochmaligen Abhören aufgezeichnet werden. Manche Counselor handeln aus, vor dem jeweils nächsten Coaching eine zusammengefasste schriftliche Auswertung der aufgezeichneten Sitzung zu erhalten.

Solcher Umgang mit konkreten Erinnerungen aus der Entwicklungsgeschichte, das Inszenieren (FE-Szenario) oder Malen von Früh-Erinnerungen gibt unseren Klienten Gelegenheit zu einer stärkenden, eigenständigen Entwicklung.

Begründung für ein solches Setting

Der Klient lernt beim Coaching am leichtesten, wenn er mit Inhalten und Tools arbeitet, die er bereits kennt. Erinnerungen werden deshalb als sein größtes Kapital angesehen, Rollenspiele kennt er ebenfalls bereits aus Familie, Kindergarten und Schule. Schon beim Erstkontakt sollte deutlich werden, dass es um Bekanntes geht: Wir fragen deshalb vom mitgebrachten Thema für die Coaching-Stunden und verabreden, ausschließlich auf vertraglich ausgehandelter Basis miteinander zu arbeiten. Solche Absprache lässt keinen Zweifel darüber aufkommen, dass es bei orientierungsanalytischen Coachings um die Begegnung zweier Menschen auf der Erwachsenenebene geht. Die anfängliche Vertragssitzung und das FE-Interview erwirken eine vertrauensvolle Basis für die weiteren Schritte.

Der Coaching-Vertrag bietet eine gute Grundlage für Konfliktarbeit im Sinne von Erwachsenenbildung, weil das Thema des Lernens gemeinsam verabredet wird und Abweichungen vom Thema nur mit der Zustimmung des Klienten möglich sind.

Das Einholen von Früh-Erinnerungen bringt den Klienten schon ganz zu Beginn des Lernprozesses in die Rolle des Wissenden, denn nur er bestimmt die Auswahl des Materials, und er wird im Geben dieses Wissens allenthalben im Sinne eines »phänomenologischen Interviews« begleitet, bei dem es darum geht, das Verstehen individueller und sozialer Lebenszusammenhänge situativ in der Form des vertraulichen Gespräches zu vollziehen.

Die Vorgabe von Früh-Erinnerungen macht es darüber hinaus leichter, den Konsultationsvertrag einzuhalten und nicht auszuufern, weil das Material begrenzt ist. Sie ermöglicht neben inhaltlicher also auch eine zeitliche Orientierung, und Coaching lässt sich von daher gut als organisierter und überschaubarer Lernprozess anlegen.

Das Bearbeiten von Früh-Erinnerungen mittels des Rollenspiel-Tools führt ins Coaching ein Lernmittel ein, das jedem Klienten bekannt ist. Er hat es in seiner Kindheit zum Spielen von Alltagssituationen bereits kennengelernt, sei es durch

Verkleiden-Spielen oder durch Theaterspielen in Familie, Kindergarten oder Schule. Nur sehr selten taucht deshalb bezüglich dieses Tools Widerstand beim Coaching auf. Das scheint daran zu liegen, dass

- beim Rollenspiel wie früher Alltagssituationen gespielt werden,
- ausschließlich der Charakter der Lösungssuche im Vordergrund steht,
- der Klient immer die Rolle des Regisseurs innehat.

Der Klient fühlt sich bei orientierungsanalytischen Coachings schlichtweg wie in einer normalen Lernsituation, deren Rahmen er jederzeit selbst mitbestimmt. Das Setting ist ihm jederzeit transparent, weil ja direkt Bewusstes – die konkrete Früh-Erinnerung – gespielt wird.

Der Abschluss einer Folge von Coachingsitzungen endet immer mit einer Gesamtreflexion, welche einzelne, markante und Änderung bringende Lernschritte erneut ins Bewusstsein holt – dies im Wissen vom hohen Wert der Wiederholung von neu Gelerntem.

Praxis-Feldstudie 2 *Gerhards Früh-Erinnerung*

Ich bin etwa zehn Jahre alt und stehe aufrecht, vorne auf einem großen, flachen und leeren Transportwagen und halte mich an dem senkrechten Eisenrohr fest. Dieser Wagen wird von einem Traktor gezogen, den wir »Bulldog« nennen. Mein Vater steuert diesen alten Lanz aus der Vorkriegszeit. Er tuckert laut und kräftig, dieser Lanz-Bulldog.

Er fährt durch das große Hoftor hinaus auf die schmale Straße; es geht behäbig und langsam die sanft abfallende Hauptstraße hinab in Richtung Güterbahnhof des Dorfes, in dem ich aufgewachsen bin. (Da die Wagen leer sind, holen wir am Güterbahnhof vermutlich neue Ware ab, so ist meine heutige Rekonstruktion; diese Erklärung hatte ich beim Einholen der Früh-Erinnerung damals nicht präsent.)

Bild 4: Bulldog-Früh-Erinnerungsszenario

Ich halte mich am Eisenrohr fest und blicke auf die Jungen am Straßenrand herab; sie müssen zu mir aufblicken. Ein paar davon sind meine Klassenkameraden; ihre Väter sind Arbeiter, einer der Väter ist Meister in dem Betrieb, der meinem Vater und meiner Tante gehört. Dieser Betrieb wird von den beiden geleitet.

Gerhards Identifikation mit dem Zehnjährigen bringt folgenden Kommentar:
Ich bin etwas Besonderes, darf oben auf dem Wagen stehen und schaue auf die anderen herab. Mein Vater besitzt etwas, was die anderen Väter nicht haben

und vermutlich nie haben werden. Und nur ich darf oben stehen, kein anderer. Ich kann auf sie herunterschauen.

Entwicklungsfördernde Konfrontation:
Der Counselor spricht bezüglich der szenisch dargestellten Identifikation eine entwicklungsfördernde Konfrontation aus: »Wenn Du so auf die anderen herabschaust und ihre Kreise meidest, so ist verständlich, dass sie Dich ablehnen, Dich also weder wertschätzen noch zu einem ihrer Vorhaben einladen. Sie werden Dich erst recht nicht an irgendeinem Vorhaben beteiligen.«

Gerhards Reaktion auf die Konfrontation:
Diese Rückmeldung erlebe ich wie das Öffnen einer Tür. Ich merke, dass dieses Herabschauen auf andere, das Mich-selbst-auf-ein-Podest-stellen, dieses Sich-selbst-Erhöhen Teil meiner Identität geworden ist und ich überhaupt nicht gut damit lebe.

Zudem widerspricht es meiner Grundüberzeugung von der Gleichwertigkeit der Menschen. Ich meine damit mehr und anderes als Toleranz, Respekt oder Höflichkeit gegenüber den Kollegen; einfach die Achtung vor dem Lebensstil anderer.

Die Früh-Erinnerung »Ich schaue vom Wagen herab« in Beziehung zum Heute:
Ich habe mich gegenüber den Berufskollegen geöffnet und schotte mich nicht mehr ab.

Bild 5: Mit den Geschwistern zu Besuch bei einem Lanz-Bulldog mit Vorglühnase

Doch nicht nur in die Gemeinschaft der Kollegen bin ich heute eingebunden, auch die Familie hat mich wieder. Durch gegenseitige Besuche ist auch zu meinen Geschwistern ein beinahe »normaler«, vielleicht sogar gesunder Kontakt möglich geworden. So machten wir zum Beispiel in einem Museum auf der Schwäbischen Alb einen Besuch und betrachteten in einer Scheune gemeinsam einen Lanz-Bulldog mit Vorglühnase.

Ein Bild sagt mehr als tausend Worte.
Sprichwort

1.2 Konsultations-Struktur für orientierungsanalytisch-kunsttherapeutische Coachings

Das Grundkonzept des orienterungsanalytischen Coaching-Ansatzes von Klaus Lumma und seine langjährige Erfahrung damit verbinden sich mit kunsttherapeutischen Methoden zu einer intensiven Arbeit mit den eigenen inneren Bildern. Sie werden in orientierungsanalytisch-kunsttherapeutischen Coachings mittels Malen und Gestalten zu sichtbaren Abbildungen innerer Denk-, Fühl- und Handlungsstrukturen. Denn Bilder sind mehrdeutig. Neben der Aktualgeschichte, neben dem Konflikt enthält das Bild Informationen über die Person des Klienten, seine Ressourcen, Lösungsmöglichkeiten, die nicht alle direkt zugänglich sind. Das Bild bleibt – anders als das flüchtige Wort – für weitere Bearbeitung erhalten. Die Bildbetrachtung, der andere Blickwinkel, ist oft schon der Beginn des Veränderungsprozesses.

Für den Rahmen von Coaching gibt es sinnvolle Strukturen, die den Prozess des Lernens erfolgreich unterstützen. Die Erkenntnisse aus der Orientierungsanalyse (OA) und ihre Arbeitsweise sind Grundlage unseres Coaching-Konzeptes. Die Verknüpfung von OA mit kunsttherapeutischen Methoden – alle Formen kreativer Arbeit werden einbezogen – erweitert die Lernmöglichkeiten unserer Klienten.

Gerade im Coaching bieten wir so ein bewährtes Lern-Tool an. Wir können es vergleichen mit dem heute üblichen Lernen über Power-Point-Präsentationen, bei dem visueller und auditiver Input verknüpft und beide Hirnhälften aktiviert werden. OA und kunsttherapeutische Aufgaben verbinden ebenfalls rechte und linke Hirnhälfte, das macht neues Lernen, Denken und Fühlen möglich.

Die Arbeit mit Bildern erweitert unsere bisherigen Möglichkeiten im Coaching.

Tafel 7 *Der Nutzen von Bild-Arbeit in der Beratung*

- Bilder sind vielschichtiger als Sprache oder die Beschreibung von »etwas«.
- Bilder machen die »seelische Landschaft« des Klienten sichtbar.
- Bilder offenbaren Aspekte des psychischen Befindens, des Denkens und Fühlens, die der Klient noch nicht benennen kann oder will.
- Bilder machen andere Zugänge zum Problembereich möglich als sprachliche Beschreibungen.
- Mittels Bildern nutzen wir andere und bisher weniger angefragte Bereiche des menschlichen Gehirns, wodurch das Auffinden oft erleichtert wird.

Coaching geschieht zudem immer auf der Basis einer tragfähigen Beziehung und auf gegenseitiger Akzeptanz zwischen Coach und Klient. Weitere günstige Voraussetzung sind Freiwilligkeit und Vertraulichkeit. Oft wirkt außerdem das Transparent-Machen der Coaching-Methodik konstruktiv auf den Klienten, denn dadurch wird er als gleichberechtigter Partner einbezogen.

Wir stellen an dieser Stelle eine bewährte Ablaufstruktur vor und verdeutlichen sie mit Beispielen aus der Praxis als Coach.

Tafel 8 *Der Aufbau orientierungsanalytisch-kunsttherapeutischen Coachings (Struktur 2)*

1. Anfangsphase/Auftrag
2. Problemsituation – Klären, worum es geht = IST-Bild
3. Verdichtung der Problemsituation
   - Beteiligte Personen ins Bild stellen
   - Spontan FE einholen
4. Schritte erarbeiten
   - Altes biografisches Muster erkennen
   - Ziel bestimmen = SOLL-Bild
   - Erste Schritte
   - Immer wieder: von der Sprache ins Bild
   - Erlaubnis und Vereinbarung
   - Bildergeschichte legen
   - … es war einmal
5. Praktische Schritte des Transfers
   - Satz
   - Hausaufgabe
6. Prozess beenden

FE = Früh-Erinnerung zu konkreten Szenarien aus der Entwicklungsgeschichte des Klienten

Dieser Ablauf empfiehlt sich, wenn einzelne Klienten aus eigenem Antrieb heraus zum Coaching kommen. Darüber hinaus gibt es Aufträge von Institutionen für ihre Mitarbeiter und Teams. Das erfordert Herangehensweisen, die über diese allgemeine Konsultationsstruktur hinausgehen.

Anfangsphase/Auftrag

Klienten, die sich zum Coaching anmelden, stehen oft unter großem Druck, Situationen und Konflikte sehr zeitnah zu regeln. Daher ist es wichtig, ihr Kommen positiv zu konnotieren, denn ihr Kommen ist der erste Schritt in Richtung Veränderung.

Coaching braucht als Grundlage eine tragfähige Arbeitsbeziehung zwischen Coach und Klient. Jede Coachingsitzung braucht klare Absprachen, einen Vertrag. Den Vertrag selber gestalten wir über das Rationale hinaus außerdem gerne bildhaft analog, das heißt »rechts-hemisphärisch«. Allgemeine Grundlage dessen, was wir zur Klärung des Auftrages brauchen, finden wir über die Vorstellung vom Vertragsdreieck nach Fanita English.

Ein Flipchart eignet sich hervorragend für solche Auftragsklärung, um daraus anschließend den Vertragsentwurf zu entwickeln. Ist kein Flipchart vorhanden, so kann auch ein größeres Papierformat dazu dienen, mindestens DIN A2. Große Papierbögen (nicht das übliche DIN A4-Format) bieten eine günstige Voraussetzung für das Verlassen gewohnheitsmäßiger Denkstrukturen. Erst danach wird der Vertrag in Schriftform festgehalten.

Tafel 9 *Vertragsdreieck* (nach Fanita English)

Erst nach der Klärung dieses »Vertrages« kann mit dem Erarbeiten des Inhaltlichen begonnen werden. Wenn es einen solchen Vertrag nicht gibt, oder wenn die Bedingungen eines solchen Vertrages nicht eingehalten werden, kippt jeder Coaching-Prozess leicht ins Drama-Dreieck (Steven Karpman 1968), und es kommt zu einem Teufelskreis mit den Rollenmustern von Opfer, Verfolger und Retter.

Ein sorgfältig ausgearbeiteter Vertrag – und natürlich auch das Einhalten des Verabredeten – ermöglichen eine klare, Drama-freie Arbeitsstruktur.

Problemsituation – Klären, worum es geht = IST-Bild

Klienten, die ihre Situation schildern, verlieren sich oft in emotionsgeladenen Themen, die den Prozess zum Stocken bringen. Lange Schilderungen bringen dem Coach keine Klarheit über das Geschehen, sie vernebeln eher. Hier ist es hilfreich, von der verbalen in die nonverbale Ebene zu wechseln. Für diesen Wechsel setzt der Coach bildnerische Mittel ein und gibt ganz konkret den Auftrag, die Problemsituation zu skizzieren oder auch zu malen. Es entsteht ein erstes Bild – das IST-Bild. Die Aufgabe an den Klienten lautet dazu: »Skizzieren, malen sie ihre Situation, die sie hier bearbeiten wollen – möglichst ganz konkret.« Diese Art der methodischen Vorgehensweise fokussiert das Problem, das Arbeitsthema und offenbart mehr Informationen als das gesprochene Wort. Wir arbeiten mit Gestaltung,

Imagination und Sprache, »switchen« situationsbezogen zwischen diesen Bereichen hin und her. Dadurch werden Denken und Handeln im Bezug auf die Problemstellung flexibel.

Praxis-Feldstudie 3 *Thomas in der ersten Sitzung*

Thomas meldet sich zum Coaching. Er ist Abteilungsleiter in einem SB-Warenhaus und hat dort eine selbstständige und verantwortungsvolle Aufgabe. Anfangs mochte er seine Arbeit sehr, doch in der letzten Zeit denkt er darüber nach, zu kündigen. Seit ein paar Monaten hat er einen neuen Chef und jedes Mal, wenn dieser cholerisch reagiert und herumschreit, erstarrt Thomas und es fällt ihm nichts mehr ein, obwohl er ansonsten ziemlich redegewandt ist.

Thomas: »In solchen Situationen bin ich hypnotisiert wie eine Maus vor der Schlange.« Der Coach bittet ihn, diese Situation zu malen, und Thomas malt sich als Maus vor der Schlange.

Bild 6: Die Maus vor der Schlange

Thomas wird gebeten, sich und seinen Chef auf dem Bild zu platzieren. Das geschieht mittels Holzfiguren, die ins Bild gestellt werden. Er wählt eine große blaue Figur für den Chef, und für sich selber nimmt er eine Tierfigur, den kleinen Hasen. Welch ungleiches Paar!

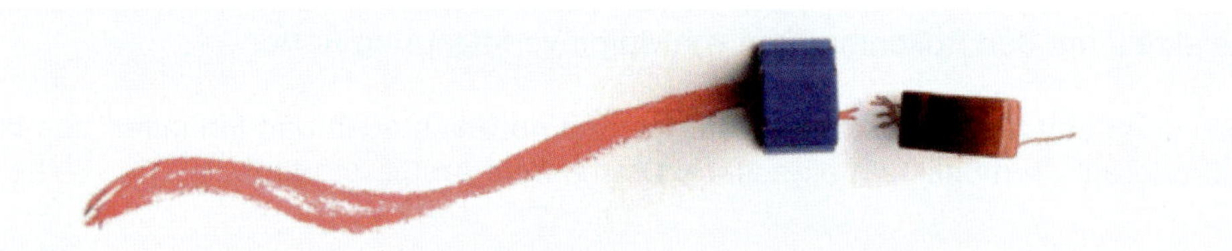

Bild 7: Maus und Schlange – Thomas und Chef

Neben der beruflichen Situation gibt es immer wieder Probleme in seiner Partnerschaft. Seine Freundin sagt, er zeige seine Gefühle nicht. Sie denkt an Trennung. Thomas ist geschockt, denn er liebt sie und möchte sie nicht verlieren. Er weiß, dass er sich schwer tut, seine Gefühle zu zeigen, denn »so was« hat er nicht gelernt. Im Gespräch wird schnell deutlich, dass es dabei weniger um seine liebevollen Gefühle im intimen Umgang geht. Kritik und aggressive Gedanken lässt er nicht zu. Dann erstarrt er auch hier, sagt nichts mehr und reagiert nicht auf ihre Worte. Gibt es eine Parallele zu der Situation gestern im Betrieb?

Beim gemeinsamen Betrachten stellt der Klient sein Problem vor. Auch die berufliche Vorgeschichte ist insoweit wichtig, als sie zum Verständnis der Problementwicklung und zum Verständnis heutiger (auch der beruflichen) Beziehungsmuster dient. Seitens des Coachs geht es darum, die Sicht- und Denkweise des Klienten im Hinblick auf seine Arbeitssituation zu verstehen, sie (durch das gestaltete Bild) gewissermaßen »vor Augen« zu haben. Oft ist auch (ein wenig) Kenntnis der Institution und des konkreten Arbeitskontextes vom Klienten hilfreich für den Entwicklungsprozess.

Verdichtung der Problemsituation

Eine erste Möglichkeit, die Problemsituation zu verdichten, besteht darin, die beteiligten Personen ins Bild zu stellen. Dazu eignen sich kleine Holzfiguren aller Art. Wir sehen es bei Thomas. Die ins Bild gestellten Personen verwandeln ein Bild in eine dreidimensionale Szene. Wir sehen, Informationen durch das Bild führen uns die Konfliktsituation ganz deutlich sichtbar vor Augen. Das IST-Bild des Beispiels bezeugt das Ungleichgewicht der beiden Personen »Chef und Thomas«.

Das »Was« des Konfliktes ist im Bild verdeutlicht, doch es offenbart keine Erklärung für die Kommunikations- und Beziehungsschwierigkeiten in der Arbeitssituation. Hierzu ist es sinnvoll, in die Biografie und in die Strukturen der Ursprungsfamilie zu schauen, denn lange und schon früh gelernte Verhaltensmuster wiederholen sich oft immer wieder.

Wünsche an Vorgesetzte wie »Unterstütze mich« entspringen oft dem alten kindlichen Wunsch an die Eltern. Kann der Klient diese Hypothese annehmen, wird es ihm auch möglich, seine Beziehung zum Vorgesetzten neu zu gestalten. Die Bereitschaft, biografische Hintergründe zu beleuchten, macht dafür frei, die aktuelle Arbeitsbeziehung auf Erwachsenenebene anzuschauen und auch neu zu gestalten. Bei manchen Klienten ist jedoch solche Möglichkeit des biografischen Lernens blockiert. Sie können dann keine Verbindung zu Ereignissen der Vergangenheit erkennen.

Das ist auch bei Thomas so, initiiert durch die Fokussierung auf das ungleiche Paar – Mensch und Häschen. Auf eine Parallele zu seiner Ursprungsfamilie kann er sich anfangs noch nicht einlassen. In der ersten Sitzung ist es ihm nicht möglich, konkrete Erinnerungen an seine Ursprungsfamilie in Beziehung zum heute Erlebten zu setzen.

Eine weitere Form, die Konfliktsituation zu verdichten, geschieht durch das Einholen von FE, wie in dieser Feldstudie bei Thomas beschrieben. (Siehe auch: Situatives Einholen einer Früh-Erinnerung.) Hier geschieht die Verdichtung schrittweise von Bild zu Bild. Dabei wird es möglich, durch die Verknüpfung der früh programmierten Denkweisen mit dem kreativen Handeln im Bild zu neuen Sichtweisen zu kommen, die bis dahin nicht denkbar sind.

Praxis-Feldstudie 4 *Thomas in der zweiten Sitzung*

Beim nächsten Beratungstermin holt Thomas ein Bild aus der Tasche. Es zeigt einen süßen Lockenkopf mit Rüschenbluse. Ein Mädchen? »Das bin ich, da war ich fünf. Mama hat immer Antonia zu mir gesagt. Ich weiß, dass sie sich immer ein Mädchen gewünscht hat – deshalb zog sie mich entsprechend weiblich an und behandelte mich auch so, als wäre ich ein Mädchen. Sie war immer lieb zu mir, und ich vermochte es nicht, sie zu verletzen.«

Thomas darf auch nicht mit den Nachbarjungen Fußball spielen, sondern er geht stattdessen mit Mama im Stadtpark spazieren und wird dabei Mamas Freundinnen vorgeführt. Sein Vater ist wochenlang auf Montage, und wenn er nach Hause kommt, will er jedes Mal einen »richtigen« Jungen aus Thomas machen. Es kommt zu cholerischen Anfällen, unter denen Thomas sowie seine Mutter sehr zu leiden haben. Thomas spricht hierüber ganz emotionslos, doch der Coach spürt jetzt Wut über die Art und Weise, wie Thomas von seiner Mutter erzogen worden ist. Der Coach vermag Gefühle zu spüren, die dem Klienten ob seiner Biografie versagt sind, die er innerhalb des Elternhauses nicht haben durfte und die er deshalb auch heute nicht spüren kann, wenn ähnliche Situationen im Arbeitsfeld auftauchen.

Als der Coach Thomas jetzt »seine« Wut offenbart, ist dieser zunächst erschrocken und stellt dann die tabuisierte Frage: »Darf ich denn überhaupt Wut haben?«

Der nächste Arbeitsauftrag lautet: »Male Wut.« Ruhig und zögerlich beginnt er, malt Wut und schließt sie sorgfältig (und gehorsam) in einem blauen Rahmen ein. Genauso wie auf dem Bild ist sein eigenes Gefühl im Kasten verschlossen, und es wird ihm erstmals zugänglich, weil der Coach nicht mit »seinem« Gefühl hinterm Berg hält.

Bild 8: Thomas malt Wut

Hat er je Wut gehabt, gibt es Erinnerungen an Wutgefühle? Auf der Metaebene kann er Situationen beschreiben, diskutiert die Verhaltensweisen seiner Mutter heute als missbräuchlich, doch Gefühle dazu sind völlig verschüttet.

Der Coach schlägt jetzt vor, nach Erinnerungen zu suchen, Früh-Erinnerungen, in denen Wut vorkommt. Und tatsächlich fällt Thomas jetzt eine Situation ein, in der er selbst schon mal als Kind wütend war. »Doch das war gar nicht richtig von mir«, ergänzt er sofort beim Erzählen der Erinnerung. Trotzdem folgt er jetzt der Einladung, diese Situation schnell mit Stiften zu skizzieren.

Thomas erzählt: »Ich bin fünf Jahre alt und gehe mit Mama in die Stadt. Da kommt uns ein großer Mann mit einem bösen Gesicht schnell entgegen. Er rennt mich einfach um und schimpft mich aus. Ich weine vor Angst und Mama schimpft auch mit mir.« Thomas spricht verschreckt wie ein Kind, seine Stimme und seine Sprache sind verändert. Er ist jetzt wieder genau wie jenes Kind, welches damals »vom bösen Mann« beschimpft wird.

Bild 9: Thomas' Früh-Erinnerung: als Kind wütend

Der Coach (Brigitte Michels) erzählt ihm, wie sie als Mutter reagiert hätte. Sie hätte vor allem ihr Kind als erstes in den Arm genommen und getröstet. Mit Sicherheit hätte sie dem Mann ein paar wenig druckreife Worte hinterher gerufen. Thomas erstaunt und mit Tränen in den Augen: »Das habe ich mir immer gewünscht, aber ich dachte, das sei nicht richtig.«

Genau jetzt ist der richtige Moment zum Um-Inszenieren seiner Erinnerung. Hier wird deutlich, dass Thomas nicht nur seine Gefühle abspaltet, sondern auch, dass sein gelerntes Verhaltenskonzept in Stresssituationen auf den »Tot-Stell-Reflex« eingeschränkt ist. Die beiden anderen instinktiven Reaktionsmöglichkeiten, Kampf und Flucht, stehen ihm nicht zur Verfügung. Er war immer Mamas Wunschkind, ein »liebes Mädchen«. Er hat als Kind nie gelernt, sich zu wehren oder sich einer unangenehmen Situation zu entziehen. Das macht ihm den Alltag schwierig und belastet seine momentane private und berufliche Situation.

»Wie kommt die Wut aus der Kiste?« Auch hier geht es jetzt darum, mittels Gestaltung eines weiteren Bildes eine Lösung zu finden. Manchmal ist das Ausprobieren von neuem Verhalten im täglichen Leben nicht möglich, wie hier bei Thomas, denn für ihn ist es (bislang) absolut verboten, Wut zu haben. Hier kann es helfen, beim Coaching spielerisch etwas Neues zu probieren, und das geht mit Bildern ziemlich einfach. Das Wut-Bild wird auf ein größeres Blatt Papier gelegt und darüber dann ein großer Bogen Transparentpapier. Thomas ist nun eingeladen, durch »Tun ohne Grübeln« zu probieren, die Wut aus der geschlossenen Kiste herauszulassen. Er schaut verständnislos und muss erneut aufgefordert werden: »Probier es, Du kannst nichts falsch machen, denn es ist nur Papier.«

Bild 10: Wie kommt die Wut aus der Kiste?

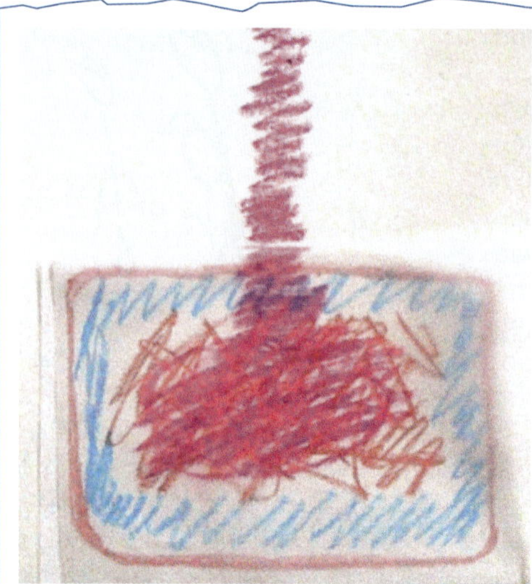

Bild 11: Thomas findet einen Weg

Nach einigen zögerlichen Ansätzen passiert es: Die Wut bricht sich einen Weg, wobei er erschrocken und zugleich erleichtert zu sein scheint.

Jetzt ist es möglich, über Thomas' Entwicklung und Veränderungswünsche zu sprechen. Die berufliche Situation kommt wieder zur Sprache, doch auch hier geht es jetzt darum, Neues spielerisch im bildhaft Gestaltenden zu probieren. Er hat jetzt den Auftrag, die beiden Holzfiguren so zu stellen, dass die Situation leichter zu ertragen ist. Thomas probiert und findet schließlich einen besseren Platz für sich. »Wenn der Alte poltert, gehe ich ihm aus dem Weg, denn am nächsten Tag ist er meistens wieder ruhig. Und dann gehe ich mit meinem Anliegen noch mal zu ihm.«

Bild 12: Thomas geht dem Chef (zeitweise) aus dem Weg

Diese »Erste-Hilfe-Lösung« ist gewissermaßen durch spielerisches Ausprobieren gefunden worden, und sie hilft ihm dabei, von der Macht jener nicht zum Ausdruck kommen wollenden Wut ein wenig befreit zu sein. Es ist keine optimale Lösung, jedoch ein Anfang. Im Abschlussgespräch werden seine Veränderungsschritte nochmals betrachtet und zusammengefasst: In den letzten Wochen hat er gelernt, dass Gefühle wie Wut und Aggression auch in ihm wirklich vorhanden sind, und dass er sie fühlen darf, anstatt sie abzuspalten.

Er nimmt eine neue Erlaubnis mit in sein Leben:
»Ich darf Aggressionen haben, und ich darf sie auch zulassen!«

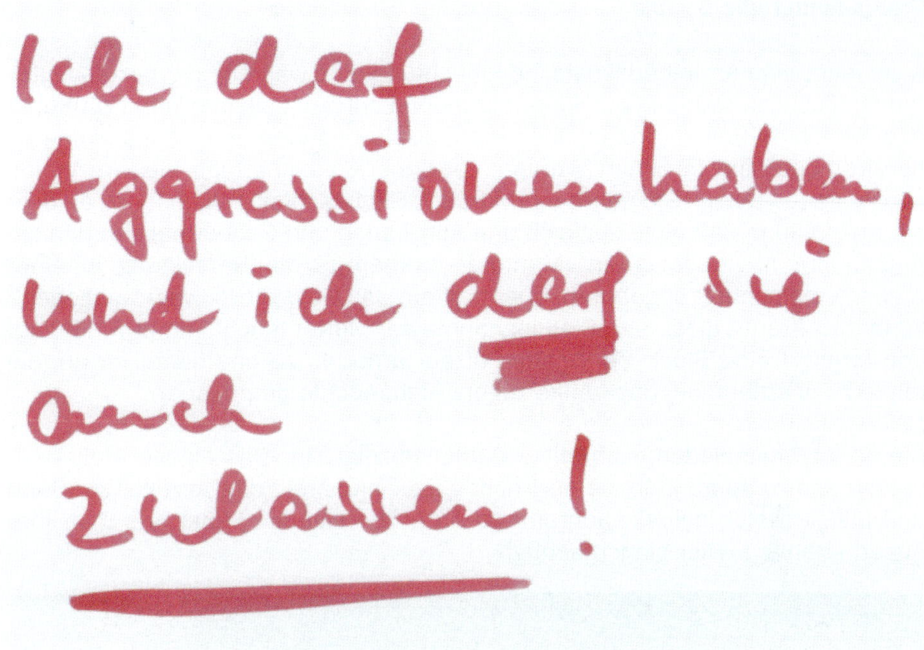

Bild 13: Thomas' Erlaubnis

Ziel bestimmen – SOLL-Zustand festlegen

Thomas hat sein Lernziel in Form einer Erlaubnis formuliert: »Ich darf Aggressionen haben, und ich darf sie auch zulassen.« Manchen Klienten fällt es schwer, Lernziele zu formulieren. Dann ist es hilfreich, erneut auf die Bildebene zu gehen. Der Klient kann auch an Stelle des IST-Bildes bereits das SOLL-Bild malen. »Malen sie ihre Vision. Wo möchten sie in einem/drei/fünf Jahr/en sein?« Es geht um einen mittelfristig überschaubaren Zeitraum, sonst verlieren sich Klienten zu weit entfernt vom konkret Erreichbaren. Hier werden Ziele und/oder Visionen kreativ gemalt, gestaltet und benannt, sie werden situationsspezifisch und sinnlich konkret formuliert.

Wir überprüfen außerdem im Coaching-Prozess, ob Lernziele auch tatsächlich im Kompetenzbereich des Klienten liegen, das heißt, ob sie für ihn überhaupt erreichbar sind, ob die Gegebenheiten seines Lebens- und Berufsfeldes die Erreichbarkeit auch zulassen. Auch die Frage des »Wie« spielt im Lernprozess eine große Rolle: Wie kann das Lernziel erreicht werden, welche einzelnen Schritte sind für den Lernerfolg zu gehen, welche gilt es zu vermeiden? Alle Fakten werden jetzt überprüft, und manchmal ist ein Klient bereits auf dem Weg dorthin, ohne dass es ihm bewusst ist. Es ist deshalb wichtig, solche Schritte deutlich zu machen, wie bei Anke. So kann die Klientin ihr Ziel wahrnehmen, ins Bild nach außen bringen und auch benennen:

Praxis-Feldstudie 5 *Anke*

Anke leitet eine sozialpädagogische Einrichtung, und während der berufsbegleitenden Zusatzausbildung zur Kunsttherapeutin entdeckt sie ihre Liebe zur Kunst neu. Malen füllt einen großen Teil ihrer Freizeit, und eine erste Ausstellung ist bereits angefragt. In einem Seminar zur Lebensplanung malt sie ihre Vision »Das eigene Atelier«. Sie nennt es »Malzeit«. Sie beschreibt einen Platz, an dem sie malen kann und nicht zugleich ans Aufräumen und Saubermachen denken muss. Ihre Augen leuchten. Man hat ihr bereits die Beteiligung in einer Ateliergemeinschaft angeboten, aber darf sie das Geld für »sowas« ausgeben? »Unnützer Kram«, diese alte Stellungnahme der Mutter taucht immer wieder auf und formiert eine Blockade. Ankes Partner redet ihr zu und bietet ihr an, die Miete zu übernehmen, doch Anke zögert: »Ich möchte gerne, aber …«.

Sie ist jetzt eingeladen, sich mittels einer Holzfigur in »Das eigene Atelier« zu stellen und zu spüren, ob sie dort richtig ist. Anke stellt die Holzfigur zur Seite und platziert sich selbst spontan und auf ihren eigenen Füßen ins Bild. Ihre Augen strahlen: »Hier bin ich richtig!«

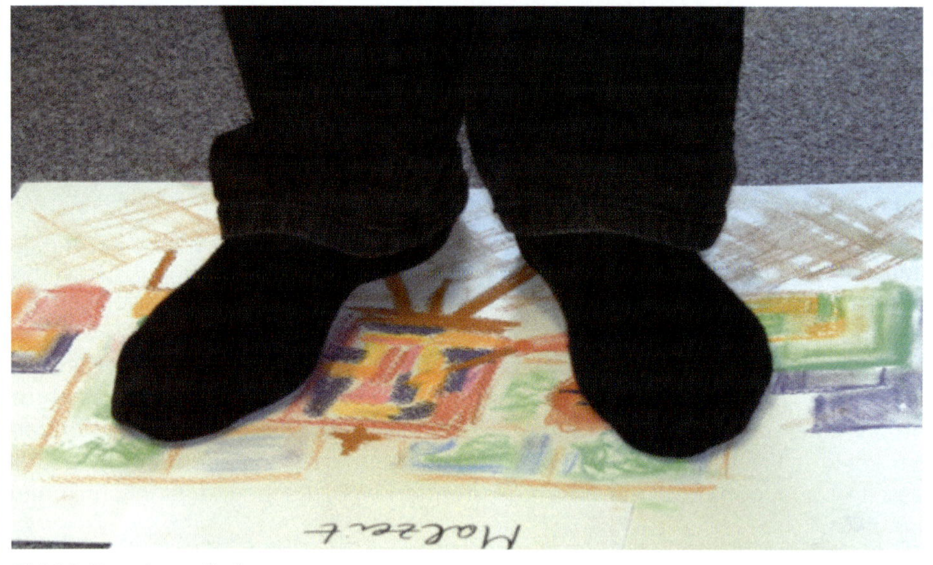

Bild 14: Das eigene Atelier

Es ist wichtig, auf allen Sinnesebenen nachzuspüren, ob dies die richtige Entscheidung ist, sonst beginnt ein Klient die Vision-Suche (Ziel-Suche) immer wieder von Neuem. Erst wenn ein Ziel konkret nachvollziehbar (digitale Ebene) und richtig spürbar (analoge Ebene) ist, können wir mit dem Klienten die Schritte zur Umsetzung planen, wozu auch die Überprüfung seiner fachlichen Kompetenz und (wie bei Anke) die Klärung des finanziellen Rahmens gehört.

Wie geht es jetzt weiter? Wie gelangen wir vom IST zum SOLL?

Schritte erarbeiten

Wenn deutlich ist, dass es um ein stimmiges Ziel geht, so beginnen wir beim Klienten mit dem Initiieren eines Prozesses der Veränderung. Hier hilft es, immer wieder das Ziel zu visualisieren, und trotzdem kann der Entwicklungsprozess auch bei der klarsten Visualisierung immer wieder ins Stocken geraten – nämlich dann, wenn auf dem Wege der Umsetzung Barrieren mit biografischen Misserfolgs-Mustern aufgestellt sind. Deshalb gilt es, diese während der weiteren Coachingsitzungen beiseitezuräumen, damit der Weg zum Ziel frei wird.

Ausgangspunkt dazu ist fast immer der heutige Blick in die Ursprungsfamilie. Dazu bekommt der Klient zum Beispiel die Aufgabe, seine Ursprungsfamilie mit den Holzfiguren aufzustellen. Die eigene alte Rolle in der Familie, die Rollen der anderen Familienangehörigen, alte Überlebensstrategien (Glaubenssätze), Abwertungen und Ängste werden angesprochen.

Klienten sind immer wieder berührt und zugleich auch erschrocken über die Dynamik solcher alten, (meist) unbewussten Prägungen durch die Ursprungsfamilie. Sind hindernde Prägungen aufgedeckt, können erste Schritte zur Um-Prägung durch professionelles Coaching gegangen werden.

Danach wenden wir uns der unmittelbaren Gegenwart und den weiteren Schritten in die Zukunft zu. Dazu gehört vor allem die Überprüfung von Realitäten wie Anforderungen, realistischen Möglichkeiten, eigenen Kompetenzen und Unterstützungssystemen. Eine der wichtigsten Unterstützungen ist nach den Erkenntnissen zur eigenen Entwicklungsgeschichte die Erlaubnis zum neuen Tun auf der Grundlage der im Coaching-Prozess gemachten Erfahrungen und Einsichten. Wenn dann noch nächste Schritte konkret genannt oder besser noch aufgeschrieben werden, dann ist für den Klienten eine gute Grundlage dafür entstanden, sein Ziel so anzusteuern, dass es für ihn auch tatsächlich erreichbar wird. Sichtbar gewordenen Blockaden kann man leichter aus dem Weg gehen als solchen, die man eigentlich gar nicht kennt.

Wenn erste Schritte erreicht sind, gilt es, sie zu würdigen. Wenn sie nicht benannt werden, verlieren sie sich. Es gilt, jeden einzelnen Schritt zu würdigen, ihn auszusprechen.

Praxis-Feldstudie 6 *Gemaltes bringt mehr als Gesprochenes*

Daniela, die als Kind und Jugendliche eine gute Reiterin war, gibt den Sport auf, als ihr Pferd den Erfordernissen des Turniersports nicht mehr genügt. Studium, Beruf und Familie stehen viele Jahre im Mittelpunkt. Sie baut ihren Reiterhof aus, gibt exzellenten Unterricht, aber selber reitet sie nur zu ihrem Vergnügen. Anfang des Jahres bekommt sie das Pferd eines Kunden in Beritt. Wenige Monate später entschließt sie sich, mit diesem von ihr ausgebildeten Pferd wieder in den Turniersport zu gehen. Fünf Jahre war sie nicht mehr dabei gewesen. Jetzt hat sie vor, an zwei Turnieren teilzunehmen und sie erreicht die Qualifikation zur Deutschen Meisterschaft. Ein Kindheitstraum wird wahr.

Beim Turnier erreicht sie einen ordentlichen mittleren Platz. Als sie zum Coaching kommt, um das Turnier zu reflektieren, ist sie traurig und verstimmt, denn sie kann ihren Erfolg noch nicht würdigen. Der Counselor bittet sie, das Ereignis zu malen. Es entsteht ein großes rundes dunkles Objekt, von der Sonne beschienen. »Ein Meteorit ist eingeschlagen, aber da ist viel Energie«, so beschreibt sie das Bild.

Sie wird gebeten, für sich selbst einen Platz auf dem Bild zu suchen und symbolisch eine Holzfigur als Ich-Symbol dorthin zu stellen. Sie wählt für sich (und auch ihr Pferd) einen Platz zwischen Meteorit und Sonne, wobei die Holzfiguren fast ganz in das Bild eintauchen. Als das Thema Energie besprochen wird, schlägt der Counselor vor, Pferd und Reiter probehalber innerhalb des Meteoriten zu platzieren. Daniela ist erstaunt über die sichtbare Wirkung dieser Umplatzierung auf der Symbolebene: Pferd und Reiter sind tatsächlich deutlich sichtbar geworden. Spontan berichtet sie jetzt mit Freude von einigen Begegnungen mit Kollegen auf der Deutschen Meisterschaft. Die anfängliche Verstimmung scheint wie weggeblasen. Sie erzählt, dass viele Mitbewerber ihren hübschen Schimmel und ihr fehlerfreies, schönes Reiten bewundern. (Das kann ihr offenbar erst jetzt, nach der symbolischen Neu-Platzierung von Pferd und Reitern, ins Gedächtnis kommen.) Und jetzt endlich kann sie ihre Teilnahme als Erfolg würdigen, als Erfolg, von dem sie früher nur träumte und der viele Jahre (ob ihres unbewussten Rollenbuches) undenkbar war.

Bild 15: Danielas unbewusste Aufstellung repräsentiert alte Muster

Bild 16: Eine Umplatzierung macht neues Erleben möglich

Der professionelle Blick auf das Bild macht den Boden bereit für neue und andere Sichtweisen. Bildbetrachtung, Bildbeschreibung und angeleitete Bild-Umgestaltungen ermöglichen Zugänge, die mittels Sprachroutinen nicht möglich sind, denn auch in unserm Entwicklungsprozess vom Kleinkind bis zum Erwachsenen setzt die analoge, assoziative Bildentwicklung vor der Sprachentwicklung ein. Dieses Wissen nutzen wir beim orientierungsanalytisch-kunsttherapeutischen Coaching, indem wir manchmal mit dem Klienten in derselben Reihenfolge vorgehen, wie es die Entwicklung gelehrt hat: Erst das Bild und dann die Sprache. Manchmal geht es allerdings auch in anderer Reihenfolge, jedoch (fast) nie ohne Bild.

Das Ganze hat also (fast immer) zum Ziel, innere (und oft auch vorsprachliche) Bilder ins Außen zu bringen, zu vergrößern, damit sie besser sichtbar sind und als Schlüssel zu den Grundlagen eines heutigen Konfliktes unseres Klienten dienen können. Dazu eignen sich vor allem spontan gemalte Bilder oder Bilder, die zu Früh-Erinnerungen gemalt werden.

Spontanes Malen als hilfreiche Coaching-Strategie

Im Coaching erlebt der Counselor, wie ein Klient sich beim Erzählen seiner Problemsituation sprachlich zu verlieren scheint. Er kommt vom Hölzchen aufs Stöckchen, die Schilderung wird unklarer, je länger er erzählt. Jetzt haben wir eine Situation, in der es Sinn macht, die Ebenen zu wechseln. Wir switchen von der digitalen Sprachebene in die analoge Bildebene, indem wir den Klienten auffordern: »Malen Sie doch bitte mal die Situation, von der Sie sprechen.« Wenn der Klient zögert, ergänzen wir: »Das Bild kann ruhig wie ein Kinderbild aussehen, und geben Sie der Situation auch Farben, denn Farben bringen deutlicher als Sprache zum Ausdruck, wie Sie die Situation erleben bzw. wie Sie sie erlebt haben – ganz konkret.«

Praxis-Feldstudie 7 *Mara*

Mara ist Sozialpädagogin in einer stationären Einrichtung. Sie ist sehr erschöpft, obwohl sie gerade erst aus dem Urlaub kommt. Sie berichtet von ihrem Urlaub. Mara, ihr Mann Pablo und der fünfjährige José fliegen nach Portugal und besuchen dort in der zweiten Woche Pablos Eltern. Maras Schwiegereltern leben in einem kleinen Dorf. Mara fühlt sich nicht wohl in dieser Familie, die sich traditionsbewusst immer wieder in die Kindererziehung einmischt. »Es ist furchtbar, und ich will in diesem Jahr nicht schon wieder dorthin, denn letztes Mal im Urlaub war es schlimm mit José und meinen Schwiegereltern. Es gab nur (pädagogisches) Chaos, und ich habe Angst, dass unser José eine Störung abbekommen hat.«

Mara wird vom Counselor aufgefordert, die Situation, das Chaos zu malen, und schon nach wenigen Minuten ist Mara mit dem Bild fertig. Im Zentrum ist José, begrenzt von einem grünen Rahmen, und außerhalb dieses Rahmens ist das Chaos angesiedelt. Da stehen die Worte Ohnmacht, Angst, Hilflosigkeit. Josés verändertes Verhalten beginnt bei der Ankunft in Portugal direkt nach dem Aus-

Bild 17: José, Mara und Pablo bei den portugiesischen Großeltern

steigen aus dem Flugzeug, also bereits vor dem Besuch bei den Großeltern, und es endet nach dem Rückflug. Am rechten Rand verändert sich die Bildstruktur: Sie wird grün, weich und ruhig. »Zu wem gehört die Ohnmacht, die Angst, die Hilflosigkeit?«, wird Mara bei der Bildbesprechung gefragt. Ihre spontane Antwort: »Ohnmacht, Angst und Hilflosigkeit sind bei mir angesiedelt, und das ist ätzend.« Auf des Counselors Frage, wie sie denn auf dem Bild ihr Kind José sehe, sagt sie spontan: »José ist toll, er weiß, was er will, und dafür bewundere ich ihn!« Ihre Augen strahlen bei dieser Wahrnehmung..

Als Mara gebeten wird, die Situation aus der Sicht einer professionellen Fachfrau zu beschreiben, erkennt sie ziemlich bald, dass ihre eigenen Ängste, ihre Ohnmacht und Hilflosigkeit den kleinen José verwirrten und die Kritik der Schwiegereltern die (falsche) Wahrnehmung von José so verstärkten, dass ihre sonstige Klarheit und Fähigkeit zur Strukturierung »den Bach runtergingen«, wie sie jetzt anmerkt. Ihre Kompetenz als Fachfrau für Erziehung ist sozusagen in Tränen der Angst versenkt worden. Solches »nicht richtig sein« erkennt sie im Betrachten und Besprechen des Bildes als Thema aus ihrer eigenen Ursprungsfamilie, und genau an diesem Thema will sie jetzt weiterarbeiten.

Mit Abstand (als Betrachterin eines Bildes) kann sie ihren Sohn neu sehen. Sie kann den grünen Rahmen um José herum als Schutz für den Jungen erkennen und dass Josés aggressives Verhalten gewissermaßen zum (unbewussten) Aufrechterhalten seines Schutzes (vor Themen ihrer Ursprungsfamilie) zu interpretieren ist. Mara ist erleichtert, und gestärkt geht sie nach Hause.

Situatives Einholen einer Früh-Erinnerung

Eine andere Coaching-Möglichkeit ist das spontane Einholen einer einzelnen Früh-Erinnerung (FE) direkt nach der Problemschilderung. »Möchten Sie herausfinden, welches alte Muster hinter dieser Situation stehen könnte? Dann gehen wir in eine kurze Imagination.« (siehe Wegweiser)

Die so entstehende – situativ reflektierte – Erinnerung (gemalt oder skizziert) gibt fast immer Zugang zu Erfahrungen, Aufträgen und Mustern, die auch heute das Problem noch aufrechterhalten. Die Erinnerung ist gewissermaßen das Bühnenbild, vor dem dasselbe Stück gespielt wird, allerdings heute mit anderen Akteuren. Sich solcher Zusammenhänge bewusst zu werden, bietet die Möglichkeit, die Erinnerung neu in Szene zu setzen und Kompetenzen zum Einsatz zu bringen, die der Klient bislang nicht bewusst zur Verfügung hatte oder (gemäß seiner Prägung) nicht nutzen durfte.

Praxis-Feldstudie 8 *Marion*

Marion ist Erzieherin in einer Kindertagesstätte (Kita). Ihre Chefin fehlt immer häufiger wegen einer chronischen Erkrankung, und man bittet Marion um Vertretung. Sie nimmt die Aufgabe auch immer wieder an, und es wird deutlich, dass ihr eine Weiterbildung für diese Tätigkeit gut stünde, doch eine Qualifizierung für Leitungsaufgaben traut Marion sich lange nicht zu, weil sie Legasthenikerin ist. Schließlich begibt sie sich doch noch in das neue Lernfeld hinein und belegt eine entsprechende Weiterbildung.

Gegen Ende ihrer Weiterbildung kommt Marion mit großen Ängsten ins Coaching. Sie soll ihre Abschlussarbeit vor einem Prüfungsausschuss präsentieren, und sie hat hauptsächlich Angst, vor dieser Kommission frei zu sprechen. Der Counselor holt direkt nach der Schilderung des Problems mittels kurzer Meditation eine Früh-Erinnerung ein. Diese wird gemalt.

Bild 18: Marions spontane Früh-Erinnerung

Marion erzählt: »Ich bin acht, neun oder zehn Jahre alt – und in der Schule fragt die Lehrerin unsere Hausaufgaben ab. Ich muss nach vorne ans Pult kommen und vor der Klasse alle deutschen Flüsse aufsagen, doch keiner fällt mir ein. Alle Kinder schauen mich an. Ich schäme mich, weine, und die Lehrerin sagt abfällig zu mir: ›Du wirst es nie können, Du machst immer Fehler!‹«

Bild 19: Marion inszeniert die Erinnerung neu

Marion ist erschrocken über die Intensität der Gefühle, die diese Erinnerung auch heute noch auslöst. Marion ist eingeladen, die Szene wie ein Theaterstück zu inszenieren. Die in der Praxis als Osterdekoration aufgestellte »Häschenschule« fungiert als Bühnenbild. Marion zittert, doch sie wird seitens des Counselors jetzt aufgefordert, Regie zu »diesem Bühnenstück« (der Früh-Erinnerung) zu führen und das Rollenbuch für dieses Stück so umzustrukturieren, wie es »damals« gut für Marion gewesen wäre.

Nach erfolgreich umgestaltetem Rollenbuch wird das Stück neu aufgeführt, dieses Mal nach Marions Anweisungen als Regisseurin. Jetzt ruft die Lehrerin Marion erneut auf: »Magst Du nach vorne kommen und uns die Flüsse nennen? Du kennst doch alle Namen.« Gemäß umgeschriebenem Skript nimmt Marion jetzt eine Puppe aus der Osterdekoration in die Hand, führt sie nach vorne und nennt die Flüsse.

Ihr Kommentar als Regisseurin: »So ist die Szene gut, so habe ich es mir immer gewünscht.« Und dann spielt sie spontan und mit Freude die Szene ein weiteres Mal ...

»Was nimmst Du aus dieser Erfahrung mit?«, so lautet die Schlussfrage zu diesem Coaching. Marion schreibt die neue Erkenntnis auf.

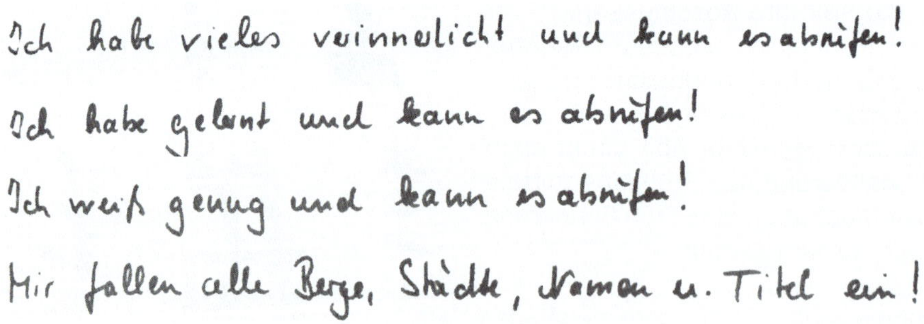

Ich habe vieles verinnerlicht und kann es abrufen!
Ich habe gelernt und kann es abrufen!
Ich weiß genug und kann es abrufen!
Mir fallen alle Berge, Städte, Namen u. Titel ein!

Bild 20: Marions Erkenntnis aus dem neuen FE-Szenario

Auch die Präsentation der Abschlussarbeit ihrer Weiterbildung gelingt Marion jetzt ohne blockierende Gefühle, und auch ihre schriftlichen Feedbacks zu den nächsten Coachings werden sprachlich immer besser, denn ihr Schreibstil wird jetzt flüssig, und sie traut sich immer mehr, ihre Gedanken zum Ausdruck zu bringen.

Absprachen und Verträge

Der gesamte Coachingablauf ist vertraglich geklärt und kann deshalb störungsfrei vonstattengehen. Im Verlauf des Prozesses kann es hilfreich sein, Absprachen zu treffen, den nächsten Schritt betreffend. Beispielhaft sehen wir hier den Vertrag, den Daniela, die Reiterin für die neue Saison abgeschlossen hat. Grundlage ist wieder das Vertrags-Dreieck und wieder wählen wir die bildliche Darstellung.

Praxis-Feldstudie 9 *Danielas Vertrags-Dreieck*

Der Counselor hat das Vertrags-Dreieck auf einem großen Bogen aufgemalt. Oben über der Spitze des Dreiecks steht »Auftrag für das nächste Turnier«. Unten links und rechts werden die Beteiligten benannt, Daniela und ihr Pferd Dorian. Und dann schreibt Daniela darunter alle Punkte auf, die sie für das nächste Turnier bedenken muss. Sie hat schon erlebt, dass eine mangelhafte Vorbereitung sie ins Drama gebracht hat. Fehlende Starternummern oder andere wichtige Utensilien kosten nicht nur Geld, sondern auch sehr viel Zeit. Die Folge ist Zeitdruck, das macht es schwerer, das Ziel zu erreichen. Zum Schluss unterschreibt sie mit Datum diesen Vertrag. Und sie hält ihn ein. Beim nächsten Termin berichtet sie davon.

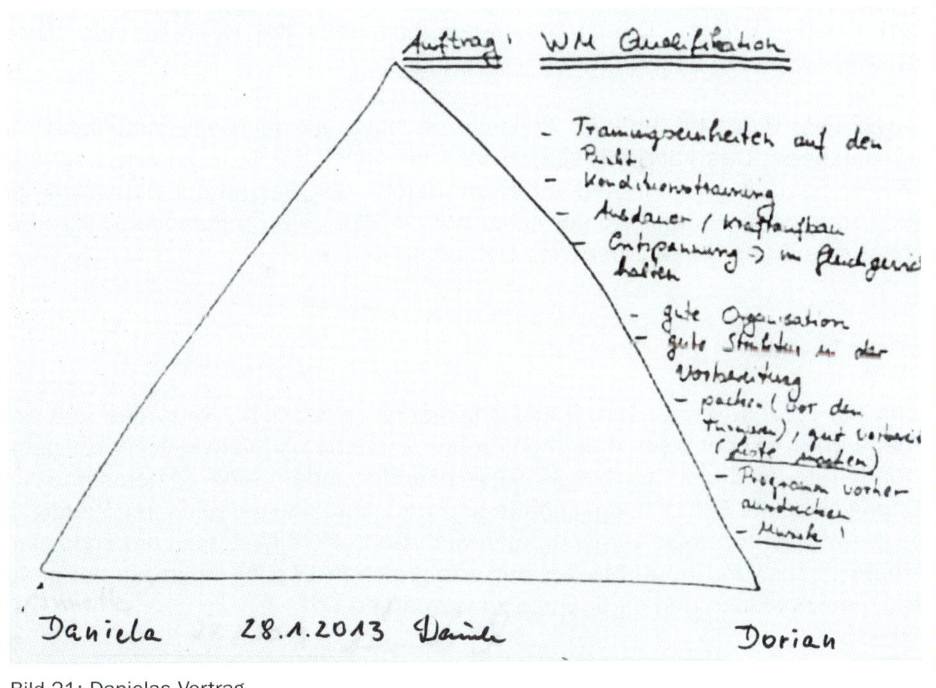

Bild 21: Danielas Vertrag

Praktische Schritte des Transfers

Wenn wir beim Coaching an einer solchen Stelle angekommen sind, gilt es, die anvisierte Lösung und auch das dabei wahrgenommene Gefühl tatsächlich festzuhalten, damit es nicht verloren geht. Immer wieder kommen Klienten nämlich in die Situation, dass sie nach dem Ausdrücken einer Einsicht wenig später nicht mehr wissen, was sie gesagt haben. Deswegen ist es sinnvoll, Klienten immer wieder dafür zu gewinnen, Gesagtes im eigenen Gehirn auch wirklich zu verankern – als Satz, Bild oder Symbol. Das geschieht durch Aufschreiben und/oder Gestalten, um es festhalten und auch mitnehmen zu können, um es zu begreifen.

Ein ganz wichtiger Punkt ist das Überprüfen der neuen Erlaubnis, des Lösungssatzes. Nach dem Aufschreiben bittet der Counselor den Klienten, sich diesen Satz laut vorzulesen. Sehen und Hören, eine wichtige Überprüfung der Stimmigkeit. Aus der Körperreaktion, einem Nicken oder Kopfschütteln, können wir die Antwort ablesen.

Es kann auch sinnvoll sein, mit dem Klienten zu besprechen, wo ein solcher Satz, eine im Coaching gemachte Gestaltung ihren Platz in seinem Lebensfeld einnimmt, gewissermaßen als Gedächtnisstütze. Mit gelungenen Coachings haben Klienten zugleich ein gutes Gespür dafür entwickelt, wo solche Gedächtnisstützen sinnvollerweise platziert werden und effektiv wirken. Eine Klientin hat zum Beispiel alle ihre Erlaubnissätze im CD-Fach ihres Autos, und jedes Mal, wenn sie eine CD einlegt, wird sie an die neuen Erfahrungen erinnert.

Ein wichtiger Punkt bei unserer Art des Coachings ist auch das Installieren von Hausaufgaben. Das kann ein schriftliches Feedback zur Stunde sein, und wenn konkrete Schritte genannt sind, bitten wir darum, den Beginn der Umsetzung per E-Mail zu melden. Es reicht dafür sogar nur ein Wort wie »Angefangen«. Rückmeldungen bestärken das auf den Weg Gebrachte immens.

Prozess beenden

Wenn der Prozess an diesem Punkt angekommen ist, d. h., wenn das Ziel weitgehend erreicht oder wenn eine momentan passende und verwirklichbare Lösung gefunden ist, wird der Coaching-Prozess beendet, indem eine gemeinsame Auswertung einzelner Entwicklungsschritte und vor allem eine gemeinsame Würdigung des gesamten Prozesses vorgenommen wird. Ganz wichtig ist auch am Ende eines Lernprozesses, das neue Muster der erfolgreichen Lösung noch einmal genau benennen zu lassen und es dadurch zu verstärken.

Begründung für unsere Arbeitsweise

Konflikte unseres Klienten ereignen sich zwar im Heute, in der Gegenwart, doch sie werden ausgelöst und beeinflusst durch ganz konkreten Vorstellungen aus der Vergangenheit (Skript-Muster). Übertragungsphänomene von früheren auf heutige Themen sind für den Klienten vielfach unbewusst, und so ist es manchmal des Counselors Aufgabe, dem Klienten dabei Unterstützung zu geben, alte »Überlebensstrategien«, blockierende Verhaltensmuster, irrationale Denk- und Handlungsweisen zu erkennen, ohne sich dabei jedoch in der Vergangenheit zu verlieren.

Tafel 10 *Die Wirkung der Lebensgeschichte auf einen heutigen Konflikt*

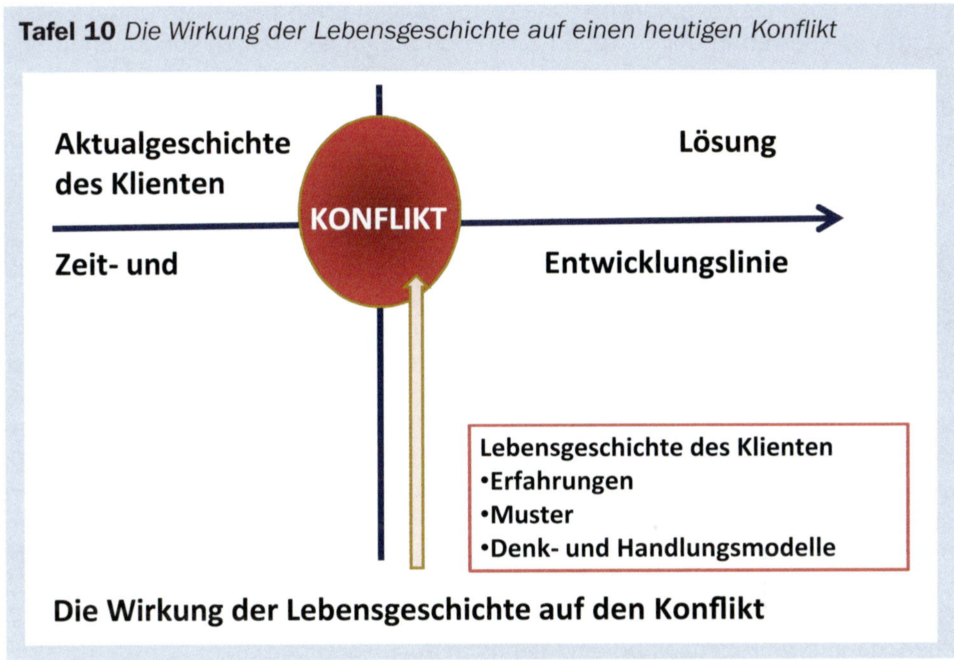

In Tafel 10 symbolisiert die horizontale Linie von links nach rechts Vergangenheit, Gegenwart (den Konflikt) und Zukunft. Ein Konflikt ohne konstruktive Lösung blockiert gewissermaßen weitere Entwicklung, denn er wird gespeist aus der vertikalen Linie, welche alte Skript-Muster, Einschärfungen (Imprints), (familiengeschichtliche, geheime) Aufträge, Glaubenssätze und die damit verbundenen Erfahrungen symbolisiert. Sie bleiben oft unbewusst, wenn sie denn nicht ans Tageslicht geholt werden – und dazu dient unsere Art des Coachings. Weil solche alten Muster oft schon in vorsprachlicher Zeit entstanden sind, sind sie ohne professionelle Hilfe schwer zugänglich.

Gerald Hüther sagt, dass das Gehirn für die Aufrechterhaltung der inneren Ordnung in unserem Körper zuständig ist, und genau deshalb wirken die »alten« Erwartungen, Wünsche und Forderungen bis heute und treten insbesondere bei Konflikten und Problemthemen an die Oberfläche und wirken auf den Körper als Bedrohung.

Wir wissen heute, dass die im menschlichen Gehirn angelegten Synapsen und neuronalen Netzwerke die Ganzheit von Körper, Psyche und Geist steuern. Wir wissen außerdem, dass sie auch im Erwachsenenalter noch formbar sind. Das ist der Grund, warum Coaching in jedem Alter wirksam ist – sobald der Klient bereit ist, sich an neue Muster der Konfliktlösung heranzuwagen und damit eine geänderte innere Ordnung im Körper zu erwirken, was in den meisten Fällen mindestens mit Lampenfieber oder auch Angst verbunden ist. Doch der alte Spruch »Was Hänschen nicht lernt, lernt Hans nimmermehr« ist mit dem augenblicklichen Stand der Hirnforschung längst überholt.

Bisherige Lösungswege hängen von den bisherigen Erfahrungen ab. Und die wichtigsten solcher Erfahrungen haben wir in den prägenden Jahren von Kindheit und Jugend gemacht. Alle diese Erfahrungen werden als Coping-Strategien in Form neuronaler Verhaltensmuster im sich entwickelnden Gehirn des Menschen verankert. Umstrukturierung gelingt nur durch neue emotionale Erfahrung und andere emotionale Betroffenheit. Daher fördern wir beim Klienten die Schulung der Wahrnehmung in Verbindung mit sinnlichem Erleben.

Die Erkenntnisse der Hirnforschung bestätigen die Tatsache, dass wir zu allen früh gelernten Erfahrungen und Verhaltensmustern innere Bilder entwickelt haben. Das sind gewissermaßen die Bühnenbilder zu unserem (unbewussten) »Rollenbuch« (script) für die Lebensgestaltung, also auch für den Umgang mit Konflikten. Es ist immer wieder erstaunlich, wie schnell Klienten (innere) Bilder zu angesprochenen Konfliktthemen haben, Bilder, die nur auf den ersten Blick keine direkte Verbindung zum heutigen Problembereich haben. Erst auf den zweiten (und manchmal auch erst auf den dritten) Blick werden solche Verbindungen deutlich – und für solches Deutlichwerden sind Gestaltungen der inneren Bilder beim Coaching äußerst hilfreich. Wir nutzen beim orientierungsanalytischen Coaching solche Gestaltungen von inneren Bildern, um die Verbindungen zwischen (verinnerlichtem) Erleben, den dazugehörenden (alten) Gefühlen und den ebenso dazugehörenden (alten) Denkstrukturen sichtbar zu machen, denn erfahrungsgemäß sind sie dann auch veränderbar.

Wir lösen uns also beim orientierungsanalytisch-kunsttherapeutischen Coaching vom Hauptkommunikationsmittel Sprache und bereiten dadurch einen guten Boden für das Ausprobieren neuer Muster. Wir erweitern damit (auf geheimnisvolle und künstlerische Weise) die Bewusstheit über uns selbst, unsere Fähigkeiten und Blockaden und unsere Beziehungen zu anderen Menschen.

Auf der Grundlage dieses Modells lassen wir die Klienten (in Praxis-Feldstudie 10 ist es Anne) die hintereinander gemalten Bilder auf einer Zeitschiene von links nach rechts anordnen, sodass die Abfolge des Geschehens in einer Bildergeschichte deutlich wird.

Tafel 11 *Anordnung der einzelnen Bilder auf der Zeitschiene als Bildergeschichte*

Die Ursprungsfamilie links, danach das Initialbild mit der Konfliktgruppe, dann die Begegnung mit der Gruppe morgen und schließlich die auf die Karte geschriebene Erkenntnis.

Praxis-Feldstudie 10 *Annes Konflikt mit Doktor Karin*

Anne ist eine geschätzte Kollegin. Als sie heute zum Coaching kommt, ist sie außer sich. Ihre Weiterbildungsgruppe hat ihr einen Brief geschrieben. Anne sagt dazu: »Sie stellen Forderungen an mich, und das macht mich ärgerlich.« Der Coach lässt sich den Brief zeigen und stellt fest, dass der Brief höflich und sachlich verfasst ist und Anne im Hinblick auf einen bestimmten inhaltlichen Aspekt ihres Curriculums befragt. Doch Anne redet und redet immer wieder von Forderungen, die sie wütend machen, und sie fühlt sich dadurch bedroht. Natürlich spürt auch der Coach ihre Wut – doch es sind (rational betrachtet) im Brief keine diese Wut erzeugenden Fakten.

Deshalb ist Anne eingeladen, ihre Erregung in einem Bild zum Ausdruck zu bringen, also die Situation der vermeintlichen Forderungen zu malen.

Bild 22: Annes gefühlte Konfliktsituation

Sie malt sich selber in einem rot flackernden Gebilde. Blitze gehen von ihr aus in Richtung der Gruppe links oben. Offensichtlich im wahrsten Sinne des Wortes wird durch das Malen der gefühlten Konfliktsituation, dass Annes Konflikt kein gruppendynamischer (die Gruppe will mir was) sondern ein psychodynamischer (ich projiziere meine Befindlichkeit in die Gruppe) ist. Wir nennen so etwas auch eine Projektion. Projektionen sollen (unbewusst natürlich) eigene Unzulänglichkeiten und Probleme auf andere Menschen umlenken, und dadurch kommt der Projizierende dann oft in »Teufels Küche«.

Um die Situation besser zu sehen, wird Anne nunmehr aufgefordert, alle beteiligten Personen mit Holzfiguren auf dem Bild aufzustellen und zu benennen, welche Holzfigur wen symbolisiert. Anne wählt für sich eine sehr große Figur, alle anderen beteiligten Personen sind viel kleiner. Annes Beschreibung der anderen Teilnehmer ist voller Wut. Die Wünsche der Gruppe scheinen in keinem Verhältnis zu Annes Erregtheit zu stehen. Sie schimpft über Karin, eine promovierte Hochschuldozentin: »Diese Doktor Karin«. sagt sie wörtlich, »die will mir was, schon immer war das so.«

Bild 23: Doktor Karin will mir was

Vor allem Annes starke Erregung, die nicht wirklich zum objektiven Geschehen passt, stützt die Hypothese, dass ein altes, destruktives Muster im Spiel ist. Anne bekommt deshalb den Auftrag, auf einem DIN A4-Extrablatt auch ihre Ursprungsfamilie mittels Holzfiguren aufzustellen.

Anne steht in ihrer Darstellung der Ursprungsfamilie als kleine rote Figur mitten zwischen den anderen Familienmitgliedern und zugleich ihrer großen, »blauen« Schwester (konfrontativ) gegenüber. An dieser Stelle wird die Parallele zum Heute deutlich, denn Annes »große blaue Schwester« ist als Erwachsene auch eine »Frau Doktor«. Anne fällt es wie Schuppen von den Augen, denn von ihrer Schwester hat sie sich immer schon dominiert gefühlt. Annes Rolle in der Familie war die einer Bittstellerin. Unehelich geboren als Kind eines Besatzungssoldaten, hat sie als Jüngste das Familiengebot »Es steht Dir eigentlich nicht zu« schon früh gespürt. Jetzt ist der Hintergrund für Wut und Ohnmacht deutlich geworden.

Bild 24: Annes Familie und ihre »Blaue Schwester«

Anne kann es durch die Aufstellung deutlich sehen und auch fühlen. Es wird ihr deutlich, dass sie heute beruflich und auch privat (unbewusst) immer wieder die alte Geschichte wiederholt und dadurch ihre anvisierte neue Identität als erwachsene Frau und Trainerin boykotiert. Dies deutlich wahrzunehmen macht Anne sehr traurig, und sie weint bitterlich. Und genau solches Weinen ist hilfreich, die durch Projektion erwirkte Trübung der Realität wegzuspülen und den Blick frei zu machen für das, was jetzt ansteht zu tun.

Nach einer Weile des Weinens erhält Anne den Auftrag, sich zu überlegen, wie ihre nächste Begegnung mit der Gruppe vor dem Hintergrund dieser Erkenntnis anders gestaltet werden könnte. Langsam und überlegt stellt sie die Beteiligten jetzt ganz anders auf.

Sie selber (symbolisiert durch die untere Figur) ist jetzt gleich groß wie die anderen. Sie atmet ruhig, und dann sagt sie: »Ich werde den anderen beim nächsten Treffen auf Augenhöhe begegnen und auch meine Position erklären.« Sie legt symbolisch ein Holz für ihre Kompetenzen vor sich hin und verdeutlicht damit, dass sie ihre Identität als erwachsene Frau zurückgewonnen hat.

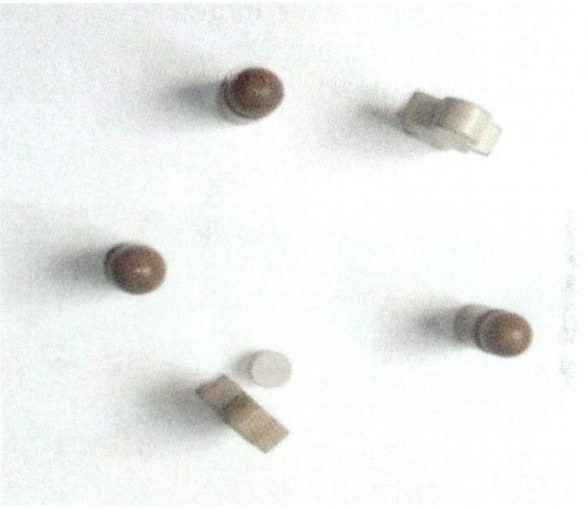

Bild 25: Annes neuer Blick auf die Gruppe

Am Ende dieser Sitzung bekommt Anne den Auftrag, alle gemalten Bilder so von links nach rechts nebeneinanderzulegen, dass ihre Entwicklungslinie zum genannten Konflikt deutlich wird. Es entsteht dabei eine Bildergeschichte: Ursprungsfamilie links – dann Konflikt – dann die geplante nächste Begegnung.

Befragt, welchen Auftrag sie für sich selbst aus dieser Sitzung mitnimmt, sagt Anne: »Ich darf meine Position behaupten«. Sie schreibt diesen Satz auf und legt ihn ans Ende der Bildergeschichte.

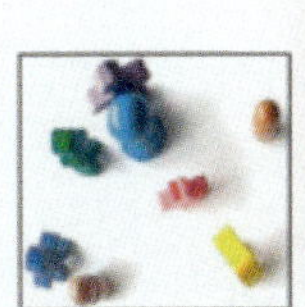

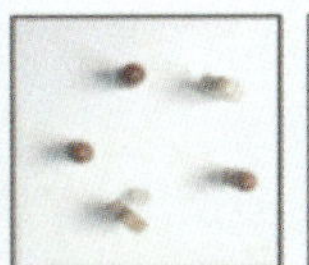

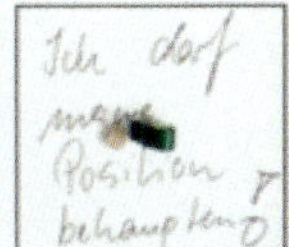

Bild 26: Bildergeschichte: Vergangenheit – Gegenwart – Zukunft

Ein paar Tage später kommt ihre Rückmeldung zum Coaching: »Mir ist deutlich geworden, es ging NICHT um den Sachverhalt.« Und sie benennt ruhig und klar ihre Themen: der alte Schmerz nicht gesehen zu werden, nicht dazuzugehören und der Neid auf die ältere Schwester, die »Frau Doktor«. Der Auftrag an sich selbst »Position behaupten« gilt jetzt auch gegenüber der Schwester – allerdings jetzt als Ansporn für Anne selbst und nicht mehr als Angriff auf die »Schwester«.

Beim nächsten Treffen wird außer dem bisher Entwickelten für Anne eine entwicklungsfördernde Konfrontation möglich: Die Betrachtung des Konfliktbildes aus einer anderen Perspektive zeigt jetzt die Blickrichtung der Gruppe auf Anne, die große Figur ganz hinten. Sie ist erschrocken und es wird ihr klar, dass sie in der dargestellten Situation ihrer Rolle als Trainerin überhaupt nicht gerecht werden konnte und sie die Gruppe durch ihr projizierendes Verhalten fast gesprengt hätte.

Bild 27: Anne lässt eine andere Perspektive zu

Der Weg zur Veränderung entsteht wie in diesem Beispiel bei unserer Art des Coachings oft über eine Bilder-Entwicklungsreihe. Der Klient bekommt den Auftrag, das IST-Bild, das SOLL-Bild, die Darstellung der Ursprungsfamilie und eventuelle weitere Bilder in eine Entwicklungsreihe zu legen, d. h. auf einer (gedachten) Zeitschiene zu ordnen. Auch Resonanzbilder können dazu genommen werden und dadurch eine unterstützende Rolle spielen, Hinweise auf in Vergessenheit geratene Ressourcen geben. Nach dem Anordnen aller Bilder in einer solchen Entwicklungsreihe können auch die Ziele des Coachings noch mal neu reflektiert werden.

Es ist möglich, mit den Augen zu denken und zu wissen,
was mit der Sprache nicht erfasst werden kann.
Schmeer 2006, S. 238

2 Spezielle Coaching-Tools

2.1 Kurzzeit-Coachings mittels Bild und Holzfiguren

OA (Orientierungsanalyse) meets KGT (Kunst- und Gestaltungstherapie)

In der Struktur der OA mit ihren klaren und wiedererkennbaren methodischen Schritten liegt das Potenzial, kurzfristig Konflikte und ihre Ursprünge zu erkennen und daraus neue Lösungen zu entwickeln. Das Einbeziehen von kunst- und gestaltungstherapeutischen Tools in orientierungsanalytisches Coaching bietet andere (und oft auch schnellere) als ausschließlich sprachlich orientierte Lernprozess-Begleitung. Daneben gibt das Bild in seiner Mehrdeutigkeit viele Möglichkeiten und neue Zugänge.

Neben der klassischen orientierungsanalytischen Ablaufstruktur (Inszenieren von mehreren Früh-Erinnerungen mittels Rollenspiel durch den Klienten selbst) bietet sich mithilfe kunsttherapeutischer Ergänzungen (aus der analogen Toolbox) ein verkürztes orientierungsanalytisches Vorgehen an, zum Beispiel wenn Klienten nicht die Zeit finden, langfristig an einer Lösungsfindung zu arbeiten. Manchmal sind Lösungen für Konfliktsituationen so zeitnah gefordert, dass sich diese Vorgehensweise anbietet. Oftmals wird im Anschluss an eine solche Krisensitzung der klassische Ablauf vereinbart.

OA-Coaching mit Spontan-Erinnerungen und Holzfiguren-Szenario

- Als aktueller Arbeitsauftrag steht eine aktuelle Konfliktsituation zum Coaching bereit. Der Klient schildert seinen Konflikt, erlebt dabei oft Verwirrung, Angst und wenig Klarheit.
- Der Counselor leitet den Klienten zu einer Früh-Erinnerung an. In der Regel wird sich der Klient an eine Situation erinnern, in der er eine ähnliche emotionale Situation schon einmal erlebt hat. (Wir nennen das Spontan-Erinnerung.) Im Zusammenhang mit Konflikten kommen Erinnerungen zum Vorschein, die das (unbewusste) Denk- und Handlungsmuster des Konfliktes abbilden. Da wir mithilfe von Erinnerungen grundsätzlich die Ebene des aktuellen Konfliktes verlassen und mittels Imagination auf die rechte (die analoge, bildhafte) Hirnhälfte switchen, ist es möglich, auf dieser Seite des Gehirns statt auf der linken (digitalen, rationalen) Hirnhälfte nach Lösungen zu suchen.
- Die auftauchende Erinnerung wird dann in einem Bild dargestellt, skizziert oder auch ausgemalt, bevor die Erinnerung erzählt wird. Damit erhalten wir mehr Informationen über die Hintergründe von Denk- und Handlungsmustern, als über Sprache.

- Nach dem Skizzieren oder Malen lässt sich der Counselor die Erinnerung aus der Sicht des damaligen Kindes oder Jugendlichen – als das Kind von damals – in der Gegenwart-Sprache beschreiben, und er schreibt den Wortlaut mit. (Das gibt der Erinnerung einen höheren Bedeutungscharakter als wenn sie ausschließlich erzählt wird, und mittels der Schreib-Haptik gelingt seitens des Counselor auch eine vertiefte Empathie für das Erleben des Klienten).
- Jetzt wird die Erinnerung mittels Holzfiguren inszeniert. Der Blick *auf* die Situation macht eine neue Bewertung des Damals möglich. Es wird danach direkt neu uminszeniert, wenn die psychodramatische Darstellung erkennen lässt, dass es günstiger wäre, die Situation hinter der spontanen Erinnerung wäre »früher« anders verlaufen. So lange, bis eine Situation entsteht, die sich gut anfühlt: »So hätte es damals sein sollen.« Das Neu-Inszenieren der dargebotenen Erinnerung durch das Holzfiguren-Rollenspiel bewirkt im Klienten zugleich (unbewusst, auf analoger Ebene und mit Blick aus einer höheren Perspektive) eine Neugestaltung des Inhaltes im Sinne einer neuen Lösung.
- Wenn der Klient dann eine gute Lösung für die Neugestaltung der Erinnerung im Holzfiguren-Rollenspiel gefunden hat, wird der aktuelle Konflikt erneut angesprochen – gewissermaßen mit der Fragestellung: »Was von dem neuen Erinnerungsszenario mit den Holzfiguren können Sie für die Lösung des aktuellen Konfliktes brauchen?« Ein geänderter Blickwinkel (auf die Vergangenheit) bietet oft auch neue Lösungsideen, die es in der Realität des Hier und Jetzt auszuprobieren gilt.
- Neue Lösungen wirken umso entlastender im Hier und Jetzt, je stärker bei der Umgestaltung einer Erinnerung auch tatsächlich neue Emotionen (Begleitgefühle) empfunden und zum Ausdruck gebracht werden.

Kunsttherapie bringt mit dem Erinnerungsbild und den Holzfiguren das »innere« Bild vom Konflikt in die äußere Welt:
- Das Geschehen wird klar und deutlich sicht- und erlebbar.
- Der Klient bleibt bewusst als Regisseur auf der Ebene des Erwachsenen-Ichs und gibt die Spielanleitung vor.
- Dadurch ist es (relativ) leichter bearbeitbar, da Emotionen nicht so vehement durchbrechen, wie beim klassischen Rollenspiel. Der Klient kann leichter auf die Metaebene wechseln und die Situation neu und für sich wünschenswert reflektieren und inszenieren.
- Malen und Holzfiguren stellen führt hinaus aus passiver Ohnmacht. Durch das Handeln – wir nutzen die Hände beim Malen und Stellen – erfährt der Körper gewissermaßen ohne Worte (wie durch Magie) Wissen und Mut zu Neuem. Das allein kann bereits zu emotionaler Entlastung und damit zu Veränderung führen.

Das für diese Form kurzfristiger Intervention durch Coaching infrage kommende kunsttherapeutische Material finden Sie in Tafel 12.

Tafel 12 *Materialliste für das Holzfiguren-Szenario*

- Ein Blatt Zeichenkarton, denn wir nutzen nicht die Tischplatte, da eine klar erkennbare Begrenzung der Bühne für die Holzfiguren wichtig ist. Dazu gehört auch, dass Spielelemente, die sich außerhalb des Zentrums der Inszenierung befinden, auf einen separaten Zeichenkarton gestellt werden. (Wie z. B. ein Vater, der die Familie verlassen hat, aber in seinem Fehlen sehr präsent ist. Er bekommt dann im Holzfiguren-Szenario diesen separaten Platz auf dem separaten Zeichenkarton.)
- Malzeug wie Zeichenpapier, Ölkreiden oder Wasserfarben.
- Ein Passepartout als Rahmen für die gemalte Erinnerung.
- Gegebenenfalls und zusätzlich ein ausgemaltes Kulissenbild, welches einzelne Gegenstände aus der Erinnerung darstellt und beim Holzfiguren-Szenario als Bühnenbild aufgestellt werden kann. (Das empfiehlt sich, wenn etwas mehr Zeit zur Verfügung steht.)
- »Spielmaterial« aller Art wie Kastanien, Holzfiguren, Holzklötze, Legosteine und anderes sind hilfreich.
- Ton und Knete können dazu dienen, spezielle Objekte zu gestalten, um Konkretes auch ganz anschaulich machen zu können.

Bild 28: Materialkiste

Bild 29: Wasserfarben

Praxis-Feldstudie 11 *Carolins Szenario vor ausgewählter Kulisse*

Carolin kommt zum Coaching, weil sie sich immer wieder bremst, wenn es darum geht, ihre beruflichen Schritte voranzubringen. Wieder liegt eine Anfrage für einen Workshop auf ihrem Schreibtisch und sie sollte schnell darauf antworten. Doch sie fängt nicht an.

Wir holen eine Früh-Erinnerung, sie malt das Bild ein, sie malt ein Bild dazu, und dann erzählt sie.

Bild 30: Carolins FE – Im Sandkasten

»Ich bin fünf Jahre alt. In der Sandkiste spielen Jungs. Sie haben die gesamte Sandfläche aufgeteilt und Sandhäuser gebaut. Mutter sagt: ›Spiel mit und erobere Dir Deinen Platz!‹ Sie will, dass ich dazugehöre und gemocht werde. Ich gehöre aber nicht dazu. Ich mag und kenne diese Jungs nicht einmal. Am liebsten würde ich drinnen lesen oder malen.«

Befragt nach dem Thema hinter dieser Früh-Erinnerung, sagt sie: »Wieder einmal hat es nicht geklappt. Wieder einmal habe ich ihre Erwartungen und Regeln nicht erfüllt. Ich muss alles richtig machen und perfekt sein, sonst brauche ich gar nicht erst anzufangen.« Als sie sich hört, ist sie erschrocken und aufgewühlt.

Jetzt wird Carolin aufgefordert, die Szene von damals umzugestalten, so, wie das Kind es gebraucht hätte. Sie baut eine idyllische, ländliche Wohngemeinschaft. »Ein bisschen Bullerbü und ein bisschen Kommune. Mehrere Erwachsene, zwei weitere Kinder, Tiere.« Sie fragt, ob sie eine der Keramiken als Kulisse von der Wand nehmen darf.

Dann entsteht nach mehreren Umbauten die gewünschte Szene, die Erwachsenen sitzen zusammen. »Meine Mutter sitzt mit dem Rücken zu mir – das erscheint mir auch jetzt noch fast undenkbar, dass sie mich aus den Augen lässt! Sie sitzt entspannt unter Ihresgleichen auf Augenhöhe. Das symbolisiert für mich Vertrauen, Familie, Gleichwertigkeit, Dazugehören. Wir Kinder spielen für uns, unbeobachtet und ohne Anweisung.«

Carolin fühlt jetzt Erleichterung und einen neuen Freiraum. Ihr neuer Lernsatz heißt: »Ich darf Fehler machen. – Ich darf mittelmäßig sein.« Das ist ein großer Schritt. Am nächsten Tag schreibt sie das Angebot, für den Workshop.

Hier sehen wir, wie mit der Kulisse eine fast wirklich erscheinende Landschaft auf einer Bühne aufgebaut wird. Neben der Keramik nutzen wir außerdem den Deckel eines Szeno-Kastens als Bühne, einzelne Figuren und verschiedene Spielsachen, die im Counseling-Studio bereitstehen.

Bild 31: Spielen vor bunter Kulisse

Das Zeichnen von Bäumen deckt »Seinsgeschichten der Gesamtpersönlichkeit« auf.
Emil Junker, Schweizer Berufsberater, ca. 1930

2.2 Baumbilder

Um zu verstehen, wieso gerade das Zeichnen von Bäumen für die Unterstützung der Persönlichkeits-Entwicklung gut sein kann, lenken wir unsern Blick zurück in die Kulturgeschichte der Menschheit, denn Bäume waren für den Menschen in allen Kulturen schon immer bedeutungsvoll. Ihre Symbolik vom Sterben und Erwachen in der Natur begleitet Menschen in allen Teilen der Erde bereits seit Jahrtausenden.

Eine große Bedeutung haben heilige Bäume, Beispiele dafür sind im Christentum der Marienbaum in Kairo oder in Asien die Buddhabäume. Christen stellen jedes Jahr den Weihnachtbaum auf für »das Licht, das für uns in die Welt kam.«

Bild 32: Der Marienbaum in Kairo

Bild 33: Der Buddhabaum in Myanmar

Es gibt viele Geschichten, in denen eine Verwandlung vom Menschen in einen Baum geschieht. (Daphne verwandelt sich auf der Flucht vor Apoll in einen Lorbeerbaum.) Oder es geschieht eine Verschmelzung von Mensch und Baum in Mythen und Märchen (siehe dazu: Claudia König, Die Funktion der Bäume und des Waldes in den Märchen der Brüder Grimm). Wir kennen den Baum der Erkenntnis aus dem Paradies.

Bild 34: Paradies (Erna Emhardt aus: Wie Gott die Welt erschaffen hat)

Immer wieder bemühen wir den Baum, um Situationen, Gefühle, Wünsche auszudrücken. Menschen pflanzen einen Baum für ein Neugeborenes. Der Stammbaum erzählt die eigene Familiengeschichte.

Bild 35: Stammbaum

Bild 36: Brigitte Michels' Keramikbaum

Mensch und Baum haben beide in ihrer Gestalt als verbindendes Element das Kreuz aus vertikaler und horizontaler Linie. Kinder malen Menschen als »Kopf-Füßler«, die wie Bäume aussehen. Das sind nur einige Beispiele, die die Verbindung von Mensch und Baum aufzeigen.

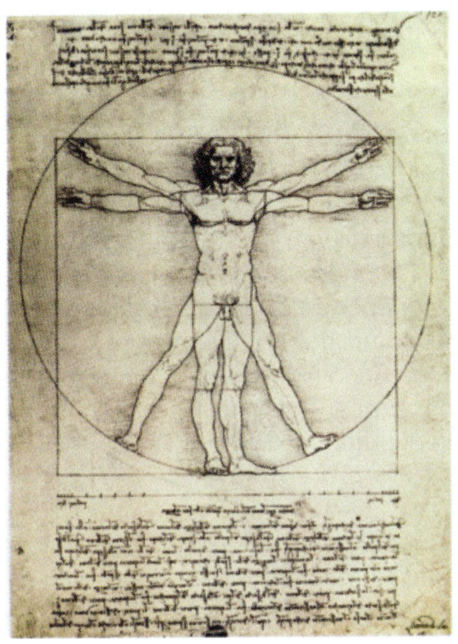

Bild 37: Leonardo da Vinci: Das Kreuz als Symbol für die Gestalt des Menschen (Quelle: Raffaele Monti, S.75)

Bild 38: Kinderbild vom »Kopf-Füßler«

Diese Verbindung von Mensch und Baum ist bereits in den frühen Tagen des Counseling methodisch genutzt worden. Der Schweizer Berufsberater Emil Junker hat (zwischen 1920 und 1930) seine Kollegen immer wieder angeregt, ihre Klienten Bäume malen zu lassen. Aufgrund seiner Kenntnis der Kulturgeschichte hatte er den Zusammenhang von Mensch und Baum deutlich erkannt und für seine Beratungstätigkeit genutzt. Seine Hypothese sinngemäß: »Ein gemalter Baum enthält die Lebensgeschichte des Malers.«

Junker wollte mit dem Baumbild Seins-Schichten der Gesamtpersönlichkeit erfassen und deutlich machen (siehe auch Gisela Schmeer, Heilende Bäume).

Erst später wurden seine Erfahrungen als »Baumtest« von Karl Koch zusammengeführt und bestätigt. Die Kenntnis des Baumtests von Karl Koch ist als Ergänzung unserer Coaching-Tools zu verstehen. Kochs Kriterien, den Baum als Repräsentanten der Persönlichkeit, der eigenen Entwicklung und der Familiengeschichte zu sehen, bestätigt sich immer wieder. Dazu kommen noch Hinweise auf mögliche zukünftige Entwicklungen und Möglichkeiten. Das ermöglicht vielfältige Interventionen, um Ressourcen oder Lösungsschritte zu erkennen. (Jolande Jacobi, Erich Franske, siehe auch Gisela Schmeer, Heilende Bäume)

Immer wieder finden wir Bäume auf den spontan gemalten Bildern unserer Klienten; bei gegenständlichem Malen bei mehr als der Hälfte aller Bilder. Heute wissen wir, dass diese Bäume symbolhaft für Anteile der persönlichen Geschichte des Malers stehen.

Bäume auf den Bildern unserer Klienten sind also immer mehr als »Dekoration«, denn oft gibt es einen ganz konkreten Bezug zum Thema des Coachings. Sie symbolisieren ähnlich wie Früh-Erinnerungen einen wichtigen Teil des Hintergrundes einer Konfliktgeschichte. Mit der Erkenntnis von Junker und Koch können wir als Counselor die Baumbilder innerhalb der Coachingarbeit sehr kreativ nutzen. Die spontan gemalten Bäume sprechen uns sehr an, sie berühren mehr als die vorgegebenen Testbäume nach Koch. Sie zeigen Persönlichkeitsanteile des Klienten in seiner Situation.

Praxis-Feldstudie 12 *Sarah – Clara – Jürgen*

Wenn wir uns das spontan gemalte Baumbild von Sarah anschauen und etwas von ihrer Geschichte wissen, spiegelt das Bild ihre Geschichte. Sarah hat früh die Verantwortung für ihre kranken Eltern übernommen. Ihr Bruder ist längst weit weg gezogen. Jedes Wochenende fährt sie zu den Eltern. Von ihrem Gehalt als Krankenpflegerin zahlt sie die Hundebetreuung für ihre behinderte Mutter, die sich weigert, die ihr zustehenden staatlichen Hilfen zu beantragen. Dafür stellt Sarah ihre Wünsche zurück, ein Studium im Pflegemanagement kann sie sich in dieser Situation finanziell nicht leisten.

Bild 39: Sarahs Baumbild

Auf dem Bild sind die beiden Bäume begrenzt und eingeschränkt. Sie sind oben wie abgeschnitten. Das Papier ist zu Ende. Sie können sich nicht frei entfalten und wachsen, denn es steht zu wenig Platz zur Verfügung. Genau so eingeschränkt fühlt sich Sarah in ihrer Situation. Wenn wir hypothetisch davon ausgehen, dass rechts im Bild die Zukunft symbolisch angezeigt ist, so steht ein Baum vor der jungen Frau und versperrt ihr den Weg dorthin. Im Bild stützt oder umfängt Sarah den linken Baum, am Stamm des rechten Baumes ist eine starke Verletzung sichtbar – eine Analogie zu einer wichtigen Person aus Sarahs Entwicklungsgeschichte, zum Beispiel der Mutter? Hier sehen wir sehr gut, wie der Baum die wesentlichen Aspekte der belastenden Situation spiegelt.

Das Bild von Clara zeigt eine Wiese mit Baum – auf den ersten Blick sattgrün und lebendig. Erst beim zweiten Blick fällt am oberen Bildrand die fehlende obere Hälfte der Baumkrone auf, sie wirkt wie abgeschnitten. Auch hier sind Parallelen zu Claras Lebenssituation deutlich. Sie hat eine therapeutische Weiterbildung abgeschlossen und ihre drei Kinder sind in Kürze mit der Schule fertig. Ihr Wunsch ist, jetzt wieder mehr und auch therapeutisch zu arbeiten, und ihre Chefin begrüßt diesen Wunsch ausdrücklich. Doch sie selber hat ambivalente Gefühle gegenüber ihrem Bedürfnis. Neben dem Wunsch, mehr zu arbeiten, gibt es alte Gebote, die ihre eigene Weiterentwicklung bremsen, so wie – bildsymbolisch gesehen – der Baum am oberen Rand nicht weiterwachsen kann. Clara bekommt vom Counselor die Aufgabe, den Baum im Bild zu vervollständigen. Dazu bekommt sie ein größeres Blatt Papier zur Verfügung und klebt das Baumbild so auf dieses zusätzliche Papier, dass rund um das erste Bild genügend Platz zum Weitermalen bleibt. Clara ist eingeladen, beim Weitermalen erfinderisch zu sein. Sie greift nach dem Pinsel und malt mit viel Freude. Dann sagt sie: »Fertig!« Anschließend entwickelt sie erste Ideen davon, wie sie ihr Familienleben so organisieren kann, dass der Wunsch »mehr arbeiten zu wollen« auch realisiert werden kann. Schritt für Schritt – und ermutigt durch weitere Coaching-Supervision baut sie in den nächsten Monaten ihre berufliche Tätigkeit weiter aus (im Einklang mit einer geänderten Familiensituation).

Bild 40: Claras Baumbild

Bild 41: Claras Baum-Entwicklung

Jürgen ist Teilnehmer einer Coachinggruppe zum Thema Lebensplanung. In seiner Zielvision benennt er: »Ich wünsche mir eine befriedigende Tätigkeit mit anderen Menschen zusammen und mit meiner Familie im Einklang.«

Bisher hat es viel Auf und Ab in seinem Leben gegeben. Er kommt aus einer Familie mit dominanter Mutter, und er hat Gewalt erlebt durch seine größeren Brüder. Seine guten Leistungen in der Schule wurden in der Familie nicht gewürdigt, sondern verhöhnt. Dennoch hat Jürgen zielstrebig seine Ausbildung abgeschlossen und sich als Schreiner selbstständig gemacht.

Zurückschauend erkennt Jürgen seine selbstzerstörerischen Anteile. Er hat zum Beispiel mit 15 durch riskantes Mopedfahren einen folgenschweren Unfall verursacht und dabei seinen rechten Zeigefinger verloren. Später hat er durch unbewusste Aggressivität seine Ehe und seinen Betrieb aufs Spiel gesetzt. Die Ehe ist inzwischen geschieden, und sein Betrieb stand schon lange Zeit vor der Pleite, als er einen Bandscheibenvorfall bekam und als Schreiner berufsunfähig wurde.

Jetzt beginnt das Umdenken, und dazu nutzt er alle Möglichkeiten der Coachinggruppe. Zum ersten Mal in seinem Leben reflektiert er sein (unbewusst auto-aggressives) Verhalten und lässt jetzt auch Gefühle der Trauer und des Ärgers zu. Er heiratet eine Frau, die zwei Kinder in die Ehe bringt; ein gemeinsames Kind wurde inzwischen geboren. Jürgens Frau arbeitet als Ärztin, er ist Hausmann. Er bereitet schrittweise und sorgfältig seinen neuen beruflichen Weg vor. Er hat sich für eine Counselor-Zusatzausbildung beim IHP eingeschrieben.

Eine der nächsten Aufgaben in der Lebensplanungsgruppe lautet: »Schau zurück: Wo ist der Ballast, der Dich hemmt, Dein Ziel zu erreichen?« Alle Teilnehmer malen zu diesem Thema ein Bild und tauschen sich kollegial darüber aus. Jürgen nennt sein Bild »Flügelstutzer«.

Bild 42: Jürgen – Flügelstutzer

Die Parallele zum verlorenen Zeigefinger wird deutlich. Jürgen ist eingeladen, herauszufinden, welche (heimlichen) Familiengebote, welche Einschärfungen (imprints) auch heute noch in sein Leben hineinwirken. Auch soll er reflektieren, welche Wirkung sein Erfolg innerhalb der Ursprungsfamilie haben könnte. Spontan fällt ihm seine Mutter ein, und er schreibt dazu auf: »Wenn ich erfolgreich bin, so wird sie erfolglos. Damit es ihr besser geht, muss ich mich reduzieren.«

Und genau so hat er immer schon gedacht auf seinem bisherigen Lebensweg. Das alte (un-)heimlich wirkende Gebot »Sei erfolglos!« hat bereits genug zerstört, und es wirkt wahrscheinlich noch immer, wenn er ihm nichts bewusst und entschieden entgegenstellt. Als er das Ergebnis seiner Reflexion über Familiengebote, Einschärfungen in der Gruppe laut vorliest, werden ihm die Hintergründe seiner Erfolglosigkeit deutlich. Jürgen beschließt: »Ich will Erfolg haben, und werde mithilfe der neuen Ausbildung eine Beratungspraxis aufbauen.«

Beim Abschluss der Gruppe zum Thema Lebensplanung ist ihm wichtig, sein neu initiiertes Wachstum in Richtung Erfolg zu verankern. Er malt sich (aus eigenem Antrieb) als fest verwurzelten Baummensch und sagt dazu: »Meine neue Familie ist für mich ganz wichtig. Sie gibt mir Halt und Schutz für den neuen Weg, und beim Finden dieser Familie bin ich ja bereits erfolgreich gewesen. Das ist mir ein gutes Zeichen.«

Bild 43: Jürgen – Baummensch

Aus den Händen wachsen Zweige mit frischen Blättern als Zeichen für das erfolgreiche Wachsen in seinem neuen Beruf. Doch auch das Zerstörerische hat im Bild seinen Platz. Er malt ein Sägeblatt zwischen die Wurzeln. Offenbar hat Jürgen sehr bewusst auch der Entwicklungsgeschichte einen Platz in seinem Baum-Mann-Bild gegeben. Er hat sich das Selbstzerstörerische sehr deutlich vergegenwärtigt – durch (rechts-hemisphärisches) Malen und durch (links-hemisphärisches) Reflektieren im Rahmen der Lerngruppe. Abschließend merkt er an: »Wenn ich das Zerstörerische wie das Sägeblatt in den Baumwurzeln vor Augen habe, dann kann ich ihm in die Augen sehen und es begrenzen. Außerdem machen mir die Zweige mit den frischen Blättern Mut, auf dem neuen Weg zu bleiben.«

2.3 Tiersymbole zur Stärkung der Handlungskompetenz

Die Kraft des Tuns (Handelns) wird in der Entwicklung des Menschen erstmals im Alter zwischen sechs und 18 Monaten gestärkt, und später im Leben immer wieder, wenn ansteht, etwas Neues auf den Weg zu bringen – sei es persönlich oder beruflich. Wir neigen jedoch oft dazu, der Handlungsebene die Planungsebene durch »Denken darüber« voranzuschicken und vergessen dann irgendwann das Handeln oder sagen uns selbst: »Jetzt nicht, sondern später.« Und wir alle kennen die Situation (bei uns selbst oder auch bei anderen), dass dann manchmal nichts mehr aus dem Handeln wird, weil die »Motivation des Augenblicks« verloren gegangen ist. Das geplante Handeln wird zu einem »unerledigten Geschäft« und belastet (unbewusst oder auch bewusst) fast alle anderen Handlungen, die wir vorhaben – oder aber, das unerledigte Geschäft lässt sich in Form eines psychosomatischen Phänomens in unserem Körper nieder.

Was wir dann brauchen, ist so etwas wie ein Energieschub im Hinblick auf die Wiederaufnahme dessen, was wir eigentlich tun wollten, denn auch Handeln gehört grundsätzlich zu unserer Identität.

Bild 44: Ein Tierpark für den spielerischen Einsatz

In diesem Beitrag wird vorgestellt, wie durch orientierungs-analytisch dreidimensionales Coaching ein Energieschub gelingen kann. Symbolfiguren in Form naturgetreu nachgebildeter Tiere dienen dazu als Projektionsfläche für innere Bilder des Klienten. Normalerweise würden wir im Sinne klassischer kunsttherapeutischer Vorgehensweise solche Tiersymbole malen und gegebenenfalls im zweidimensionalen Gestalten verweilen. In diesem Falle nun stellen wir ein Beispiel aus der Coachingpraxis vor, bei dem innere Bilder nicht durch Malen gestaltet werden, sondern bei dem der Klient seine inneren Bilder auf vorhandene, dreidimensionale Tierfiguren projiziert. (Wir nehmen dazu »Schleich-Tiere« oder qualitativ ähnliche Produkte, wie es sie in fast jedem Spielzeugladen zu kaufen gibt. Natürlich können solche Tiere auch aus Plastilin oder Knete geformt werden.)

Der Counselor platziert rund 50 unterschiedliche Tierfiguren auf dem Boden oder einem Tisch – dies bevor der Klient (oder die Gruppe) den Arbeitsraum betritt, denn erfahrungsgemäß bereitet schon der erste Blick auf die Tiere Freude auf die Beratungsarbeit mit deren Hilfe. Der Klient ist eingeladen, die Tiere auf sich wirken zu lassen und dann gemäß der Anleitung und in Beziehung auf die eigene Vorliebe bzw. Abneigung auszuwählen.

Was außerdem noch gebraucht wird, sind Papier und Bleistift, damit sich der Klient Notizen machen kann über die einzelnen Schritte des Vorgehens. Wir verbinden an dieser Stelle nun die Anleitung zu den einzelnen Arbeitsschritten dieser orientierungs-analytischen Form des Coachings mit einer ganz konkreten Praxis-Feldstudie aus der Counseling-Praxis.

Praxis-Feldstudie 13 *Fritz und die Vorgesetzten*

Fritz: »Da ich mich immer wieder mal mit Vorgesetzten anlege, möchte ich endlich mal die pubertär gebliebene Beziehung zu meinem Vater auf Erwachsenen-Niveau bringen. Habe mich lange von ihm ferngehalten, finde ihn jedoch immer wieder in dem vor, wie ich meine Chefs sehe und möchte mich deshalb wieder annähern, doch fehlt mir so wirklich die Traute.«

Die notierte Aufgabenstellung legen wir beiseite (Asco Mentalità: Wir arbeiten in kleinen Sequenzen mit thematischen Pausen dazwischen) und konzentrieren uns auf etwas ganz anderes. Hierzu sind die genannten Tierfiguren aufgestellt.

Tafel 13 *Anleitung für Coachings mit Tiersymbolen*

1. Rufe Dir eines Deiner aktuellen Entwicklungsthemen ins Gedächtnis und formuliere ein Ziel oder eine daraus abzuleitende Aufgabenstellung für die Zukunft, möglichst konkret. Schreib es auf ein Blatt Papier, sodass Du das Ziel deutlich vor Augen hast.

2. Wähle eine der Tierfiguren aus, mit der Du Dich im Augenblick gut verbinden kannst, also eine Figur, die angenehme Assoziationen in Dir weckt. Stell sie vor Dich, schau sie Dir gut an, und Du darfst sie auch in die Hand nehmen. Schreib den Namen des Tieres auf ein Blatt Papier und notiere darunter, welche Eigenschaften Du diesem Tier zuschreibst. Schreib vor den Namen des Tieres die Nummer 1. (Erste Wahl)

3. Wenn Du damit fertig bist, schau Dir den Tierpark erneut an und mach das Gleiche mit einer weiteren Tierfigur. Stell sie vor Dich, schau sie Dir wieder gut an, schreib ihren Namen auf einen zweiten Papierbogen, notierte darunter Eigenschaften, die Du diesem Tier zuschreibst und schreib vor den Namen des Tieres die Nummer 2. (Zweite Wahl)

4. Jetzt ein drittes Tier auswählen und ebenso verfahren. (Dritte Wahl)

5. Dann ein viertes Tier, dem Deine Neigung gilt. (Vierte Wahl)

6. Jetzt schenke Deine Aufmerksamkeit einem Tier, welches Du nicht so gerne bei Dir hättest, ein Tier, welches Du nicht ohne meine Einladung wählen würdest. Und schau Dir auch diese Tierfigur genau an, stell sie vor Dich hin und schreib ihren Namen auf ein eigenes Blatt Papier, versehen mit der Nummer 5. Dann vermerke auch hierzu, welche Eigenschaften Du diesem Tier zuschreibst. (Fünfte Wahl)

7. Wähle ein weiteres Tier, mit dem Du nicht gerne zu tun hast. Stell auch diese Tierfigur vor Dir auf, schau sie gut an – schreib ihren Namen auf das sechste Blatt Papier und dazu die Nummer 6. Notiere wieder die Eigenschaften, die Du einem solchen Tier zuschreibst. (Sechste Wahl)

8. Die sechs Blätter in der vermerkten Reihenfolge, mit den Tiernamen und den jeweils notierten Eigenschaften werden jetzt beiseitegelegt.
   Die zurückgelegte (und auf einem Extrablatt notierte) Aufgabenstellung wird jetzt hervorgeholt, und der Klient ist eingeladen, alle sechs gewählten Tierfiguren in Nähe der Aufgabe so aufzustellen wie er denkt, dass sie in Beziehung zur Aufgabe und mit Bezug auf die Hilfestellung der »Tiere« zur Lösung der Aufgabenstellung »gut« angeordnet sind. (Die Tierfiguren symbolisieren unterschiedliche Teilpersönlichkeiten des Klienten und formieren insgesamt gesehen eine Art »inneres Team«.)

Bild 45: Fritz' Erstanordnung der Tierfiguren

Danach ist der Klient eingeladen, sich genau zu vergegenwärtigen, in welcher Beziehung die einzelnen Tiere zu seinem Ziel, seiner Aufgabenstellung stehen. Folgende Fragestellungen sind dabei hilfreich, möglichst ganz konkret die einzelnen Positionen zu beobachten.

9. Wähle von jedem Tier eine der notierten Eigenschaften, von der Du glaubst, dass Du sie für die Stärkung Deiner Handlungskompetenz im Hinblick auf die zu erledigende Aufgabe brauchen kannst und lass die Tiere dann im Stillen symbolisch zu Dir »sprechen«, etwa so:
   »Ich bin der Tiger in Dir, und Du darfst von mir das Angriffslustige oder das Königliche übernehmen. Setz es ein, um Deine Aufgabe zu lösen.«
   Oder im Hinblick auf ein Tier, das nicht so gerne gewählt wurde:
   »Ich bin das Erdmännchen in Dir, und Du darfst von mir die Neugier oder die Sammelleidenschaft übernehmen – Bei Gefahr kannst Du ja zeitweise in meinem Erdloch verschwinden.«

10. Wenn Du spürst, dass sinnvollerweise das eine oder andere Tier »näher« und mit Blickkontakt zur Aufgabe stehen sollte, so bring die Tiere in eine neue Anordnung. Nimm dabei auch keine Rücksicht darauf, um welches Tier es sich handelt – ganz gleich, ob es eines ist, welches Dir genehm ist oder eines, das Du nicht freiwillig wählen würdest.

Fritz: »Das ist ja hochinteressant, denn ich glaube, ich sollte die Anordnung ändern, wenn ich mit meinem Vorhaben wirklich erfolgreich sein will – und das will ich von ganzem Herzen.«

Bild 46: Neuordnung der Qualitäten

Tafel 14 *Fragen zur Aufstellung der Tiere*

- Wer steht am nächsten dran – am Ziel?
  Wer hat Blickkontakt mit der Aufgabe?
- Welches Tier wendet sich ab?
- Wer steht am weitesten weg?
- Wo schauen die Tiere hin, die nicht der Aufgabe zugewandt stehen?

Nach dieser Begutachtung der Tieraufstellung bitten wir den Klienten, sich die sechs Begleitblätter mit den Aufzeichnungen zur Auswahl der Tiere erneut vorzunehmen und sie insbesondere bezüglich der Eigenschaften zu prüfen.

An dieser Stelle wird deutlich, wie diese Arbeit mit den Tiersymbolen wirkt: Sie bewegt sich unterhalb dessen, was der Verstand (die digital-rationale Logik) entscheidet. Zunächst werden die Tiere in einer Weise angeordnet, die dem Skript (dem geheimen und unbewussten Lebensplan) entspricht. Und die unbewussten Rollenbücher, Regieanweisungen sind, wie erfahren wurde, nicht immer die besten zum Meistern unserer Aufgabenstellungen. Nachdem der Klient sechs Mal unbewusst (oder halb bewusst) einige seiner Eigenschaften auf die Tiere projiziert hat, kann nunmehr sein Verstand dafür genutzt werden herauszufinden, ob für die konkrete Aufgabenstellung, das Ziel, nicht ganz andere Eigenschaften (von ihm selbst) zum Einsatz kommen sollten, um die Chance zum Erreichen seines Zieles im Beratungsprozess zu vergrößern.

Indem durch Wahrnehmung und Counseling-Diskurs dem Klienten Mut gemacht wird, auf spielerische und ganz »weiche« Weise die Anordnung der Tiere zu ändern, nehmen wir bei ihm so etwas vor wie das Umschreiben des vormals unbewusst angelegten Rollenbuches, des Skripts, und zwar für einige ganz konkrete Aspekte seines Lebens.

Zum Abschluss dieses Beitrages sei noch die neue Anordnung aus der Beratungsarbeit mit Fritz dokumentiert:

Bild 47: Mein Affe sitzt jetzt auf dem Elefanten

Fritz: »Der Elefant steht für Güte und Liebe zur Familie. Er hat gleich bei der ersten Aufstellung in Richtung meiner Aufgabe geschaut, und darüber bin ich sehr glücklich. Die unbeliebten Tiere, Made und Geier, kann ich bei meiner Zielsetzung jetzt gar nicht gebrauchen – vielleicht ein anderes Mal bei einer anderen Aufgabe.

Der Schwan mit seinem Stolz, der kann an derselben Stelle stehen bleiben, doch um auf meinen Vater zugehen zu können, da darf er weiter weg stehen und auch zur Seite schauen. Was ich sehr gut neben den Eigenschaften des Elefanten brauchen kann, das ist die Lustigkeit, den Witz des Affen, denn sonst würde ich wahrscheinlich zu ernsthaft an die Aufgabe herangehen.

Und da ist dann noch der Wolf. Auch er braucht sein Rudel wie ich, doch gelegentlich geht er auch alleine los und sucht den eigenen Weg – und er kommt immer wieder zurück, sehr schlau und auch hartnäckig. Eigenschaften, die ich für mein Ziel gut einsetzen werde. Deshalb steht er jetzt mitten in der Aufgabe.

Ich bin froh, diese Arbeit gemacht zu haben und mache mich jetzt gestärkt auf den Weg, werde nicht weiter nachdenken, sondern es sogleich tun.«

Bild 48: Tierkreis – Modena Relief (Quelle: Cooper, Seite 198)

(Hinweis: Der Vorläufer dieses Beitrages erschien erstmals im ART & GRAPHIC magazine Nr. 22/2010, Seite 49–51, jedoch mit anderer Praxis-Feldstudie.)

2.4 Fragebogen

2.4.1 Frank Parsons' Hausaufgaben zum Aufspüren beruflicher Ressourcen

Bei der Recherche bezüglich der Geschichte des Counseling stoßen wir auf eine Entwicklungslinie, die etwas früher (1909) beginnt als Alfred Adlers Bemühungen um die Installation der ersten Beratungsstellen in Wien (1913). Während »Adlerian Counseling« mehr der pädagogisch-therapeutischen Seite des Berufsfeldes zugeordnet werden muss, ist der Impuls von Frank Parsons im Feld von Supervision und Coaching angesiedelt, was zu seiner Zeit mit dem Begriff »vocational guidance« belegt war – frei übersetzt mit »Berufungs-Wegweiser«.

Nachdem nun Frank Nestmann im Rahmen des Nationalen Forums für Beratung NFB sein Plädoyer für die »Wiedervereinigung von Guidance und Counseling« gehalten hat, sind wir dieser Linie ebenfalls gefolgt und dabei auf interessante Beratungs-Tools, Beratungsideen und Einsichten gestoßen, die heute ebenso formuliert sein könnten – doch sie sind inzwischen mehr als 100 Jahre alt.

Parsons spricht in seinem Buch darüber, wie man seine Kundschaft auf eine solide Beratung im Sinne von Guidance (»an die Hand nehmen«) vorbereiten kann, ohne dabei viel Live-Beratungszeit mit der Erhebung von biografischen Daten zu verbringen.

Parsons schreibt sinngemäß: Man kann kein Generalrezept für den Aufbau von Beratung geben; es gibt kein Rezept, das auf alle Fälle passt. Die Vorgehensweise muss grundsätzlich der persönlichen Situation des Kunden angepasst werden. Und in manchen Fällen ist es ratsam, wenn der Kunde durch Hausaufgaben auf ganz konkrete Fragen vorbereitet wird (Parsons 1909, Seite 26). Zu diesem Zweck habe ich einen Fragenkatalog entwickelt, bei dem sich zwar einiges wiederholt, der jedoch dem Ratsuchenden zu Hause schon dabei helfen kann, im Stile eines Selbststudiums herauszukristallisieren, wozu er ganz konkret die Beratung in Anspruch nehmen möchte, insbesondere wenn es um berufliche Entwicklungsthemen geht: Wahrhaftigkeit und Aufrichtigkeit zu sich selbst und zum Counselor sind für die besten Ergebnisse unabdingbar.

Versuchen Sie dabei, sich selbst so zu sehen, wie andere Sie sehen. Bitten Sie Ihre Familie, Ihre Freunde, Lehrer, Arbeitgeber und Kritiker um Feedback. Fragen Sie danach, was sie von Ihnen im Hinblick auf Ihre (innere und äußere) Haltung denken, was sie von Ihren Denkarten halten, Ihrem Charakter und Lebensstil. Laden Sie dazu ein, ehrliche Aussagen zu bekommen und keinen »Honig um den Bart«, denn wenn die persönlichen Eingeschränktheiten vor Ihnen selbst versteckt bleiben, werden diese Ihr Weiterkommen, Ihre Fähigkeiten und Gelegenheiten behindern.

Auch der Fragebogen kann dazu beisteuern, sich selbst gut kennenzulernen und den Counselor allein daraufhin zu konsultieren, was Ihnen nach dem Aufspüren der Selbsteinsichten noch unklar ist. Fragen, die Sie selbst beantworten können, sollten Sie dem Counselor nicht mehr stellen, denn damit behindern Sie die Weiterentwicklung Ihrer Person: sie machen sich kleiner als Sie sind. (Parsons 1909, Seite 27)

Vergleichen Sie sich (auch im Detail) mit Personen, die Sie bewundern und mit Personen, die Sie verabscheuen – und bemühen Sie sich darum, die Exzellenz der ersteren zu entdecken und die Fehler der letzteren zu vermeiden.

Persönlicher Analysefragebogen zur Vorbereitung auf Counseling

im Sinne von Beruf(ungs)Beratung/vocational guidance (Parsons 1909, Seite 27–31, frei übersetzt von Klaus Lumma)

1. Name, Vorname:
2. Adresse:
3. Wo geboren und aufgewachsen?
4. Die Familie, in die Sie hineingeboren wurden, hat wie viele Angehörige?
5. Alter von Vater und Mutter
6. Nationalität von Vater und Mutter
7. Berufe oder Jobs von Vater, Brüdern, Onkeln und anderen nahen Verwandten
8. Anzahl und Alter der Geschwister
9. Gesundheit der Familie: Bericht über Krankheiten
10. Leben Sie in dieser Familie?
11. Abstammung von den Großeltern, Urgroßeltern usw., deren Nationalität und wo sie lebten
12. Derzeitige Beschäftigung und Ressourcen
13. Physis, Gesundheit und Erbkrankheiten
14. Lebenserwartung in Jahren
15. Charakteristika: Körperliche Merkmale, Denkart und Charakter
16. Wie alt sind Sie?
17. Verheiratet oder Single? Wenn Sie verheiratet sind, wie ist Ihre Familie?
18. Größe und Gewicht
19. Gesundheit
20. Bericht über Krankheiten
21. Wie viel Zeit haben Sie in den letzten fünf Jahren durch Krankheiten verloren?
22. Stärke: Welchen Prüfungen haben Sie sich gestellt?
23. Welche schweren Arbeiten haben Sie gemeister?
24. Wie schwer können Sie heben? (kg)
25. Ausdauer: Wie weit sind Sie schon mal gegangen? (km)
    Geben Sie an, wie lange Sie dafür gebraucht haben.
26. Mut: Wie verhalten Sie sich in Gefahr, bei Schmerzen, Enttäuschung und Verlust?
27. Vergleichen Sie sich im Hinblick auf Stärke, Ausdauer und Mut mit anderen Menschen Ihres Alters – und auch mit dem besten Standard, der Ihnen bekannt ist.
28. Gewohnheiten im Hinblick auf Frischluft, Körperübungen, Baden und Diäten
29. Schlafen Sie bei offenem Fenster?
30. Atmen Sie täglich an der frischen Luft tief ein und aus?
31. Wie oft baden Sie?
32. Kümmern Sie sich um Ihren Körper und seine Hygiene?
33. Wie sind Ihre Gewohnheiten bezüglich Rauchen?
34. Alkohol?

35. Drogen?
36. Andere Betäubungsmittel?
37. Erziehung und Weiterbildung?
38. Allgemeinbildung?
39. Welche Schulen haben Sie besucht?
40. Was waren Ihre besten Noten oder Preise?
41. Was waren die schlechtesten Noten – worin?
42. Schulende durch ...
43. Was lesen Sie gerne; Wie oft lesen Sie; Was kommt dabei rum?
44. Lieblingslektüre?
45. Lieblingsschriftsteller?
46. Was haben Sie durch Unterricht/Training gelernt?
47. Was durch Ihre bisherige Arbeit?
48. Was haben Sie durch Dabeisein gelernt?
49. Gibt es eine industrielle Ausbildung?
50. Welche Kurse haben Sie besucht? Wann?
51. Manuelle Fertigkeiten mit welchem Werkzeug? Können Sie zeichnen?
52. Skizzen von Erinnerungen (sprechen Sie hierüber auch mit Ihrem Counselor)
53. Bisherige Lebenserfahrung: Wie nutzen Sie heute Ihre Zeit?
54. Bisherige berufliche Anstellungen/Jobs mit welcher Bezahlung und wie lange jeweils?
55. Gründe für die Aufgabe der jeweiligen Beschäftigung
56. Ihre Haltung gegenüber Arbeitgebern – angepasst, sympatisierend oder nicht?
57. Warten Sie innerlich auf das Zeichen zum Ende der Arbeitszeit und legen Sie dann die Arbeit sofort nieder?
58. Haben Sie vor Augen, dass Gehälter zum großen Teil von der Effektivität und Produktivität der Mitarbeiter abhängen?
59. Hoffen Sie darauf, irgendwann selbst Arbeitgeber zu sein?
60. Wodurch entsteht nach Ihrer Wahrnehmung Fortschritt?
61. Wie sichern Sie Ihren eigenen Fortschritt?
62. Sparen Sie Geld?
63. Wozu geben Sie Ihr Geld aus? Warum haben Sie nicht mehr von Ihrem Geld gespart?
64. Was ist das Interessanteste an Ihrem Leben? Was sollten die anderen von Ihnen wissen?
65. Vorlieben. Was lieben Sie gar nicht? Bilder, Musik, Theater, Bücher, Hunde, Pferde, Athletik usw.
66. Lieblingsbeschäftigungen in der Freizeit
67. Wie verbringen Sie Ihre Feierabende?
68. Die Abende der vergangenen Woche ganz konkret: Was haben Sie jeweils gemacht?
69. Ihre Hauptmotivationen und Hauptinteressen
70. Wonach schauen Sie als Erstes, wenn Sie die Tageszeitung lesen?
71. Was würden Sie sich anschaffen, wenn Sie in der kommenden Woche eine Million Dollar zur Verfügung hätten?
72. Gibt es etwas Wichtigeres für Sie zu besitzen als Geld?
73. Wenn ja, was?

74. Bei welchen Gelegenheiten haben Sie sich bisher am stärksten ins Zeug gelegt?
75. Mit welchem Ziel?
76. Wenn Sie eingeladen wären, eine der großen internationalen Ausstellungen zu besuchen, was würde Sie am meisten interessieren? (St. Louis Ausstellung – Jahrhundertausstellung in Philadelphia – Weltausstellung in Chicago: Gut gestalteter Grund und Boden, Gebäude, schöne Brunnen und Lichteffekte – Sammlungen von handgefertigten Waren für Landwirtschaft, Milchverwertung, Forstwirtschaft, Untertagearbeit etc. aus aller Herren Länder: Maschinenbau, Gemälde und Skulpturen, Pädagogische Ausstellungen und Ausstellungen der Regierung, Männer und Frauen aus anderen Nationen, Wilde Tiere, Militär und Marine-Ausstellungen usw.)
    Was würden Sie gern als Erstes sehen?
    Was würde hauptsächlich Ihre Aufmerksamkeit erregen?
    Was käme an zweiter Stelle, was an dritter, was an vierter für Sie infrage?
    Wofür hätten Sie das geringste Interesse?
77. Wenn Sie reisen könnten wohin Sie wollten, welche Länder oder Regionen würden Sie als Erstes besuchen?
78. Warum? Geben Sie Gründe für jeden der Besuche von Ländern oder Regionen an
79. Ihre Ambitionen, Vorlieben?
80. Was wären Sie am liebsten, was würden Sie am liebsten tun, wenn Sie dazu die Möglichkeiten zur Verfügung hätten?
81. Wenn Ihnen Aladins Wunderlampe zur Verfügung stünde, die alle Ihre Wünsche erfüllt, was genau wären Ihre ersten sechs Wünsche?
82. Was ist Ihnen besonders wichtig? Worauf legen Sie Wert?
83. Wenn man alle Jungs und Mädchen von Boston zusammenbringen und mit Ihnen vergleichen würde, in welcher Hinsicht wären Sie überlegen und in welcher Hinsicht unterlegen? Ihre Unterscheidungsmerkmale von anderen, Ihre persönliche Charakteristik, Haltung, Fähigkeiten und Fertigkeiten
84. Begrenzungen und Handicaps, die zu berücksichtigen sind
85. Setzen Sie Ihre herausragenden Eigenschaften und Begrenzungen in Beziehung zu den Herausforderungen unterschiedlicher Berufe, insbesondere zu Berufen Ihrer Neigung und vergegenwärtigen Sie sich Menschen, die es in diese Berufe hinein geschafft haben und auch solche, die es nicht geschafft haben. Vergleichen Sie sich mit ihnen.
86. Haben Sie sich mit dem Leben von erfolgreichen Menschen beschäftigt, so zum Beispiel Lincoln, Franklin, Garfield, Garrison, Phillips, Roosevelt, Gladstone, Wanamaker, Edison oder auch anderen, um eine Idee davon zu bekommen, wie Erfolg aufgebaut wird, warum die einen erfolgreich sind und worin die Ursachen für Misserfolg liegen.
87. Ihre Ressoucen, Kraftquellen
88. Finanziell gesehen
89. Verwandte
90. Freunde
91. Zu welchen Organisationen haben Sie eine Beziehung, und welcher Art ist diese Beziehung?
92. Haben Sie Organisationstalent? Wie können Sie das nachweisen? Haben Sie schon mal beim Aufbau einer Organisation mitgewirkt?

93. Beschreiben Sie kurz, welche Rolle Sie dabei hatten und erläutern Sie das Ergebnis.
94. Umwelt
95. Wo haben Sie bisher gelebt?
96. Städte, Großstädte: Nennen Sie die Namen der Straßen und Hausnummern bei jedem der Beispiele.
97. Nennen Sie auch die Zeitdaten dazu, wie alt Sie waren – jeweils so genau wie möglich.
98. Beschreiben Sie das jeweilige Umfeld der Orte, an denen Sie bisher gewohnt haben.
99. Bäume, Grünflächen, Blumen, Wasser, Sehenswürdigkeiten
100. Stand der Menschen um Sie herum
101. Wo haben sie gearbeitet?
102. Was waren ihre Freizeitbeschäftigungen?
103. Welche Art von Leben führten sie?
104. Haben Sie sich frei unter ihnen bewegen können?
105. Waren Sie einer von ihnen?
106. Wenn nicht, welcher Art waren ihre Beziehungen, und wie war ihre Haltung zu ihnen?
107. Welche Ihrer Wohnorte gingen auf ihren eigenen Wunsch zurück?
108. Welche Gründe gab es für die Wahl des jeweiligen Wohnortes?
109. Wer suchte die anderen Wohnorte aus?
110. Wieso? Wie kam es dazu?
111. Mit welcher Art von Menschen lieben Sie es, jetzt zusammen zu wohnen?
112. Wieso?
113. Welchen Einfluss, glauben Sie, hat das jeweilige Umfeld Ihres Wohnortes auf Ihre Ideale und Ambitionen genommen, auf Ihre Denkgewohnheiten und Ihr Handeln, auf Ihre Gelegenheiten für industrielle Aufgaben, auf Ihre Anpassungsbereitschaft und -fähigkeit?
114. Wären Ihre Erfolgschancen in kleineren Orten oder auf dem Land größer als in der Stadt? Bitte erörtern Sie die Gründe für Ihre Sichtweise.
115. Wäre das eher im Westen oder im Süden Ihres Landes?
116. In Europa, Afrika, Neuseeland oder Australien?

2.4.2. Fragebogen zu Beruf und Persönlichkeit

nach Evelyn McFarlane, James Saywell und Katrin Brand

Pro Bereich (I–V) ist eine der markierten Fragen zu beantworten sowie eine weitere Ihrer Wahl.

I) Stärken

Was können Sie am besten?
Wann mögen Sie sich selbst am liebsten?
Welche Ihrer eigenen Fähigkeiten erwarten Sie am meisten auch bei einem Politiker?
Wofür haben Sie einen guten Ruf?
Welche Eigenschaft charakterisiert Sie am besten?

Wofür werden Sie am meisten unterschätzt?
Was können Sie am besten beurteilen?
In welchem Bereich haben Sie am meisten Selbstdisziplin?
Was ist das Ungewöhnlichste an Ihnen?
Was ist Ihre größte Tugend?
In welchem Bereich sind Sie am ehrgeizigsten?
Was ist die beste Eigenschaft, die Sie von Ihren Eltern geerbt haben?
Welche Ihrer Eigenschaften nimmt die Leute am meisten für Sie ein?
Was ist die Sache, auf die Sie am stolzesten in Ihrem Leben sind?

II) Förderliche Erfahrungen aus der Biografie
Von welchem Menschen haben Sie am meisten in Ihrem Leben gelernt?
Was war das größte Opfer, das jemand für Sie gebracht hat?
Wofür haben Sie in ihrem Leben am meisten gekämpft?
Was war das höchste Lob, das Sie je erhalten haben?
In welcher Situation in Ihrem Leben mussten Sie am stärksten sein?
Wofür sind Sie am meisten dankbar?
Wann haben Sie am meisten Willensstärke gezeigt?
Was war das Perfekteste, was Sie je geschafft haben?
Was war bisher die größte Leistung in Ihrem Leben?
Welche Erfahrung hat Sie am weisesten werden lassen?
Wann haben Sie die größte Ausdauer in Ihrem Leben gebraucht?
Welches Kompliment, das Sie bekommen haben, hat Ihnen am meisten bedeutet?
Was ist die schönste Erinnerung an Ihre Kindheit?
Was ist die wichtigste Handlung, die Sie je unternommen haben?
Was war der glücklichste Moment in Ihrem Leben?
Wann in Ihrem Leben haben Sie am meisten Mut bewiesen?
Welche Sache in Ihrem Leben hat Ihrer Gesundheit am besten getan?
Was ist das Beste an der Tatsache eine Frau/ein Mann zu sein?

III) Kraftquellen
Welcher Ort beruhigt Sie am meisten?
Wann am Tag brauchen Sie die meiste Ruhe?
Was stellt Sie am meisten zufrieden?
Was ist der erfüllteste Bereich in Ihrem Leben?
Was bringt Sie am ehesten zum Lachen?
Wie werden Sie Anspannung am besten los?
Welcher Mensch nimmt Ihre Bedürfnisse am besten wahr?
Was ist das Angenehmste bei Ihnen zu Hause?
Wo auf der Welt haben Sie sich am sichersten gefühlt?
Was ist die Sache, die Ihnen an Ihrem Leben am besten gefällt?
Was ist das Befriedigendste, was Sie jeden Tag, jede Woche erleben?
Was bereitet Ihnen am meisten Vergnügen?

IV) Arbeit

Was ist Ihr bestes Argument dafür, dass Sie das Geld, das Sie bekommen, auch wirklich verdienen?
Was ist das Beste, was das Schwierigste an Ihrem Chef?
Welcher Mensch hat Ihre beruflichen Entscheidungen am meisten beeinflusst?
In welchem Bereich Ihrer Arbeit sind Sie am schwächsten?
Was ist Ihre besondere Stärke bei der Arbeit?
Was ist das geringste Gehalt, das Sie bei Ihrer momentanen Arbeit akzeptieren würden?
Welche Arbeit finden Sie am lohnendsten?
Was ist das Schlimmste an Ihrer momentanen Arbeitsstelle?
Was ist das Beste an Ihrer momentanen Arbeit?
Was war die nützlichste Arbeit, die Sie je hatten?
Wie viel Gehaltsreduzierung würden Sie akzeptieren, um eine Stelle zu bekommen, die Ihnen mehr Spaß macht?
Welcher Teil Ihres Arbeitsalltags erfordert die meiste Geduld?
Was ist für Sie der bewundernswerteste Beruf?

V) Ziele, Visionen und Veränderungen

Was macht Ihr Leben für Sie am lebenswertesten?
Welche Sache, die man nicht mit Geld kaufen kann, erstreben Sie am meisten in Ihrem Leben?
Wovon sind Sie am meisten überzeugt?
Wofür sind Sie verschrien, ohne es zu verdienen?
Was ist Ihnen am heiligsten in Ihrem Leben?
Was ist Ihr größter Selbstzweifel?
Welche Erfahrung, die Sie bisher noch nicht gemacht haben, wünschen Sie sich am meisten?
Was ist der deutlichste Beweis für Freiheit in Ihrem Leben?
Wessen Talent beneiden Sie am meisten?
Was interessiert Sie im Moment am meisten?
Was müssen Sie am dringendsten in Ihrem Leben ändern?
Was kritisieren Sie am meisten an sich selbst?
Welche Angewohnheit würden Sie am liebsten ablegen?
Was würden Sie am liebsten nicht mehr tun?
Welches Vorurteil könnte man Ihnen entgegenbringen?
Bei welcher anstehenden Veränderung wünschen Sie sich am dringendsten Unterstützung?

2.5 Coaching mit Resonanzen

In diesem Kapitel sind vier Beispiele unserer rezeptiv kunsttherapeutisch angelegten Resilienz-Coachings wiedergegeben. Bis 1987, jenem Jahr, in dem wir erstmals Museumsobjekte als Impulse für Malaktionen zur Persönlichkeitsentwicklung nutzten, gab es (fast ausschließlich) die Vorstellung, Malaktionen müssten »aus einem selbst heraus« entstehen, gewissermaßen als wenn sich das Unbewusste durchs Malen zeigt.

Bedingt durch unsere Erfahrungen mit der Asco Mentalità-Didaktik und außerdem durch die Motivationen unserer Lehrmeisterinnen Elisabeth Tomalin und Gisela Schmeer zum Thema Resonanz ist es uns gelungen, unsere eigene Konzeption so zu erweitern, dass wir unsere Klienten im Rahmen der Coachings zur angeleiteten Betrachtung von Kunst (Malerei, Skulptur, Musik, Literatur, Architektur) führen und die betrachteten Objekte in Beziehung zum eigenen Erleben aktueller Situation und in Beziehung zur eigenen Biografie und ihrer Umdeutung nutzen konnten.

Man könnte diese Vorgehensweise in etwa so zusammenfassen: Wir leiten dazu an, gefühlte und gedachte Resonanzen zu künstlerischen Objekten anderer Menschen für die eigene Resilienzentwicklung zu nutzen, also etwas von der Kraft des anderen in uns selbst aufzunehmen und für die Entwicklung von Widerstandskraft zu nutzen.

Unsere Beispiele beziehen sich auf Resonanz-Erfahrungen mit
- Holzschnitten von Ignaz Epper (Ascona),
- Kohlezeichnungen von Mischa Epper (Zeichnungen aus dem Unbewussten),
- Alten Meistern im Germanischen Nationalmuseum in Nürnberg,
- Texten von Tennessee Williams (New Orleans),
- Skulpturen aus dem Skulpturengarten des New Orleans Museum of Art und last but not least
- Bildgeschenken »von einem Klienten zum anderen«.

Ich werde am Du
Martin Buber

Aus letzterem Phänomen (Bildgeschenke von einem zum anderen/Resonanz zu Resonanz) entstanden im Kontext unserer Post-Trauma-Counseling Einsätze im Katastrophengebiet von Hurrikan Katrina erstmals Bilder, die wir mit dem Terminus »Resilienz-Bilder« versehen haben. Resilienz-Bilder sind Bilder von Klienten, die nachweislich Katastrophen und Existenzkrisen mittels Aktivierung ihrer ureigenen Entwicklungskräfte überlebt haben.

2.5.1 Asco Mentalità in Ascona

Asco Mentalità, das ist Arbeitsprinzip und Coaching-Tool zugleich, entdeckt und geprägt im Rahmen unserer Kooperation mit dem Museo Epper in Ascona im Tessin.

Dieses Tool, die Asco Mentalità-Didaktik, lässt sich wie folgt beschreiben: Counselor und Klient suchen gemeinsam ein Museum auf, in dem (expressionistische) Kunstwerke gezeigt werden. Im Museo Epper, wo wir solche »rezeptive« Beratungsarbeit entdeckt und erstmals durchgeführt haben, handelt es sich zum Beispiel um Holzschnitte des Schweizer Expressionisten Ignaz Epper und um Kohlezeichnungen seiner Frau Mischa Epper. Beide sind hervorragend geeignet für den Zweck orientierungsanalytischen Coachings.

Der Klient wählt ein Bild aus, welches ihn emotional anspricht (fast egal, ob angenehm oder unangenehm) und teilt dem Counselor mit, was ihn daran berührt. Jetzt endet für eine Weile die Beschäftigung mit dem ausgewählten Bild und dem, was durch dieses im Klienten angerührt wird. Beide beschäftigen sich eine Weile mit einem anderen Thema und kommen mit etwas Abstand dann wieder darauf zurück

Tafel 15 *Die Asco Mentalità-Didaktik*

1. Beginn mit einer Bildbetrachtung (Thema 1)
2. Beschäftigen mit einem ganz anderen Thema (Thema 2) – oder: Exkursion zu einem anderen Ort von persönlichem Interesse
3. Wiederaufgreifen des Bildes mittels Reproduktion durch farbige Filzschreiber oder farbige Ölpastell-Kreiden (Thema 1a)
4. Beschäftigen mit einem wieder anderen Thema (Thema 3) oder Wiederaufgreifen von Thema 2
5. Wiederaufgreifen der Bildreproduktion durch Aufspüren eines biografiebezogenen Themas (mittels einer Erinnerung) des Klienten (Thema 1b)
6. Wiederaufgreifen von Thema 2 oder Thema 3 – etc. etc.

Solche Lernstrategie fördert den Dialog zwischen linker und rechter Gehirnhälfte, aktiviert den Hirnlappen (Corpus Callosum), das »Übersetzungsorgan« des Menschen zum Übersetzen vom bildhaften zum rationalen Denken, immer wieder neu (siehe auch unseren Beitrag über Steinbildhauen als Coaching-Tool).

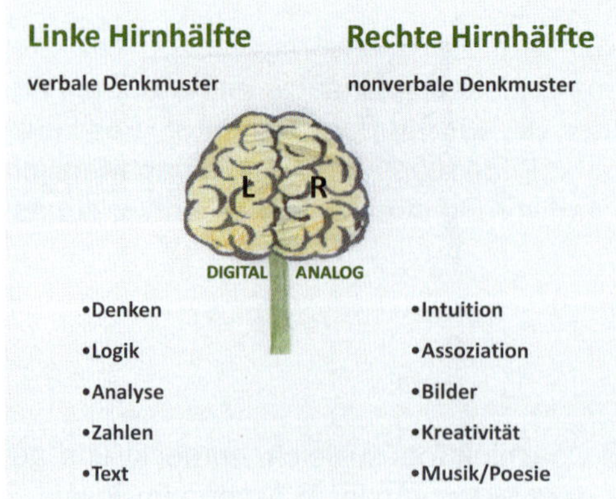

Bild 49: Hirnskizze – Corpus Callosum mit linker und rechter Hemisphäre

Mittels des Asco Mentalità-Tools verlässt der Klient eingeschliffene Denkmuster, Handlungskonzepte und schafft auf indirekte Art und Weise über abwechslungsreiche bildnerische Gestaltungsarbeit neue Denkverbindungen und Ansichten von sich selbst und der Welt.

Er entwickelt sich in sanfter Counseling-Verbindung von Bildung und Beratung weiter. (Siehe dazu auch: Melanie Lumma, »Asco Mentalità« in Klaus Lumma, »Counseling Methoden in Aktion«, Eschweiler – IHP – 2003, Seite 42)

Bild 50: Jessicas Innen-Außen-Resonanzbild

Praxis-Feldstudie 14 *Jessica*

»Ich fühle mich zum ersten Mal wieder von Licht, Sonne und Wärme durchflutet«, so die Rückmeldung von Jessica im Rahmen solcher Vorgehensweise, nachdem sie Eppers Holzschnitt »Zürich bei Nacht« gewählt und im biografischen Sinne bearbeitet hat.

Bild 51: Ignaz Epper – Zürich bei Nacht (Holzschnitt)

»Ich entscheide mich für einen Holzschnitt mit einer Nachtansicht von Zürich, bei dem mich die Lichter der Straßenbeleuchtung und das tanzende Licht auf dem Wasser faszinieren. Dunkle Gestalten huschen durch die Szene, aber abseits steht ein Paar, das wie im Theater dem Lichtspektakel zuschaut und inneren Einklang ausstrahlt. Dankbar für das Konzept der Asco Mentalità, für die intensive Berührung mit Eppers Bildern und die Einladung, jetzt erst mal die Atmosphäre des Hauses verlassen zu dürfen, verschafft mir ein Rundgang durch Ascona erst einmal die nötige Distanz.« (Exkursion)

In der nächsten Sitzung wird Jessica vom Coach mit folgendem Zitat von Henri Matisse begrüßt: »In der Kunst fangen Realität und Wahrheit dort an, wo Du nicht mehr verstehst, was los ist, wo Du vergisst, was Du weißt; wo dann eine Energie übrig bleibt, die so stark ist, dass sie nicht unterdrückt, kontrolliert oder kanalisiert werden kann.«

Das Epper-Resonanzbild

Jetzt ist Jessica eingeladen, mit bunten Filzstiften ein Resonanzbild auf das ausgewählte Epper-Bild zu malen. Jessica: »Ich zeichne einen Ausschnitt der Nachtansicht von Zürich, in der ich das Paar am rechten Bildrand unter einem Laubengang durch bunte Garderobe besonders herausstelle.«

Bild 52: Jessicas Resonanzbild zu Eppers Holzschnitt

»Zunächst erinnert mich das Paar an die vielen nächtlichen Unternehmungen mit meinem Vater während meiner Studienzeit. Wir beide liebten Städte bei Nacht. In der zweiten Betrachtung stelle ich fest, dass die Resonanz außerdem in meinem ehemaligen Berufsfeld begründet liegt. Ich habe mich während meines Studiums jahrelang mit barocken Stadtansichten und Ansichten von Barockpalais und Barockschlössern beschäftigt. Mein damaliger Freund promovierte über das Thema, und ich sehe in dem Paar die Erinnerung an die langjährige Studentenliebe.«

Nach einer Reflexion über das eigene Erleben beim Malen des Resonanzbildes legen wir die Arbeit im Sinne des Asco Mentalità-Lernprinzips zunächst einmal wieder weg, und anschließend interviewt der Counselor Jessica im Hinblick auf eine weiter zurückliegende Erinnerung, die im Kontext der Beschäftigung mit dem Epper-Bild und der eigenen Resonanz aufgetaucht ist. Diese Erinnerung wird dann im Rahmen eines orientierungsanalytischen Rollenspiels mit dem aktuellen Lebenskontext, dem Hier und Jetzt in Beziehung gesetzt.

Der Counselor ist während einer solcher Inszenierung im ständigen Austausch mit dem Klienten, baut gegebenenfalls die Inszenierung gemeinsam mit dem Klienten um, sollte sie nicht ressourcenorientiert (sondern problemfixiert) verlaufen. Das heißt: der Counselor unterstützt seinen Klienten dabei, das »Drama der Vergangenheit« nicht zu wiederholen. Es geht also nicht darum, die Erinnerung haargenau nachzuspielen. Sie soll vielmehr in ihrer Inszenierung dem aktuellen Lebenskontext des Klienten einen neuen Impuls geben.

Im Anschluss an die Inszenierung werden alle Bilder nochmals betrachtet, das Innen-Außen-Resonanzbild und das Epper-Resonanzbild. Danach suchen Counselor und Klient gemeinsam nach einer für die aktuelle Lebenssituation passenden Erlaubnis. (Erlaubnis-Sätze beginnen mit »Ich darf ...«) Ist die konkrete »Erlaubnis zur Orientierung« gefunden, so wird sie vom Klienten mit der Nicht-Schreibhand (»Kinderhand«) und einem großen Filzstift auf eine Tapetenrolle, die »Erlaubnisrolle«, geschrieben.

Jessicas Erlaubnis lautet: »Ich darf mich der Liebe und dem Leben zuwenden und auf Alkohol verzichten.«

Praxis-Feldstudie 15 *Mareike*

Bild 53: Ignaz Epper – Eisenbahnabteil (Holzschnitt)

Diesen Holzschnitt von Ignaz Epper wählt Mareike für eine Coachingsitzung zum Thema »Minderwertigkeitsgefühl«. Sie ist eigentlich eine hoch qualifizierte Architektin und leitet ein großes Architekturbüro mit sechs weiteren männlichen Kollegen, denen gegenüber sie sich immer wieder und in letzter Zeit auch immer öfter unterlegen fühlt. Vor diesem Hintergrund hat sie sich zum Coaching angemeldet.

Der Counselor lädt Mareike dazu ein, ein Resonanzbild zur Epper-Vorlage zu fertigen. Dazu gehen die beiden nach der Betrachtung der Vorlage in einen anderen Raum, sodass Mareike nicht in Gefahr gerät, das Epper-Original lediglich abzuzeichnen. Ohne das Original vor Augen zu haben, gestaltet sie, ohne viel nachzudenken, ihre Resonanz zu Eppers Bild.

In dem Resonanzbild auf den Epper-Holzschnitt sitzen der Vater und Mareike im Strahlenkranz in der linken Abteilhälfte, die Mutter und Mareikes Bruder Ferdinand in der dunklen Hälfte des Abteils auf der rechten Seite. Der Vater steht neben Mareike und nimmt sie in Schutz. Mareike strahlt.

Bild 54: Mareikes Resonanzbild zu Eppers »Eisenbahnabteil«

Die Mutter blickt scheinbar unbeteiligt aus dem Fenster. Sie hat ihren Sohn, Mareikes Bruder, neben sich. Ferdinand wiederum wirft einen verstohlenen Blick zu Mareike und zum Vater herüber. Mareikes Lernergebnis: »Ich habe die Wertschätzung meines Bruders mir gegenüber lange Jahre unterschätzt.« Übertragen auf die berufliche Situation hat das Bild für Mareike folgende Bedeutung: »Bevor ich wieder ins Büro gehe, werde ich mich selbst einmal ganz deutlich an das zu erinnern versuchen, was meine Kollegen mir bislang an Wertschätzung entgegengebracht haben. Ich glaube, mein Minderwertigkeitsgefühl war eine Art Täuschung, die jetzt beendet werden will.«

Ihr abschließender Erlaubnissatz zur Coachingsitzung lautet: »Ich darf wissen, wer ich bin ... und den alten Zopf abschneiden ... außerdem werde ich mir bewusst, dass ich auch nach dem Tod meines Vaters seinen Schutz genießen darf.«

2.5.2 Asco Mentalità in New Orleans – Mut zu Neuem

Wir beginnen diesen Beitrag mit dem afrikanischen Märchen von der Palme – zum einen, weil Märchen fast ebenso wie Bilder beim orientierungsanalytischen Resilienz-Coaching eine große Rolle spielen und zum anderen, weil in diesem Märchen zum Ausdruck kommt, um was es in Counselings auf der Grundlage der Humanistischen Psychologie geht.

Die Palme

Durch eine Oase ging ein finsterer Mann, Ben Sadock.
Er war so gallig in seinem Charakter,
dass er nichts Gesundes und Schönes sehen konnte,
ohne es zu verderben.

Am Rande der Oase stand ein junger Palmbaum
im besten Wachstum.
Der stach dem finsteren Araber in die Augen.
Da nahm er einen schweren Stein
und legte ihn der jungen Palme mitten in die Krone.
Mit bösem Lächeln ging er weiter.

Die junge Palme schüttelte sich,
bog sich und versuchte, die Last abzuschütteln.
Vergebens – zu fest saß der Stein in der Krone.

Da krallte sich der junge Baum tiefer in den Boden
und stemmte sich gegen die steinerne Last.
Er senkte seine Wurzeln so tief,
dass sie die verborgenen Wasseradern der Oase erreichten,
und stemmte den Stein so hoch,
dass die Krone über jeden Schatten hinaus reichte.
Wasser aus der Tiefe und Sonnenglut aus der Höhe
machten eine königliche Palme aus dem jungen Baum.

Nach Jahren kam Ben Sadock wieder,
um sich an dem Krüppelbaum zu freuen.
Er suchte vergebens.

Da senkte die stolze Palme ihre Krone,
zeigte den Stein und sagte:

»Ben Sadock, ich muss Dir danken;
Deine Last hat mich stark gemacht.«

Afrikanisches Märchen

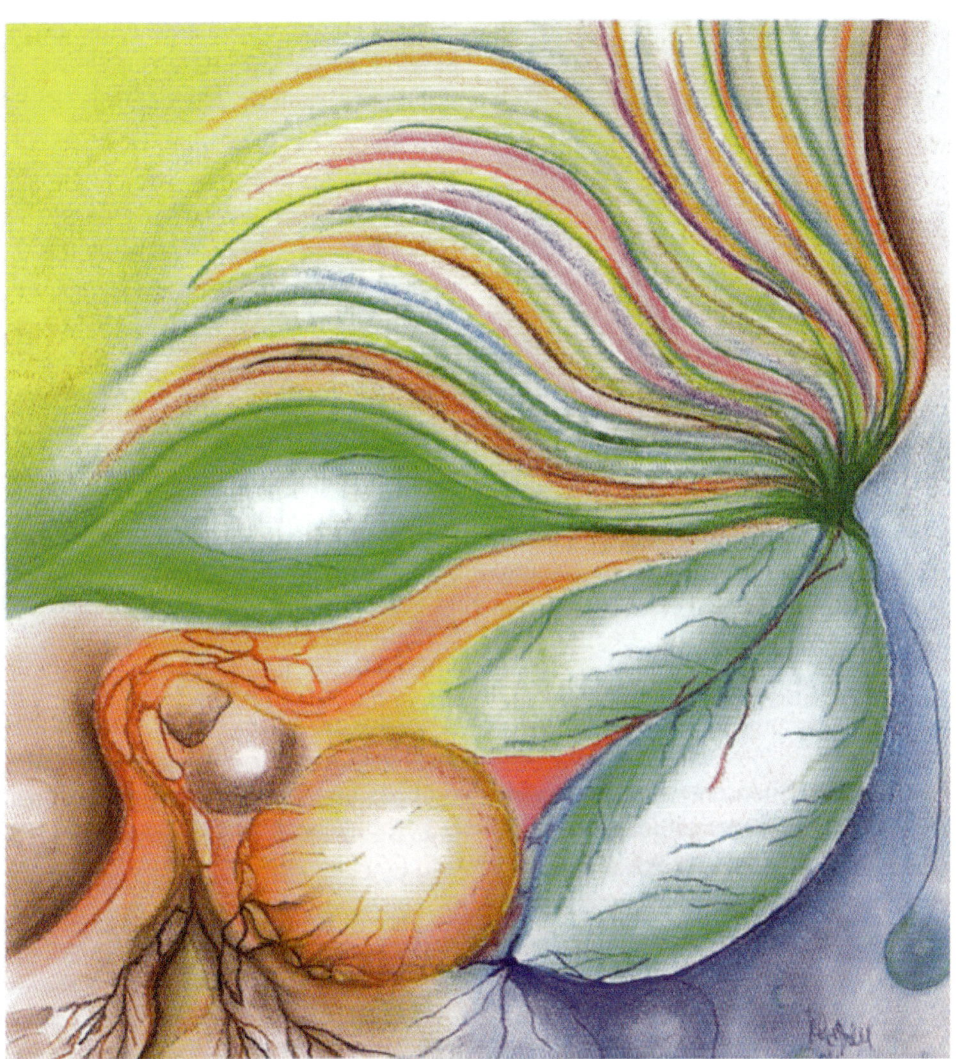

Bild 55: Martin Klaßen – The Palm Tree

Anstatt das Märchen aus seiner ihm eigenen, analogen Bildsprache in rationale Sprache mittels theoretischer Erörterung zu übersetzen, beziehen wir uns an dieser Stelle auf die interdisziplinäre Hirnforschung. Dieses Unterfangen hat zum Ziel, deutlich werden zu lassen, dass der Mensch allein aus der Struktur seines Gehirns heraus Bildsprache in rationale Verstehenssprache zu übersetzen vermag, sodass es ausführlicher theoretischer Erörterung von analoger Bildsprache eigentlich gar nicht bedarf.

Wie kommt das? Unser Gehirn ist so aufgebaut, dass es dort einen Teil gibt, der hauptsächlich für Rationalität (Digitales) »zuständig« und einen Teil, der für Bildhaftes (Analoges) verantwortlich ist.

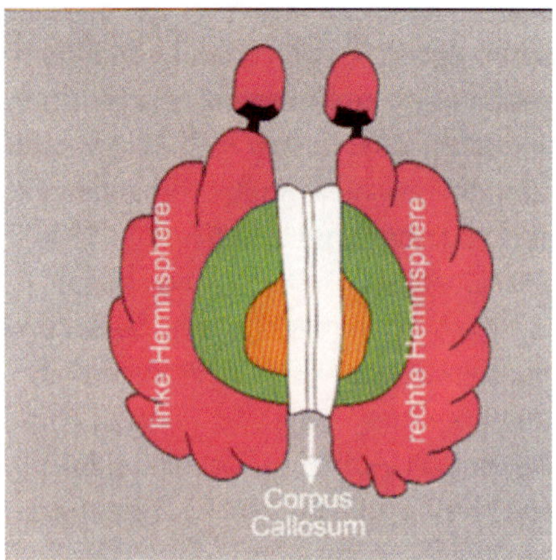

Bild 56: Hirnskizze – Corpus Callosum mit linker und rechter Hemisphäre

Das Verbindungsorgan zwischen diesen beiden Teilen wird Hirnlappen oder Corpus Callosum genannt. Und genau dieses Verbindungsorgan übernimmt die Übersetzung zum Beispiel von Bildern in die ureigene Sprachlogik des Bildbetrachters oder Bildmalers und umgekehrt. Das heißt auf der anderen Seite, dass auch Rationales, logisch Ausgearbeitetes mittels dieses Hirnlappens in des Menschen ureigene Bildsprache übersetzt wird, die wiederum von seiner Biografie und den damit verbundenen Gefühlen (Affektlogik) gespeist wird.

Diese beiden Phänomene erklären, wieso kunst- und gestaltungstherapeutisch ausgerichtete Coachings im Hinblick auf die Persönlichkeitsentwicklung des Menschen so enorm wirkungsvoll sind. Sie wirken, indem die beiden Hemisphären zur Kommunikation angeregt werden. Diesem Phänomen tragen wir Rechnung, wenn wir zum Beispiel das Märchen von der Palme nicht mit logischen Erörterungen und Reflexionen übersetzen, sondern unserem Hirnlappen diese Aufgabe überlassen und darauf vertrauen, dass die Bildsprache ohnehin unbewusst Einfluss auf unsere Persönlichkeitsentwicklung nimmt – auf ganz sanfte, emotionale Weise und in ziemlich langsamem Tempo, damit unser Körper die Angelegenheit auch nachvollziehen und integrieren kann. Die ganz persönliche Erfahrung mit diesem Märchen von der Palme wird in unser biografisches Gedächtnis integriert und wirkt von dort aus unbewusst auf den Lebensstil ein, indem er durch neue Facetten der Lebensbetrachtung bereichert wird.

Das Phänomen des Übersetzens von künstlerischen Aussagen in unseren Lebensstil (script) und unsere Affektlogik hinein machen wir uns in (fast) allen orientierungsanalytischen Coachings zunutze, zum Beispiel mit Kunstwerken wie denen der Schweizer Expressionisten Ignaz und Mischa Epper oder durch bildhaft gestaltete Literaturauszüge von Tennessee Williams, der wichtige Werke seines Schaffens im malerischen Kulturschmelztiegel New Orleans produziert hat, oder auch durch die Betrachtung aussagekräftiger Skulpturen im Rahmen ihres ganz speziellen Kontextes, zum Beispiel dem des Skulpturengartens in New Orleans. Wir werden in der Folge dieses Phänomen durch zwei Praxis-Feldstudien veranschaulichen.

Praxis-Feldstudie 16 *Carlos*

»Im Herbst 2001 belegte ich einige Coaching-Tage in New Orleans, die im Rahmen des orientierungsanalytischen Bildungsurlaubsprogramms des IHP angeboten werden, einem speziellen Angebot auf Grundlage des Asco Mentalità-Prinzips.

›Orientierungsanalytisch‹ heißt dabei natürlich: Arbeiten an der eigenen Biografie. Dies geschieht in Auseinandersetzung mit dem Leben von New Orleans. Literatur von Tennessee Williams, einem Kind dieser Stadt, gibt weitere Anreize zur Beschäftigung mit eigenen Entwicklungsthemen. Als Leitfaden durch die Coaching-Tage dienen die ›Cycles of Power‹, entwicklungspsychologische Entdeckungen von Pamela Levin – also die Kräfte des Seins, des Tuns, des Denkens, der Identität, der Geschicklichkeit, der Regeneration und der Wiederaufbereitung.

Zwölf Jahre später kommt Counselor Dr. Klaus Lumma auf mich zu und bittet mich, eine Praxis-Feldstudie über diese Zeit in New Orleans zu schreiben. Im ersten Moment denke ich: ›Oh Gott, das ist doch schon alles so lange her und gar nicht mehr präsent!‹ Auf den zweiten Blick empfinde ich es als Herausforderung, noch einmal in dieses Stück meiner Vergangenheit zurückzugehen. Beim genauen Hinsehen merke ich dann, in welch engem Zusammenhang das Erinnerte mit meinen Themen der letzten Jahre steht.

Und das ist doch nur allzu logisch: Geht es um ›Lebendiges Lernen‹, so kann ich doch fragen, ›was‹ weiterlebt und ›wie‹ es weiterlebt. Die Lebendigkeit des Erlebten soll nun Thema dieser Praxis-Feldstudie sein. Dabei möchte ich betonen, dass diese Studie ja meiner eigenen Erfahrung entspringt – also weder als wissenschaftliche Studie noch als objektive Beschreibung dieser Tage verstanden sein will.

Da es also meins ist, glaube ich, dass an dieser Stelle vorab noch ein paar Worte zu mir angesagt sind, da Erfahrungen ja bekanntlich immer in einer konkreten Biografie stehen. Im Sommer 2000 – also kurz vor New Orleans – hatte ich gerade mein Zweitstudium beendet. Und nun ging es endlich wieder in das Arbeitsleben – natürlich erst mal wieder als Lernender. ›Asco Mentalità in New Orleans‹ stand und steht damit also an einem ganz entscheidenden Wendepunkt meines Lebens.

Was kommt mir aber heute in den Sinn, wenn ich an die Coachingtage in New Orleans denke?

Zunächst denke ich an eine gute und schöne Zeit, die eine Unterbrechung des Alltäglichen darstellte. Sehr präsent sind mir auch noch die Menschen, mit denen ich diese Tage teilte. Es sind schöne und angenehme Bilder, die vor meinem inneren Auge entstehen: So sehe ich die sonnendurchfluteten Straßen von New Orleans vor mir, denke aber nicht mehr an die drückende, schwüle Wärme, die

Bild 57: Carlos – Einwandererstatue am Mississippi

einen einfach oft und schnell an die Leistungsgrenze bringt. Ebenso bedeutungslos erscheinen heute die vielen Mega-Mückenstiche an meinen Beinen, die jeden Schritt zum Erlebnis von 1000 Messerstichen machte.

In meiner Erinnerung haben sich viele optische Eindrücke, die Motive meiner Fotos, eingegraben. New Orleans steht mir also vor Augen. So gut wie gar nicht denke ich an die Texte von Tennessee Williams, und weniger klingt mir der Jazz in den Ohren. Das wundert mich nun aber ganz und gar nicht, da ich ein sehr optisch orientierter Mensch bin, dessen großes Hobby die Fotografie ist.

Neben all dem, was eher den allgemeinen Rahmen betrifft, gibt es noch zwei Eindrücke, die mir wie Blitzlichter seit nunmehr zwölf Jahren immer wieder in den Sinn kommen, wenn ich an diese Zeit zurückdenke:

Das erste ist das Motiv einer Postkarte, die mir in New Orleans in die Hände fiel. Darauf abgebildet ist eine Katze, die in einen Spiegel schaut und in diesem einen Löwen erblickt. Darunter steht zu lesen: ›What matters most is how to see yourself‹, also ›Was am wichtigsten ist, ist wie man sich selbst sieht.‹ Dieses Kartenmotiv fand ich so originell, dass es sich bis heute gut sichtbar gerahmt in meiner Wohnung befindet.

Bild 58: Carlos – Wichtig ist, wie Du Dich selbst siehst

Ein zweiter, nicht weniger starker Eindruck bleibt mir das Denkmal für die Einwanderer, auf dem eine Einwandererfamilie zu sehen ist und auf dem zu lesen steht: ›Dedicated to the courageous men and women who left their homeland seeking freedom, opportunity and a better life in a new country.‹, also ›Den mutigen Männern und Frauen gewidmet, die ihre Heimat verließen auf der Suche nach Freiheit, neuen Möglichkeiten und einem besseren Leben in einem neuen Land.‹ Viel hatten diese mutigen Menschen geleistet, was nun auch entsprechend geehrt wurde. Aber ich vermisste etwas in ihren Gesichtern, was ich dann in meinem Bild zum Ausdruck brachte. Ich vermisste – um mit Pamela Levin zu sprechen – die Kraft des Seins.

Bild 59: Carlos' Resonanz zur Einwandererstatue

Wenn ich nun auf ›meine‹ Einwanderer zurückblicke, so sehe ich in ihnen genau das, was ich damals nur sehr rudimentär spürte und im Berufsleben erst langsam entwickeln musste – eben jene Kraft des Seins. War nicht gerade ich aktiv und mutig über den ›Ozean‹ eines zweiten Studiums mit all seinen Stürmen und Turbulenzen gekommen? Ja, das war ich! Aber konnte ich nun frei und unbeschwert sagen: ›Ich habe das Recht, hier zu sein – so wie ich bin!‹ oder: ›Hier darf ich mich entfalten!‹ Nein, das konnte ich lange nicht! ›Lehrjahre sind ja keine Herrenjahre‹ – so hatte ich es verinnerlicht. Und das passierte nun gerade mir, dem es doch so wichtig war (und ist), er selbst zu sein.

Hätte ich sonst auf einem in New Orleans gemalten Bild jenen Satz von Tennessee Williams wiederfinden können, der da lautet: ›Wenn du nicht du selbst sein kannst, was hat es dann für einen Sinn, überhaupt etwas zu sein‹?

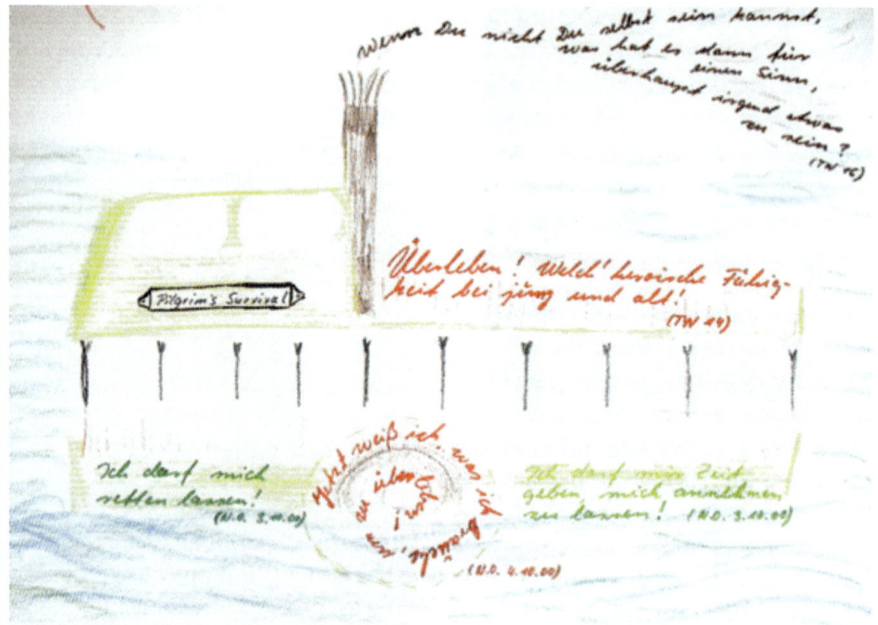

Bild 60: Carlos' Resonanz auf Tennessee Williams' Textvorlage

Schritt für Schritt habe ich neu gelernt, mir immer wieder das Recht, mich zu entfalten, zuzusprechen. Die Tage in New Orleans boten mir dabei sicherlich ein gutes Potenzial, das ich aber im Alltag immer wieder und Stück für Stück (auch mithilfe von weiteren orientierungsanalytischen Coachings) erst freilegen musste. Und am Ende bin ich damit (hoffentlich) auch noch nicht.

Denke ich dabei an das Bild der Katze, die sich als Löwe im Spiegel erkennt, so liegt mir auch hier der Zusammenhang auf der Hand. Betrifft dies zunächst eher die Kraft der Identität, so lautet die Botschaft: ›Ich darf wissen, wer ich bin!‹ Dies will ich dann auch sagen: ›Ich habe das Recht, mich zu profilieren mit dem, was ich kann und bin. Und ich darf dies auch verteidigen. Niemand hat das Recht, mir auf den Schlips zu treten!‹ Und genau das war immer wieder die Herausforderung der letzten Jahre!

Wenn ich dabei daran denke, wie ich mich noch vor vier Jahren gab und wie ich mich heute verhalte, so ist mir der Unterschied klar und deutlich. Die Erfahrungen von New Orleans änderten dabei nicht wie ein Kippschalter von heute auf morgen mein Leben. Aber dort ist sicherlich im Kontext eines laufenden Prozesses Entscheidendes passiert, das lebendig blieb und Kräfte zur Erneuerung in sich hatte, die mich immer besser leben lassen.«

Praxis-Feldstudie 17 *New Orleans ist rosarot*

»Gelandet. Da befinde ich mich nun, auf dem Boden von verwesten Pflanzen, Blättern und vermorschtem Holz. New Orleans! Die hohe Luftfeuchtigkeit und die Hitze empfangen mich brutal, trotzdem bin ich dankbar für das Neue. Die Flugstunden sind vorbei, meine Flugangst ist beiseite geschoben, und ich spüre, wie ich Altes loslassen kann.

Ein Ordnen des faszinierenden Gefühls ist bei Ankunft noch nicht möglich, ich kann es nicht beschreiben, sondern ausschließlich erleben. Die ersten Stunden auf dem Weg ins French Quarter, dem französischen Altstadtviertel von New Orleans, kommen mir bekannt vor. So kenne ich Amerika aus vielen Filmen. Und plötzlich bin ich Darsteller eines solchen Filmes mit Hektik, Highways und Wolkenkratzern. Wie endet wohl dieser Film, und wie ende ich darin?

Bild 61: Martin Klaßen – New Orleans-Begegnungen

Klimaanlage in der kreolischen Unterkunft, ein erfrischendes Willkommen meines Zuhauses für die nächsten vierzehn Tage mit regelmäßigen orientierungsanalytischen Coachings in einer kleinen Gruppe. Lebendiges Lernen ist angesagt, und eine frohe Erwartung hat begonnen, Wirklichkeit zu werden. Spannung spüre ich nicht nur bei mir, auch die anderen Teilnehmer geben sich ähnlich, wie ich mich innerlich fühle. Ich bin also nicht allein. Der erste Funke einer Beziehung und Begegnung mit- und untereinander ist gezündet.

Die Gruppe trifft sich im World Trade Center von New Orleans im obersten Stockwerk, hoch über der Stadt. Der Mississippi schlängelt sich in seiner gewaltigen Größe durch den Ort. Ich kann seine Strömung sehen und spüre seinen Puls. Er ist wie ein neuer Freund, der etwas Starkes in mir bewegt. Es kommen Gedanken und Dank an London und die Themse, jener Stadt mit jenem Fluss, der mich erstmals in die neuen Gefilde meines Lebens aufbrechen ließ.

Ich fühle mich zu Hause, und ich spüre Geborgenheit innerhalb der Gruppe, die gleich mir in die Counseling-Welt aufgebrochen ist und Resilienz-Coaching am eigenen Leib erfährt. Durch die Gruppe fällt das Lernen leicht, und ich erkenne, dass jetzt meine Zeit gekommen ist, den Mut aufzubringen, meine Kraft zur Wiederaufbereitung des schon vorhandenen Potenzials in mir zu nutzen. Und diese Kraft erfasst mich gewaltig. Ich spüre sie durch und durch, gehalten von Beziehungen und Begegnungen untereinander und gestützt von dem Neuen, den Menschen, der Musik, der Kultur, dem Leben anderswo. Ich lerne, dass meine Heimat nicht der Ort ist, an dem ich lebe, sondern ich erfahre gute Beziehung als meine (neue) Heimat.

Das ist nun kein Film mehr, indem ich mich als Darsteller fühle: Das ist ›live‹, und das bin ich wirklich. Ich drehe nicht, und ich mache keinen Stunt für andere, sondern hier dreht es sich um mich, es geht um mich selbst.

Die Cycles of Power nach Pamela Levin sind Grundlage dieser Erfahrung und begleiten mich ständig in diesen orientierungsanalytischen Lerntagen. In meiner Biografie zu stöbern, ungelösten Konflikten nachzugehen, gezielt zu bearbeiten mit Unterstützung der Gruppe und New Orleans, das sind Erfahrungen hoher Qualität für mein aktuelles Leben.

Gelernt habe ich, dass es eigentlich keine fremden Menschen mehr für mich gibt. Das miteinander Tun und Leben in dieser Stadt, ob schwarz oder weiß, gegenseitig zu spüren, dass es o.k. ist, dass es mich und dich gibt, einander in seiner Eigenart anzuerkennen und damit weiterzuleben, ist ein Erfahrungsschatz, den ich gut behüte und auch gerne anderen verrate. Dieser Erfahrungsschatz beinhaltet auch die Leichtigkeit des Seins an jedem Ort und auf jedem Weg. Ich kann jetzt vielen bekannten und berühmten Menschen nachempfinden, die hier gelebt oder ihr Zuhause gesucht haben, die nach vielen rastlosen Jahren immer wieder New Orleans aufsuchen, um ihre kreative Spur erneut aufzunehmen wie zum Beispiel Louis Armstrong oder Tennessee Williams.

Und dann sind da schließlich noch die Worte eines alten, schwarzen Jazzmusikers, die dieser mir mit seiner schweren, tiefen Stimme vermittelte: ›Good old friend, nicht der Ton macht die Musik, sondern wie man sie spielt, nämlich aus dem Herzen‹. Sein Lachen habe ich noch heute im Ohr, es klingt offenbar lange in mir nach. New Orleans ist rosarot. Die farbliche Gestaltung der Häuser, Straßen und Cafés des Vieux Carrée, des französischen Viertels, erscheint mir grundsätzlich in Rosa und in Rot gehalten. Faszinierend und echt. Diese Farben schmecken und fühlen sich gut an, sie tauchen immer wieder in Bildern auf und begleiten mich seitdem fast ständig. Und sie legen eine deutliche Spur bei meiner Suche nach der Kraft des Tuns, um auf weitere Entdeckung gehen zu können und dabei durch diese Farben eine Art Schutz zu erfahren.

Ich lerne, dass ich nicht durch eine rosarote Brille schauen muss, damit es mir gut geht. Diese Erfahrungen von New Orleans weitervermitteln zu dürfen, ist für mich Aufgabe meiner Berufung zum Counselor für Kunst- und Gestaltungstherapie geworden. Ich praktiziere sie nicht nur in New Orleans, sondern hier und jetzt immer wieder, besonders, wenn ich ›in den Seilen hänge‹ mit den hohen beruflichen Anforderungen in der Begleitung von diskriminierten und allein gelassenen Menschen. Solche Berufung kann überall gelebt werden, in Rosa und in Rot.«

Dieser Beitrag erschien in leicht veränderter Form erstmals im Art & Graphic Magazine 11/2005

2.5.3 Resonanzen auf die Alten Meister in Nürnberg

Die Entdeckung des Museums als pädagogischem und therapeutischem Ort ist heute ein fester Bestandteil in unserer Counselingarbeit.

Hier stellen wir beispielhaft eine Trainingsarbeit vor. Es ist ein Projekt im Rahmen des Germanischen Nationalmuseums in Nürnberg, initiiert von Brigitte Michels bei der kunsttherapeutischen Ausbildung in der Zusammenarbeit von Akademie Faber-Castell und IHP – Institut für Humanistische Psychologie.

Bild 62: Germanisches Nationalmuseum Nürnberg

Jede Wahrnehmung, jedes Geschehen im Umfeld, Musik, Bilder, Literatur, löst Resonanz in uns aus, und oft bleiben uns die Hintergründe dieser Resonanzen für lange Zeit im Bereich des Unbewussten verschlossen. Unbewusste Resonanzen können verbal in Sprache oder nonverbal in Körperhaltung und Gestik oder in Bild und Symbol sichtbar werden. Im Counseling haben wir gelernt, solche Resonanzen zu nutzen, sowohl durch das Tun im kreativen Prozess als auch im rezeptiven Arbeiten mit Kunst, zum Beispiel ausgelöst durch den Besuch in einem Museum.

Um herauszufinden, wie Kunstwerke früherer Jahrhunderte auf unsere Psyche wirken und welche Resonanzen sie auslösen, findet gemeinsam mit Teilnehmern einer Ausbildungsgruppe der Akademie Faber-Castell ein Besuch der Ausstellung »Faszination Meisterwerk« im Germanischen Nationalmuseum in Nürnberg statt. Aus dieser Gruppe zeigen wir den Prozess auf, den Elvira durchläuft.

Die Gruppe nimmt sich viel Zeit im Museum. Es gibt einen ersten Durchgang, jeder schaut für sich allein und lässt die Bilder auf sich wirken. Später beschreibt Elvira einen markanten Moment dieses Durchgangs: »Als ich von Raum zu Raum ging, da zog etwas Besonderes meine Aufmerksamkeit auf sich.«

Nach diesem Betrachten des Ganzen wird die erste Aufgabe gestellt: »Geh erneut durch die Ausstellung, wähle ein Bild aus, das dich heute besonders angesprochen und berührt hat und halte es in einer Skizze fest.«

Die Teilnehmer nehmen Block und Stifte, setzen sich zu »ihrem« Kunstwerk und skizzieren es nach – die Stimmung ist sehr konzentriert. Bereichert von den Bildern treffen sich alle zu einer Abschlussrunde in der Cafeteria. Dann hat uns unser Alltag wieder, auch hier nutzen wir das Prinzip Asco Mentalità.

Am nächsten Morgen stellt jeder sein Bild vor.

Bild 63: Selbstbildnis Anna Dorothea Therbusch (1782)

Bild 64: Elvira – Eine sensationelle Frau

Praxis-Feldstudie 18 *Elvira*

Elvira, sonst eher ruhig, ist heute sehr lebhaft und tief bewegt. Es drängt sie, ihr Bild zu zeigen, und sie berichtet davon, wie sie im Museum immer wieder zurückgehen musste zu dem Selbstbildnis von Anna Dorothea Therbusch.

»Das war etwas Besonderes, etwas, was ich noch nie gesehen habe. Da sitzt eine Frau und trägt eine Sehhilfe über dem rechten Auge, gehalten von einem Band, festgemacht an ihrer Spitzenhaube. Freundlich lächelnde kluge Augen blicken mich an, direkt in meine Augen, direkt in mein Herz.

Mit ihrem Einglas erscheint sie mir als sensationelle Frau, die ein Leben geführt hat, das außerhalb der Reihe war. Besonders wichtig für mich sind die Damen der besseren Gesellschaft im Hintergrund. Sie plaudern miteinander und daneben, kaum sichtbar, die Staffelei. Anna Dorothea hat sich abgesetzt und liest. Ich bewundere diese Frau, die andere Wege geht als die Zeit ihr vorschreibt; sie wagt es, sie ist eine Rebellin.

Es hat offenbar auch Malerinnen gegeben, Frauen, die neben Dürer und Cranach in dieser Ausstellung bestehen können. Dieser Gedanke ist mir trotz vieler Museumsbesuche neu.«

Elvira ist bei ihrem aktuellen Lebensthema. Durch Frühverrentung aus dem normalen gesellschaftlichen Gefüge herausgefallen, sucht sie eine neue Perspektive.

Die Teilnehmer sind berührt, alle sind bei ihren aktuellen Lebensthemen angelangt, und sie sind froh, sie spüren, dass es gut ist, darüber zu sprechen und diesem Thema eine sichtbare Gestalt zu geben. Um diesen Prozess der Entwicklung weiterzuführen, wird erneut eine Resonanzarbeit vorgeschlagen. Der Auftrag lautet: »Male eine Antwort auf Dein erstes Bild, und stelle es dann im Plenum unter dem Aspekt der anstehenden Entwicklungsaufgabe vor.«

Bild 65: Elvira – Frau darf ihr außergewöhnliches Leben leben

Elvira spricht ganz kurz über ihr Antwortbild und sagt: »Frau darf ihr außergewöhnliches Leben leben.«

Die Arbeit wird mit einem Gemeinschaftsbild abgeschlossen, und die Gruppe malt dazu auf großem Papier mit leuchtend klaren Farben. Alle arbeiten schweigend und ohne vorherige Absprache miteinander, aber es gibt immer wieder nonverbalen Kontakt untereinander.

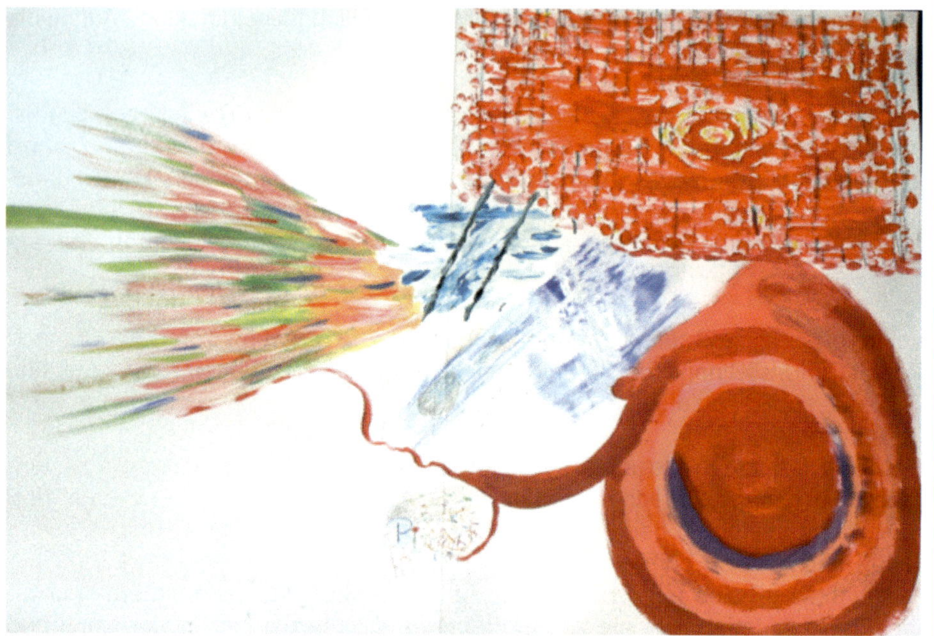

Bild 66: Gemeinschaftsbild der Gruppe

Alle sind mit dem Ergebnis zufrieden. Es wird deutlich, dass auch noch im gemeinsamen Abschlussbild viele Impulse für jeden Einzelnen enthalten sind. Für Elvira ist als Ziel klar geworden, aus der eigenen Überforderung herauszukommen und alle Möglichkeiten zu nutzen, die ihr die neue Lebenssituation bietet. Sie schließt mit den Worten: »Ich will wie Anna Dorothea Therbusch Dinge tun, die gewagt sind.«

2.5.4 Mobiles Resilienz-Coaching in New Orleans
beim Wiederaufbau nach Hurrikan Katrina ab 2006

Bild 67: Annegret – Resonanz zu Hurrikan Katrina

Für den Herbst 2005 waren weitere Coachings in New Orleans geplant – ebenfalls mit Bezugnahme auf die Literatur von Tennessee Williams (siehe Kapitel 2.5.2, Asco Mentalità in New Orleans). Doch dann funkte Hurrikan Katrina dazwischen. Dort, wo unsere orientierungsanalytischen Coachings stattfinden sollten, da stand die Stadt viele Tage bis zu vier Meter unter Wasser. Unsere Coachings fielen also buchstäblich ins Wasser, denn die ganze Stadt war evakuiert. Inzwischen ist bekannt, dass diese Hurrikan Katrina-Katastrophe nicht allein ein heftiges Naturereignis war. So weiß man zum Beispiel seit Langem, dass die zum Schutz der Stadt und ihrer Bewohner angelegten Deiche zum großen Teil »in den Sand gesetzt« und ihre Fundamente viel zu oberflächennah angelegt waren. Dadurch konnten infolge des heftigen Hurrikan große Wasser- und Sandmengen an mindestens fünf entscheidenden Stellen die Deichmauern unterspülen, sodass die Stadt voll Wasser lief.

Bild 68: Krisengebiet New Orleans – Pratt Drive

Nach dem Desaster bilden sich in New Orleans zahlreiche private Hilfswerke für die Linderung und auch Beseitigung der aktuellen Not, so zum Beispiel die Musicians Clinic (Bethany Bultman) oder die Arabi Wrecking Krewe Inc. (Armand Sheik Richardson), erstere zur Hilfestellung bei medizinischen Belangen, letztere zum Räumen, Säubern und Wiederaufbau von einzelnen Häusern im Wohngebiet nahe des Lake Pontchartrain und im Ninth Ward, dem am tiefsten versunkenen Teil der afroamerikanischen Kulturmetropole Amerikas. Im Rahmen des Hilfswerks der Arabi Wrecking Krewe wird schnell deutlich, dass es gut ist, neben der handwerklichen Hilfe auch Counseling anzubieten.

Es entsteht die Idee zur Einrichtung eines Mobilen Studios für Post-Trauma-Stress-Recovery Counseling in den Notgebieten der Stadt, und zwar in direkter Zusammenarbeit mit den (ebenfalls ehrenamtlichen) Handwerkern der Arabi Wrecking Krewe.

Der erste Entwurf für das Konzept zu einem solchen mobilen Studio wird im Kollegenkreis des IHP zwischen Brigitte Michels, Maria Amon, Alexandra von Miquel, Dagmar und Klaus Lumma diskutiert, und es wird dabei deutlich, dass sich der Einsatz des mobilen Studios in Louisiana zunächst auf ein Einstiegstraining mit

Multiplikatoren – ganz konkret mit ausgebildeten Counselorn des Gestalt Institute of New Orleans unter Mitwirkung von Father Jerome LeDoux – begrenzen würde. (Seit den Erfahrungen mit Bildern von Überlebenden im Osten von New Orleans wurde das Konzept dieses mobilen Studios weiterentwickelt zum Resilienz-Coaching.)

Bild 69: Einladungsschreiben zum ersten Post-Trauma-Counseling in St. Augustine

Einigkeit des Vorbereitungs-Teams besteht außerdem in folgenden Punkten:

- Wir arbeiten nach dem entwicklungspsychologischen Modell von Pamela Levin und beschränken uns für das Resilienz-Counseling auf die Zyklen 1, 2 und 3, die Stärkung des Seins, des Tuns und des Denkens.
- Zur Stärkung der Kraft des »Tuns« arbeiten die Counselor ebenso wie die Kollegen der Arabi Wrecking Krewe handwerklich im neunten Bezirk der Stadt beim Räumen, Säubern und Wiederaufbau von einzelnen Häusern mit.
- Zur Stärkung der Kraft des »Seins« (Existenz) im Sinne von »neue innere Ordnung schaffen« und einen »inneren sicheren Ort anlegen« kommt das Mobile Counseling Studio in der ältesten afroamerikanischen Kirche, der St. Augustine Church (der »Jazzgründer-Kirche«) im Stadtteil Tremé mit einer weltweit bewährten Atemübung erstmals zum Einsatz (siehe Tafel 17).
- Anschließend gibt es die Einladung zum Malen von Resonanzen auf das Geschehene und intensive Gespräche mit Bezugnahme auf den »inneren sicheren Ort« und die bisher in handwerklichem »Tun« gemeinsam mit der »Krewe« geleistete Aufräumarbeit am Wohnhaus. Wir gehen davon aus, dass dieser Schritt die Kraft des »Denkens« stärkt und den Blick für die eigenen und die kollektiven Ressourcen neu eröffnet.
- Wir beteiligen die beiden mitreisenden Mediziner René Cardynaals und Ron Schellings sowie Anne Teachworth, die Leiterin des lokalen Gestalt Institute und Father Jerome LeDoux, Pfarrer an der St. Augustine Church.

Kurz vor Klaus Lummas Abreise ins Krisengebiet wird diese Konzeption auch einer Kölner Counselor-Ausbildungsgruppe vorgestellt. Die gesamte Gruppe fertigt ihrerseits Resonanzbilder zum Katastrophengeschehen in New Orleans und stellt freundlicherweise diese Bilder als Geschenk für die amerikanischen Counselor zur Verfügung. Darunter sind auch zwei Resonanzbilder von Kindern, die unsere Vorbereitung auf den Einsatz des mobilen Studios für hurrikangeschädigte mitbekommen haben.

Bild 70: Anna – Resonanz zu Hurrikan Katrina

Bild 71: Kyara – Resonanz zu Hurrikan Katrina

Mit diesen Bildern im Gepäck macht sich Klaus Lumma auf den Weg nach New Orleans, dieses Mal mit einem mobilen Coachingkonzept, das noch nie zuvor zur Anwendung gekommen ist. Gemeinsam mit Sheik Richardson, Father Jerome LeDoux und Anne Teachworth († 2012) findet das erste mobile Resilienz-Coaching auf Wunsch unserer »patrons«-Sängerin Lillian Bouttè und des Trompeters Leroy Jones in der St. Augustine Church statt, weil ein Großteil der Betroffenen zu dieser Gemeinde und ihrem engagierten Pfarrer eine äußerst intensive Beziehung pflegt. Auch die Präsidentin der Gemeinde, Sandra Gorden, und ein verständiger Bischof gewähren ihre Zusage. So wird dieses Gotteshaus zum guten Boden für den Einsatz des mobilen Counselingstudios für Resilienz-Coaching – nicht zuletzt auch deswegen, weil nach einem der Gottesdienste von der Kirche aus eine Ehrenparade für Wynton Marsalis zum Congo Square startet, wo sein gleichnamiges Werk im Rahmen des French Quarter Festivals uraufgeführt wird

Bild 72: Resilienz-Second Line vor der »Jazzgründerkirche« St. Augustine

Was eine Second Line in der Kultur von New Orleans bedeutet, ist inzwischen in zahlreichen Büchern zur Jazz- und Mardi Gras-Kultur beschrieben und wurde in der Bachelorarbeit von John Frederick Lumma (2010) auch wissenschaftlich erörtert. Kommunikationstheoretisch bedeutet eine Second Line die Resonanz einer Peergruppe auf rituelle Handlungen eines ihrer Subsysteme, der First Line. Im Beispiel der Resilienz-Second Line vor der »Jazzgründerkirche« St. Augustine bestand die First Line aus der Post-Trauma-Counselinggruppe gemeinsam mit der Hurricane Brassband aus Maastricht und Musikern der lokalen Tremé Brassband, die Second Line aus Kirchenbesuchern und Anwohnern.

Es stellt sich bald heraus, dass auch viele der Counselor des Gestalt Institute New Orleans noch nicht in ihre Heimat zurückkehren konnten. Es kommen sieben, und vier von ihnen signalisieren nach dem Training ihre Einsatzbereitschaft für das Krisengebiet; einer von ihnen ist selbst betroffen, hat sein gesamtes Hab und Gut verloren, steht jedoch fürs Counseling zur Verfügung. Bill Phillips von der Arabi Wrecking Krewe, selbst viele Jahre als professioneller Counselor tätig, kommt nachträglich dazu – am Trainingstag ist er durch handwerklich notwendige Arbeiten verhindert. Bill übernimmt in Abstimmung mit Sheik Richardson die Koordination zwischen Counselor und Handwerkern.

In Anbetracht des Ausmaßes der Katastrophe könnte man denken, dass fünf Counselor zu wenig sind – doch so denkt niemand der am Projekt Beteiligten (siehe Tafel 16).

Tafel 16 *Resilienzmotto*

Wir tun, was in unserer Kraft steht,
und wir halten uns nicht mit dem auf,
was wir nicht tun können.

Bild 73: SE Saunders: CD-Cover »Jazz Vipers«

Hier nun die einzelnen Schritte zur vierstündigen Resilienzentwicklung in New Orleans (2006):

- Einzug in die St. Augustine Church mit Musik der Hurricane Brassband – der »zufällig« anwesenden Festivalband aus Maastricht
- Begrüßungsansprache von Anne Teachworth vom Gestalt Institute New Orleans
- Post-Trauma-Stress-Disorder-Fachinformation durch René Cardynalls in Form einer Minilecture, unterstützt durch Dr. Ron Schellings
- Information über den Gesamtaufbau des Counseling-Hilfsprojektes aus Deutschland
- Atemübung unter Anleitung von Dr. Klaus Lumma (s. Tafel 17).

Tafel 17 *Blossom Breathing* (Atemübung)

1. Spread your arms as wide as you can.
   Keep your palms downwards.

2. Let your hands slowly move towards each other.
   Direct both palms to your chest.

3. Move your arms and hands towards your chest.
   Arrange left palm (top) and right palm (under)
   to form a space. Feel the energy inbetween.

4. Move both hands for forming a bud (Knospe)
   on the level of your heart.

5. Guide your arms upwards. Let the bud rise.
   Keep it close and realise that you are breathing.

6. Let your fingers spread slowly.
   Let the bud slowly become a blossom.

Remember a place where you are safe.
(this place to be drawn with coloured pencils later)
Then let your arms go down slowly.

Bild 74: Die Hurricane Brassband spielt während der Atemübung

- Alle Klienten machen anschließend diese Übung noch einmal, jetzt allerdings ohne Anleitung und im eigenen Rhythmus. Dazu spielt die Brassband ganz leise die Hymne »Precious Lord Take My Hand«
- Die mitgebrachten Kölner Resonanzbilder werden auf dem Boden der Kirche zu einer kleinen Ausstellung arrangiert. Alle Klienten sind eingeladen, die Bilder zu betrachten und eines davon an sich zu nehmen. Es soll dabei um jenes Bild gehen, welches ihrem eigenen inneren Erlebnisbild vom Katastrophengeschehen am nächsten kommt.
- Malen einer persönlichen Resonanz zum gewählten Kölner Resonanzbild mit Buntstiften von Faber-Castell, dem Sponsor des Projektes.
- Wässern der gerade gefertigten Resonanzbilder mit einem leicht getränkten Schwamm. Für das Wasserholen sind kleine Plastikschüsseln in der Kirche bereitgestellt. Außerdem stehen bei der großen Hitze zur Verfügung: Trinkwasser und Bagels für einen kleinen Imbiss.
- Teilnehmer und Leiter sind eingeladen, sich »in privatissime« zum Austausch über die Bilder in Zweierkonstellationen zu treffen, verteilt über das ganze Kirchenschiff.

Bild 75: Phylis – Wie ich Hurrikan Katrina erlebte

Bild 76: Connie – Wie ich Hurrikan Katrina erlebte

Bild 77: Chris – Wie ich Hurrikan Katrina erlebte

– Nach Abschluss der Bildbesprechungen treffen sich alle am Altar zu einem gemeinsamen Dankgebet mit Father LeDoux über das »Glück des heutigen Tages«.

Zum Abschluss wird gemeinsam entwickelt, wie die nächsten Schritte aussehen könnten. Es wird eine E-Mail- und Telefonliste der freiwilligen Helfer zusammengestellt, die allen Beteiligten im Rahmen der Arabi Wrecking Krewe und des Gestalt Institute zur Verfügung steht.

Bild 78: Ninth Ward – Arabi Wrecking Krewe in Pause

Die Arabi Wrecking Krewe lädt die an diesem Tag für den weiteren ehrenamtlichen Einsatz vorbereiteten Counselor zur handwerklichen Mitwirkung bei den Aufräumarbeiten im Ninth Ward und in der Nähe des Lake Pontchartrain ein. An Ort und Stelle (on the job) werden dann weitere Verabredungen getroffen. Seitens des Gestalt Institute steht Anne Teachworth für die Supervision der ehrenamtlich wirkenden Counselor ebenfalls ehrenamtlich zur Verfügung.

Bedingt durch das enorme Ausmaß des Hurrikan Katrina-Desasters finden in New Orleans in den Jahren 2006 bis 2011 seitens Klaus Lumma ausschließlich Post-Trauma-Counseling und Supervision statt. Seitdem neben Father Jerome LeDoux und Sheik Richardson auch Patrice Fisher und Carlos Valladares beteiligt sind, rückt aus den gemeinsamen Erfahrungen im vietnamesischen Stadtteil (New Orleans East) der Aspekt der Resilienz immer mehr in den Vordergrund der mobilen Counselings und wird schließlich in Verbindung mit Musik und Literatur zur Hauptsache. Das Konzept des Resilienz-Coaching ist geboren – aus der Not heraus und für den professionellen Einsatz an anderer Stelle. (Siehe hierzu vor allem Kapitel 4 und auch die Praxis-Feldstudien dieses Buches.)

Guter Boden zwischen uns

Zwischen uns ist Boden
dient zum stehn ~ und zum gehn.
Guter Boden lädt Dich ein
zu sein, zu sein, zu sein.

Er braucht Dein Handeln
mit Wasser und Luft.
Bei Feuer, da ruft er Dich auf
zu tun, zu tun, zu tun.

Denken im Erdsinn,
das tut er ganz gern,
gibt Raum zur Besinnung
für Dich und für mich.

Er ist jetzt Dein Boden
und braucht Dich als Licht.
»Ich« sagt er nie.
Durch Dich ist er Wer.

Wie sollst Du's tun?
Mit Freude und Geschick:
Übung bringt Meister.
Er braucht sie so sehr.

Auf ihm gehst Du weg,
wenn der Horizont ruft.
Du bist nicht sein eigen,
darfst frei sein fürwahr.

Good Soil Between Us

There's Good Soil between us
it serves you to stop and to go
its God's invitation
to be – to be – to be

Good Soil needs engagement
with air and with water
with fire its calling you
to do – to do – to do

Good Soil likes to think
like Gaia, our good one
gives space to awareness
for you and for me.

Its your soil now
it needs you for light
never saying »only me«
Soil is Somebody through you

How to manage – you ask?
with joy and with skills
be a master of training
Soil needs masters like you

It serves you when leaving
with horizons in your eyes
you're not his own
you're free like an eagle.

Fats von Gerolstein

2.6 Steinbildhauen

Unsere Praxis des Steinbildhauens im Kontext von Coachingthemen findet natürlich ausschließlich in Kooperation mit professionellen Steinbildhauern statt, die zugleich eine Ausbildung als Kunst- und Gestaltungstherapeut aufweisen. Unsere Kooperationspartner sind Alex Naef von der Scuola di Scultura in Peccia, Tessin und Reinhard Voss von der Akademie Faber-Castell in Stein bei Nürnberg. Wir arbeiten seit 1992 mit diesem Medium – und zwar in Form von zusammenhängenden Coachingtagen, ausschließlich in Verbindung mit Livemusik (Sopransaxophon Fats von Gerolstein) und überwiegend im Rahmen einer homogenen Berufsgruppe.

Die Bezüge dieses Beitrages (Text und Bilder) stammen ausschließlich aus einem solchen Projekt im Schlosspark Faber-Castell in Stein bei Nürnberg (2005). Die künstlerische Leitung hat Reinhard Voss, das orientierungsanalytische Coaching wird von Klaus Lumma gestaltet. Die Konzeption dazu stammt aus einer Fachkooperation der Autoren dieses Buches.

Der Aufbau einer solchen Form des Coachings ist – wie viele unserer Vorgehensweisen – ausgerichtet am siebenstufigen, entwicklungspsychologischen Modell von Pamela Levin (»Cycles of Power«, siehe auch unser Buch »Quellen der Gestaltungskraft«). Fünf Tage Coaching in einer Gruppe bedeuten für alle Beteiligten, die ersten fünf der sieben Entwicklungsstufen einzeln und nacheinander gemeinsam bei täglicher Arbeit am Stein zu durchlaufen. Dieser praktische Bezug auf eine leicht nachvollziehbare Entwicklungspsychologie stellt die Grundlage (guten Boden) für eine Form des Lernens, welches prozessorientiert zugleich eine Art Resozialisation im Gruppenrahmen bewirkt.

Durch den an Entwicklungsstufen orientierten Gestaltungsprozess am Stein unter Einbezug von Literatur (Gedichte, Zitate von Bildhauern) und Livemusik besteht für alle Beteiligten die beste Möglichkeit, am Skript, dem geheimen, unbewussten Lebensplan so zu arbeiten, dass im Laufe der Coachingtage mit den drei genannten Medien (Stein, Literatur, Musik) zum Beispiel ein verdecktes Nicht-Erfolgsskript anhand ganz konkreter Umstrukturierungen (mit Hammer und Meißel) zu einem Erfolgsskript wird – entwickelt neben der Arbeit an konkreten Themen des Berufslebens oder der Persönlichkeitsentwicklung.

Tafel 18 *Fünf Entwicklungsstufen beim Coaching durch Steinbildhauen*

Ausgewählte Steinbildhauerzitate und alle Coachings am Stein sind nacheinander an diesen fünf Entwicklungsstufen orientiert:
- Sein,
- Tun,
- Denken,
- Identität,
- Geschicklichkeit.

Das Bearbeiten des Steines, dem viele Milliarden Jahre alten Wesen, hat sich als hilfreich dafür erwiesen, eigene Ideen zu persönlichen oder beruflichen Fragestellungen mittels archaischer Weisheit und Werkzeugen und (zunächst) ohne Begrenzung durch Rationalität zu bearbeiten – im wahrsten Sinne des Wortes abzuklopfen und dadurch Umwandlungsprozesse in Gang zu setzen. »Je öfter Muster wiederholt werden, umso wahrscheinlicher werden sie.« (Rupert Sheldrake, »Morphische Felder« in Doris Titze, Seite 35)

Ideen (neue Muster) auf den Weg zu bringen, ihnen einen guten Platz im Leben einzuräumen, so denken viele Menschen, bedarf allein sorgfältiger, rational-logischer Anstrengung und Strategie. Diese Auffassung stimmt jedoch nur zum Teil, wie die interdisziplinäre Hirnforschung immer wieder neu nachweist. Die tiefen schöpferischen Kräfte des Menschen haben offenbar äußerst starke Wurzeln in jenem Bereich, der analoges oder bildhaftes Denken genannt wird, oder auch Affektlogik oder emotionale Intelligenz. Eine Ahnung von diesem Wissen ist bereits in der analytischen Psychologie von C. G. Jung beschrieben worden.

Unser Konzept des Coaching mittels Steinbildhauen fußt genau auf diesem Wissen. Es nutzt die Resonanzfähigkeit des Steins zum Finden neuer (Verhaltens-)Muster, die krankhaftes oder krank machendes Verhalten durchkreuzen, beenden und neue, konstruktiv wirkende Muster zulassen. Medium des Beantwortens von Fragen ist der Stein oder vielmehr das Behauen des Steins.

Aber wie geht das? Wir richten als Erstes den Arbeitsplatz zum Steinbildhauen ein: einen Bock mit Sandsäcken und Sandstein. Danach treffen wir uns erstmals zur gemeinsamen Besprechung in der Gruppe. Die Arbeitszeit wird verabredet, und es wird besprochen, wie die Coachingtage im Rhythmus der Entwicklungspsychologie aufgebaut sind.

Bild 79: Open Air-Coachingwerkstatt

Nach der Einrichtung des Arbeitsplatzes sind alle in Zweiergruppen zum Gespräch über zwei Fragestellungen eingeladen. Die aus diesen Gesprächen resultierenden Themen notiert sich jeder auf seinem persönlichen Merkzettel – sie werden nach dem Zweiergespräch in der Coachinggruppe vorgestellt und präzisiert.

Tafel 19 *Initialfragen zum Steinbildhauen*

- Welches berufliche und/oder persönliche Thema beschäftigt mich?
- Welche konkrete Frage habe ich für den Coachingprozess am Stein?
- Wie will ich nach fünftägiger Arbeit am Stein diesen Lernprozess abschließen?

»Gemäß der Hypothese der formbildenden Verursachung erstrecken sich morphische Felder über das Gehirn hinaus in die Umgebung und verbinden uns mit den Objekten, die wir wahrnehmen. Sie sind in der Lage, auf diese mittels unserer Intention und Aufmerksamkeit einzuwirken.« (Rupert Sheldrake, »Morphische Felder« in Doris Titze, Seite 38)

Das heißt (übersetzt) für unseren Kontext: Unsere Art des Denkens wirkt sich auch auf die Art und Weise des Steinhauens aus. Denken wir lösungsorientiert statt problemzentriert, so wird sich das zunächst konstruktiv auf den Gestaltungsprozess des Steins auswirken und über unsere Wahrnehmung eben dieser Gestaltung eine konstruktive Resonanz und das Bilden neuer (Verhaltens-) Muster in unserem Gehirn zulassen. Das klingt recht einfach und ist in der Umsetzung auch tatsächlich so – abgesehen vom körperlichen Einsatz beim Steinhauen. Problemzentriertes Denken wird solche Einfachheit eines Denkmusters (immer wieder) zu verhindern suchen und das Gegenteil beweisen wollen. Wenn solches Denken bei einem der Klienten auftaucht, so wird es vom Counselor direkt (und ausschließlich mit Bezug auf seine Art und Weise des Umgangs mit dem Stein) konfrontiert.

Wenn wir aber denken »Wir überlassen uns voll und ganz dem Entwicklungsprozess der Gestaltung des Steines, berücksichtigen dabei seine innere Struktur und lassen in uns ausschließlich lösungsorientiertes Arbeiten zu«, so wird aller Wahrscheinlichkeit nach beim Gestalten das »Feld der Berücksichtigung des anderen« (des Steins) immer wieder (durch das Klopfen) wiederholt und lässt damit lösungsorientierte Resonanzen in uns zu, die sich auch später im Leben außerhalb des Coachings konstruktiv auf die weitere Lebensgestaltung und die Behandlung von beruflichen Themen auswirken.

Die Arbeitszeit wird fast ausschließlich mit handwerklich-künstlerischer Begleitung durch den Profi »am Stein« verbracht, abgesehen von kurzen morgendlichen und abendlichen verbalen Standortbestimmungen im Hinblick auf die aktuelle Arbeit im Hier und Jetzt und auf die Art und Weise des Denkens darüber. Dabei wird das Ansprechen der anfangs ausschließlich für sich selbst formulierten und auf einer Karte notierten Themen bewusst vermieden – dies aus der Erfahrung heraus, dass die Arbeit am Stein ebenso wie andere Gestaltungsformen eine Antwort geben kann, sofern man sein Herz und seine Ohren dafür geöffnet hat – dies im Sinne eines Zulassens von unterstützenden Resonanzen und im Sinne eines Ausblendens von hindernden Resonanzen (Vermeidung der Arbeit am Symptom).

Diesem Ziel dient außerdem das Einbeziehen von Livemusik in den Gestaltungsprozess; und zwar von solcher Musik, die aus konstruktiven Resonanzen (an anderer Stelle) entstanden ist oder im aktuellen Geschehen an Ort und Stelle des Steinbildhauens (spontan-improvisatorische) Resonanzen auf das Gelingen einer Gestaltung gibt. Es geht dabei also um Musik aus zurückliegenden ebenso wie aus den aktuellen Entwicklungsprozessen.

Bild 80: Open Air-Coaching am Stein und mit Livemusik

Da ein solcher Entwicklungsprozess auf dem Boden von nicht-sprachlichen Resonanzen unterschiedlicher Art gestaltet wird, erlauben wir uns auch in diesem Beitrag, mehr die Bilder vom Stein, den entwicklungspsychologischen Rahmen und die Hinweise auf ergänzende Musik »sprechen« zu lassen, anstatt weitere, ergänzende Kommentare zu geben. Sie erleben dadurch auch als Leser ansatzweise Aufbau und Ablauf dieser Form des Coachings in Kurzform mit – vor allen Dingen dann, wenn es gelingt, passende Musik aufzufinden und beim Betrachten einzelner Arbeitsergebnisse mitklingen zu lassen.

»**Sein**« – Erste Entwicklungsstufe

Unser Bildhauer-Zitat zur ersten Stufe: »Mein Verhältnis zu dem Material, mit dem ich arbeite, ist unmittelbar. Mit den Händen suche ich es aus. Mit den Händen forme ich es. Durch meine Hände übertrage ich ihm meine Kraft. Meine Hände lassen den Gedanken zur Form werden, sie übermitteln dabei etwas, das sich meinem Bewusstsein entzieht.« Magdalena Abakanowicz (geb. 1930)

Bild 81: Notenblatt zu Body & Stone

Nach dem Vorlesen des Zitates wird folgende Musik gespielt: »Sunrise on the Bayou« und/oder »Body & Stone« aus der Serie Jazz and Lyrics for Personal Development (CD »Sunrise On The Bayou«, Tracks 4 und 18).

Man braucht für eine solche Form des Coachings erfahrungsgemäß einen außergewöhnlichen Rahmen. Deshalb wählen wir entweder die Scuola di Scultura im Tessin (für die Arbeit mit weißem Christallina-Marmor) oder den Faber-Castell-Schlosspark (für die Arbeit mit Sandstein oder Kalksandstein). Beide Lokalitäten bilden insofern einen einzigartigen Rahmen für das Steinbildhauen als Coaching-Tool, weil parallel zum Steinbildhauen jederzeit ein anregendes und bilderbuchartiges Ambiente vorhanden ist – ein guter Kontext für den Tanz der Klienten zwischen Konzentration und Entspannung.

Bild 82: Die Wahl des Steins

Die Klienten können wählen zwischen weichem Sandstein oder dem etwas härteren und spröderen Kalksandstein. Die Steine haben zum Teil die symmetrische Grundform eines Quaders mit einer Höhe von 50–70 cm. Allein der Prozess des Auswählens ist schon spannend. Eigentlich sehen alle nahezu gleich aus, und doch entscheidet sich jeder Teilnehmer für »seinen« Stein.

Nachdem wir samt Stein am Ort des Bildhauens im Park angekommen sind, richtet sich jeder seinen Arbeitsplatz (Holzbock mit darauf liegendem Sandsack) so her, dass auch der Stein einen guten Platz findet und behauen werden kann.

»**Tun**« – Zweite Entwicklungsstufe

Die Energie endlich loslegen zu dürfen, ist in der gesamten Gruppe deutlich zu spüren. Der Steinbildhauer erklärt den Umgang mit Hammer und Meißel und die Notwendigkeit von Schutzbrille und Handschuhen.

Handwerkliche Vorgabe für die nächsten drei Tage ist die ausschließliche Verwendung von Hammer und Spitzmeißel. Einige Klienten haben schon Erfahrung im Steinbildhauen, für andere ist es das erste Mal. Bevor wir die Einführungsrunde auflösen und an den Stein gehen, wird das Zitat eines bekannten Bildhauers vorgelesen. Der Text wird auf einer großen Tafel visualisiert.

Bild 83: Beginn der Arbeit am Stein

Unser Bildhauer-Zitat zur zweiten Stufe: »Der Block, der Kubus sind Grundformen und Ausgangspunkte, zu denen eine Rückkehr immer möglich sein sollte. Aber das alles sind primitive Wegzeichen, stehen bleiben darf man bei ihnen nicht. In welchen Formen immer sich ein schöpferischer Wille manifestiert – bedeutsam ist einzig die Entschiedenheit, mit der er es tut.« Fritz Wotruba (1907–1975)

Die Musik: »Monday Dates« zur Stärkung der Kraft des Tuns. Zwischendurch erfolgen Saxophon-Improvisationen zu den einzelnen Steinen der Klienten, und es entsteht ein neuer Song (»Just Do It«).

Nun ist es so weit: Wir treten in näheren Kontakt zum Stein und beginnen ihn durch Behauen zu gestalten, die einen vorsichtig, die anderen mit beherztem Hammerschlag.

Eine wichtige Frage, die uns beim Behauen beschäftigt, ist die, wo in uns wohl der Plan für das liegt, was den Stein in eine ganz bestimmte Form bringen wird. Ist es das Unbewusste, das dem rationalen Denken zeitlos und weit voraus ist? Fördern wir durch das Hauen archetypische Objekte zutage?

Jeder Teilnehmer findet allmählich seine ihm ganz spezielle Art und Weise der Kontaktaufnahme mit dem Stein. Er wird aus allen erdenklichen Perspektiven in Augenschein genommen: Wie platziere ich ihn auf dem Sandsack? Wo setze ich den

Meißel an? Fange ich unten oder oben an? Lege ich den Stein auf die Seite, oder soll er aufrecht stehen?

Bild 84: Flügel

Die Beantwortung solch praktischer Fragen geschieht im Tun selbst, und man spürt in gewisser Weise eine Art inneren »Dialog« zwischen linker und rechter Hirnhälfte. Die rechte Hälfte, die kreativ »fühlende« ist in Aktion, verbunden mit der Hoffnung, dass die linke, die rational »denkende« in dieser Phase des Gestaltens schweigt und nicht störend dazwischenfunkt.

Ratio und gelernte Muster flüstern zum Beispiel immer wieder: Gib Dir Mühe, Deine Sache gut zu machen und ein schönes Kunstwerk zu schaffen! Du musst Dich beeilen, denn Du hast »nur« fünf Tage Zeit.

Manchmal gelingt es schon früh, solche »Antreiber« zu verdrängen. Tun ohne Denken! Das einzige, was jetzt zählt, ist die Begegnung mit dem Stein und das irgendwie rhythmische Hämmern.

Es tut gut, zu tun, und bald schon stellt sich auch ein Gefühl der Zeitlosigkeit ein. Der Stein wird zu einem echten Gegenüber – wie eine Person, wie jemand, der für uns eine Herausforderung bedeutet.

Jeder einzelne Schlag hat unwiderrufliche Konsequenzen, denn er schafft eine neue Situation, auf die es sich einzustellen gilt. Am Ende des Tages treffen wir uns in einer Abschlussrunde, um unsere Befindlichkeit in Form eines Feedbacks auszutauschen. Abends nach der Arbeit singen alle den Song »How to be an Artist« (CD »Sunrise On The Bayou«, Track 7 – siehe auch Kapitel 2.7).

»**Denken**« – Dritte Entwicklungsstufe

Unser Bildhauer-Zitat zur dritten Stufe: »Ich lasse mich von der Arbeit führen und vertraue ihr. Ich überlege nicht. Während ich arbeite entstehen ... Formen. Sie bilden sich ohne mein Zutun. Ich glaube nur, meine Hände zu bewegen. Dem Hellen und dem Dunklen, welches der Zufall uns schickt, sollten wir mit ergriffener Verwunderung und Dankbarkeit begegnen.« Hans Arp (1886–1966)

Die Musik: »Circularity« (CD »Sunrise On The Bayou«, Track 6) und erneut Saxophon-Improvisationen zu allen Steinen. Es entsteht dabei der Song »Breakthrough« weil einer der Klienten beim Steinbildhauen den ersten Durchbruch geschafft hat.

An diesem Tag steigen wir nach der morgendlichen Orientierungsphase direkt in den Prozess des Bildhauens ein. Fast jeder hat durch seinen Körper schmerzhafte Rückmeldung erfahren, insbesondere was die Hände angeht. Linderung und Abhilfe schafft hier die Verbesserung der Technik. Erstaunlich ist, wie mit zunehmender Fertigkeit des Meißelns das Denken wieder in den Vordergrund tritt.

Wir beginnen, die sich ändernde Form und Struktur des Steins irgendwie (still) zu reflektieren, obwohl das Unbewusste selbst in der Lage ist, »unbeaufsichtigt« zu handeln, »es« meißelt!

Bild 85: Jede Figur entspringt unbeaufsichtigtem Handeln

Jeder Teilnehmer hat mittlerweile seinen eigenen Rhythmus gefunden, jeder ist in intensiver Auseinandersetzung mit dem Stein. Bei Bedarf werden kurze Pausen eingelegt, und mittlerweile finden schon ausschließlich auf den Stein bezogene »Fachgespräche« untereinander statt. Als äußerst angenehm wird von allen die zurückhaltende Präsenz von Reinhard Voss empfunden. Er unterstützt in »absichtsloser« Absicht und hilft nur, wenn es wirklich gewünscht wird.

Zum Rhythmus des Meißelns gesellt sich die Melodie des Saxophons. Zunächst scheint es schwierig zu sein, sich auf zwei Dinge zu konzentrieren, zu hören und gleichzeitig zu hämmern. Nach kurzer Eingewöhnung gelingt es jedoch, den Rhythmus des Schlagens mit dem des Saxophonspiels zu synchronisieren.

»Man« gleitet wieder in einen anderen Gemütszustand der Kreativität. Diese Form der Inspiration erfasst auch den Saxophonisten, und so entstehen immer wieder auch neue Songs für den Einbezug ins Coaching.

Mittlerweile gewinnen die Steinblöcke immer mehr neue Form. Alle werden mutiger und wagen sich an komplizierte Elemente der Gestaltung.

Bild 86: Der Stein nimmt Form an

Zu viel Mut fordert an der einen oder anderen Stelle seinen Tribut in Form von zuviel abgeschlagenem Material. Einmal sogar bricht ein Stein entzwei, was es notwendig macht, vom heimlich vorgefertigten Modell Abstand zu nehmen.

Identität – Vierte Entwicklungsstufe

Unser Bildhauer-Zitat zur vierten Stufe: »In jeder Form gibt es ein Innen und ein Außen. Wenn sie sich in besonderer Übereinstimmung befinden wie zum Beispiel eine Nuss in ihrer Schale oder ein Kind im Mutterleib, oder in der Struktur von Muscheln oder Kristallen, oder wenn man die Architektur der Knochen in der menschlichen Figur spürt, dann werde ich meist vom Lichteffekt angezogen. Jeder Schatten, den die Sonne in sich stets veränderndem Winkel wirft, enthüllt die Harmonie des Inneren nach außen.« Barbara Hepworth (1903–1975)

Die Musik: »You and Me« (CD »Sunrise On The Bayou«, Track 10) und immer wieder Saxophon-Improvisationen, wie an den vorangegangenen Tagen.

Bild 87: Fast abgeschlossene Gestaltung

Bild 88: Form vollendet

Mit fortschreitender Gestaltung des Steins taucht irgendwann unweigerlich die Frage auf: Wo finde ich mich im Stein wieder? Henry Moore sagt hierzu: »Man kann nicht zum Äußeren einer Figur gelangen, ohne das Innere zu kennen oder ihren Aufbau zu verstehen: Es ist wie bei der Architektur, die ein Außen und ein Innen hat.«

Es herrscht eine große Formvielfalt – vom Frauentorso über Flügel, Elefanten, Köpfe, bis hin zu ungegenständlichen Formen. Diese Außenschau ist gleichzeitig Innenschau, beides bedingt sich gegenseitig. Diese Form des Schaffens verleiht Kraft und stärkt die Identität bei den Teilnehmern. Ein Gefühl der Zufriedenheit stellt sich ein. Unsere Stimmung wird durch die äußeren Bedingungen des traumhaften Wetters noch unterstützt.

Geschicklichkeit – Fünfte Entwicklungsstufe

Unser Bildhauer-Zitat: »Ein Stein kann ein Loch haben, ohne dadurch geschwächt zu werden, wenn Größe, Umriss und Richtung dieses Loches genau überlegt sind. Nach dem Prinzip der Wölbung kann der Stein seine ganze Kraft bewahren. Das erste Loch, das man durch einen Stein schlägt, ist eine Offenbarung. Das Loch verbindet eine Seite mit der anderen und macht den Stein sogleich dreidimensionaler. Ein Loch kann an sich ebenso viel Formbedeutung haben wie eine feste Masse. Plastik in Luft ist möglich: Der Stein umfasst bloß den Hohlraum, welcher die eigentlich beabsichtigte ›gemeinte‹ Form ist. (...)« Henry Moore (1898–1986)

Die Musik dazu ist »Springtime over Bourbon und Canal« (CD »Sunrise On The Bayou«, Track 12); hierzu kommen auch heute immer wieder Saxophonimprovisationen zu den einzelnen Steinen.

An diesem Tag dürfen alle Klienten andere Werkzeuge zur Verfeinerung ihres Werkes verwenden. Dies sind Zahneisen, verschiedene Flachmeißel und Poliersteine. Details können mithilfe dieser Werkzeuge besser aus dem Stein herausgearbeitet werden. Mithilfe der Poliersteine kann die Oberfläche des Steines bis hin zum Glanz vollendet werden.

Bild 89: Durchbruch

Einige haben jetzt auch Löcher in ihren Stein gemeißelt, Plastik ist also auch in Luft möglich. Es bleibt festzustellen, dass durch diese Form der Gestaltung sich ein erweitertes Verständnis bzw. Begreifen des Raumes einstellt. Der Fokus richtet sich nicht mehr ausschließlich auf das Objekt, sondern auch auf den umgebenden Raum. Die Wahrnehmung wird so im geschickten Tun ganzheitlich.

Übertragen wir diese Erfahrung vom Steinbildhauen ins normale Leben, so können wir uns leichter damit anfreunden, uns nicht unweigerlich als getrennt von anderen Objekten zu sehen, sondern eben als gleichberechtigten Teil eines größeren Ganzen.

»Der plastische Blick sieht, auf die Natur gerichtet, Zeit und Ewigkeit zugleich; er sieht im Boden den Knochenbau der Erde eher als die vielen Härchen, die über ihre Haut gesät sind und ihre Klarheit verwischen, er sieht in der Luft den Atem aus der Brust des großen Raums und erst später oder gar nicht die vielen Spielwirbel von tausenderlei Farben und Tönen ...« Ernst Barlach (1870-1938)

Abschluss

Nach fünf Tagen haben alle ihren Stein vollendet und alle sind ohne körperliche Verletzungen geblieben. Die Feststellung, inwieweit der eine oder andere mit inneren Verletzungen in Berührung gekommen ist, bleibt jedem fürsorglich selbst überlassen. Aus einer nahezu identischen Grundform des Steins sind individuelle Ausdrucksformen entstanden.

Alle treffen sich abschließend im Plenum, nehmen die am ersten Tag notierten Fragen wieder auf und prüfen, ob sie (neue) Antworten gefunden haben. Bei allen Beteiligten scheint es so zu sein, dass der gestalterische Prozess des Bildhauens zum einen Umwandlungsprozesse in Gang gebracht hat, zum anderen aber auch neue Fragestellungen aufgeworfen hat.

Einige verspüren eine deutliche Verbesserung ihres Durchsetzungsvermögens. Die Kontaktaufnahme mit dem Unbewussten und das Fließen bzw. Meißeln lassen hat sie offenbar in Kontakt mit dem Selbst gebracht. Um mit C.G. Jung zu sprechen: »Nur das, was einer wirklich ist, hat heilende Kraft.«

Der behauene Stein bleibt als zeitloses Symbol unentwegt sichtbar und erinnert an eine intensive Woche der konstruktiven Auseinandersetzung mit sich selbst, seinen Themen und Fragestellungen. Alle Steine werden schließlich im Rahmen des zehnjährigen Jubiläums der Akademie ausgestellt.

Body & Stone

Love that you meet
is a wild thing.
Your body's no more like a stone

When you're in love
The stone gets alive.
The path of your life's a new way

The stone is going to roll
When you trust in your love
Your body's no more like a stone

The power of love
Makes life easy
Rolling the stone makes you free

No stones in your heart
No stones in your chest
The path of you life's a new way

The stone is going to roll
When you meet your deep love
Rolling the stone makes you free

Fats von Gerolstein

Last but not least

Die beim Steinbildhauen gespielte Musik entstammt der CD »Sunrise on the Bayou – Jazz & Lyrics for Personal Development«. Diese Kompositonen sind ausdrücklich und im Sinne des Aufbaues konstruktiv wirkender Felder (Rupert Sheldrake) für die Begleitung persönlicher Entwicklungsprozesse des Menschen geschrieben und aufgenommen worden. Ihre inhaltliche Grundlage ist das siebenstufige entwicklungspsychologische Konzept der »Cycles of Power« nach Pamela Levin. Alle sieben Entwicklungsphasen sind durch jeweils zwei Songs repräsentiert. Außerdem gibt es Stücke zur Einstimmung (Prolog) und solche zum Ausklingen (Epilog). Alle Songs dienen dem Verankern von Entwicklungseinsichten in den analogen Bereichen des Gehirns ebenso wie dem Anstoßen (Perturbieren) von neuen Verhaltensmustern.

Bild 90: Jazz und Lyrik zur Persönlichkeitsentwicklung (siehe www.staug-awk.org – Klick auf »Fats Jazz Cats und CD«; hier sind sind auch alle Texte zu den Songs zu finden)

»Offenbar gibt es vor dem Erwerb von Sprache eine angeborene Fähigkeit des Menschen, Bewegungsmuster und dazugehörige Gefühle zu erkennen, nachzuahmen und zu deuten. ... Passend hierzu konnte die Hirnforschung in den neunziger Jahren eine entsprechende Sorte Nervenzellen im Gehirn ausmachen, die speziell dann aktiviert wird, wenn wir unser Gegenüber wahrnehmen: die sogenannten Spiegelneurone«. (Pierre Abilgaard, »Takt und Taktgefühl« in Doris Tietze, Seite 57)

2.7 Literatur und Skulptur

How to be an Artist

Refrain 1
Du hängst herum, für Dich ist alles grau,
weißt nicht wohin mit Dir und spürst es genau
Irgendwas in Dir bohrt und kann nicht heraus.
Wolken ziehen über Dir,
Du drehst dich, siehst kein vorne und hinten mehr
und fragst Dich, wie soll es weitergeh'n.

Refrain 2
How to be – How to be – How to be an artist – How to be

Bleibe locker. Lerne Schnecken zu beobachten.
Pflanze unmögliche Gärten.
Lade jemanden Gefährlichen zum Tee ein.
Schreibe Zettel, auf denen JA steht
und verteile sie überall in Deinem Haus.
Schließe Frieden mit der Freiheit und dem Ungewissen.

Freu' Dich auf deine Träume. Weine in Filmen.
Schwinge Dich im Mondlicht auf einer Schaukel,
so hoch Du kannst.
Gib' Deinen Schwingungen nach.
Weigere Dich, für alles verantwortlich zu sein

Refrain 1 und 2
Mach' es aus Liebe.
Mach' öfter mal ein kleines Nickerchen.
Gib' Dein Geld fort. Mach' es jetzt. Geld wird folgen.
Glaube an Magie. Lache viel.
Feiere jeden großartigen Augenblick.
Nimm' Mondbäder. Erlaube Dir wilde Vorstellungen.

Übersetze Deine Träume und vervollkommne Deine Ruhe.
Male auf Wände. Lies' jeden Tag.
Stell' Dir dich selbst als magisch vor.
Kichere mit den Kindern. Hör' alten Leuten zu.
Öffne Dich.

Refrain 1 und 2
Tauch ein. Sei frei. Beschütz' Dich.
Lass' die Angst fortgehen. Spiel' mit allem.
Hätschele Dein inneres Kind.
Du bist unschuldig. Bau' Dir aus Decken eine Festung.
Werde nass!
Umarme Bäume. Schreibe Liebesbriefe.

Sark und Gregor Schulte (CD »Sunrise On The Bayou«, Track 7)

Licht ins Dunkel (der Seele und der Welt) zu bringen, dazu dienen alle angewandten Sozialwissenschaften, allen voran Pädagogik und Psychologie – und bereits ziemlich von Anbeginn der Menschheitsgeschichte die Feinen Künste, unterschiedliche Verbindungen von Literatur, Kunst und Musik mit Erfahrungen des Alltags, seinen Freuden und Leiden, mit der individuellen und der kollektiven Biografie.

Seit wir unserer Erfahrung mehr und mehr trauen, dass Musik, Lyrik, Literatur und Gestaltungkunst sich im Rahmen des Coaching wunderbar zum Erreichen von Lernzielen, zum Entwickeln von Projekten, zum Lösen von Konflikten miteinander verbinden lassen, und seit Gerald Hüther damit begonnen hat, diese Erfahrungen mittels der Hirnforschung zu belegen, können wir gar nicht mehr anders als gewissermaßen in jedem unserer orientierungsanalytischen Coachings mindestens eine dieser rechtshemisphärischen Vorgehensweisen einzubeziehen, um das Unbewusste unseres Denkens und Handelns aufzuhellen. (Siehe auch unseren Beitrag zum Thema »Wohin das Unbewusste uns führen will«.)

In diesem Kapitel geht es nun speziell darum, Hinweise auf solche Literatur und Lyrik zu geben, die wir als Prozessbegleiter erfolgreich in unseren Beratungen eingesetzt haben.

Zur Geschichte dieser Verbindungen

Unser Weg, biografische Bezüge zu heutigen Fragestellungen nicht nur in individualpsychologischer Weise anzugehen, beginnt durch einen Zufall. Mit dem Terminus »individualpsychologische Weise« ist hier gemeint, Erinnerungen zur eigenen Biografie im Sinne der Psychologie Alfred Adlers zu deuten, also den Bezug zwischen Inhalt, Struktur und Gefühl einer Erinnerung mit individualpsychologischer Terminologie zu durchleuchten, d. h. Elemente des Geltungs- und Machtstrebens, der Finalität und des Gemeinschaftsgefühls darin aufzuspüren und konstruktiv zu beeinflussen.

Der Zufall bringt Dagmar und Klaus Lumma 1985 ins Museo Epper in Ascona am Lago Maggiore im Tessin. Dort entsteht die erste Verbindung von orientierungsanalytischer Beratung und Kunst, erst mit Bildern, dann auch mit Literatur und Musik. Dort wird auch der Vorzug rhythmischen Arbeitens entdeckt: Ein zu behandelndes Thema wird an verschiedenen Zeitpunkten wiederholt in den Mittelpunkt der Aufmerksamkeit gerückt und mit unterschiedlich gestalterischen Aspekten bearbeitet: Eine Arbeit mit Thema A wird durch eine Arbeit mit Thema B oder durch Unternehmungen (interessante Pausenaktivitäten wie Musik hören) unterbrochen. Diese orientierungsanalytische Vorgehensweise erhält den Beinamen Asco Mentalità. (Siehe auch: Melanie Lumma, »Asco Mentalità – Ein orientierungsanalytisch-kunsttherapeutisches Seminarprojekt...«)

Das nun folgende Gedicht ist eines der ersten, welches wir als literarisches Beratungstool seitdem immer wieder zum Einsatz bringen, wenn es um Themen geht, die damit zu tun haben, sich Zeit zu nehmen für wichtige Angelegenheiten oder sich die Hände zu reichen für das Gelingen von Projekten.

Was ich Dir wünsche

Ich wünsch‘ Dir kein Traumschloss ~
nicht den Reichtum der Erde.
Ich wünsch‘ Dir, was so viele nicht haben:
Ich wünsch‘ Dir Zeit ~
Dich zu freuen – zu lachen – leise Worte –
Hände, die zärtlich sind.

Ich wünsch‘ Dir nicht,
dass Dir alles im Leben leicht fällt.
Ich wünsch‘ Dir,
was so viele nicht haben:
Ich wünsch‘ Dir Zeit ~
zum Grübeln und Suchen – überlegtes Tun –
Hände, die teilen.

Ich wünsch‘ Dir kein rastloses Rennen ~
nicht die Geschwindigkeit unserer Zeit.
Ich wünsch‘ Dir,
was so viele nicht haben:
Ich wünsch‘ Dir Zeit ~
zum Staunen – Zeit zum Vertrauen – Verträumte Zeit ~
Hände, die tasten.

Ich wünsch‘ Dir nicht den Griff nach den Sternen ~
nicht alles Glück dieser Welt.
Ich wünsch‘ Dir,
was so viele nicht haben:
Ich wünsch‘ Dir Zeit ~
zum Wachsen – zum Reifen – hoffende Zeit ~
Hände, die pflanzen.

Ich wünsch‘ Dir nicht, jemand anders zu werden ~
nicht das Scheinwerferlicht dieser Zeit.
Ich wünsch‘ Dir,
was so viele nicht haben:
Ich wünsch‘ Dir Zeit ~
Dich selbst zu finden – Glück zu empfinden – Deine Zeit ~
Hände, die einander begegnen.

Michael H. F. Brock und Gregor Schulte (CD »Sunrise On The Bayou«, Track 19)

Die Erfahrungen aus der Zusammenarbeit mit dem Museo Epper führen zu weiteren Projekten im Bereich orientierungsanalytischen Coachings mit verschiedenen künstlerischen Medien; es entstehen Kooperationen mit

- Elisabeth Tomalin († 2011), der National Portrait Gallery London und der Tate Modern in London.
- Maria Amon und Eva Pankok im Otto-Pankok-Museum in Hünxe.
- dem Gestalt Institute in New Orleans als Ort für die Verbindung von biografieorientiertem Coaching mit der Literatur und dem wichtigsten Lebensfeld von Tennessee Williams und anderen amerikanischen Schriftstellern, wie Truman Capote, William Faulkner, Walker Percy und zahlreichen weniger bekannten Literaten aus der Sklavenzeit (siehe: Klaus Lumma, »Auf neuen Wegen – Humanistische Psychologie«, Eschweiler 2000).
- dem Ludwig Forum für Internationale Kunst in Aachen.
- dem Sculpture Garden des New Orleans Museum of Art.

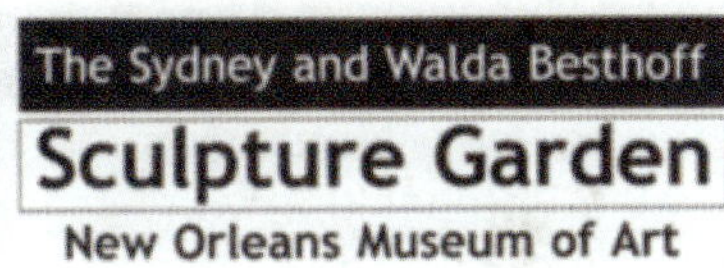

Bild 91: Prospekt des Skulpturengartens in New Orleans

Solche Art orientierungsanalytischen Coachings besteht aus der Verbindung von aktuell zu beratenden Themen, persönlichen Erinnerungen der Klienten mit den Memoiren und dem Lebensfeld eines Künstlers, Musikers oder eines Schriftstellers, zum Beispiel Tennessee Williams in New Orleans.

Tafel 20 *Literatur in Beratung einbeziehen*

Das kann folgendermaßen gehen:
1. Ausgewählte Textpassagen lesen und wirken lassen
2. Malen, welche Kräfte, welche persönlichen Erinnerungen im Gedächtnis aktiviert werden sollen
3. Bezug zur persönlichen Entwicklung (Biografie) herstellen
4. Reflektieren, welche Aspekte der eigenen Biografie mit dem aktuellen Thema der Beratung zu tun haben und welche Kräfte (siehe 2.) für die Lösung des Themas, des Konfliktes aktiviert werden sollen.

Beim Sommercoaching 1999 (Asco Mentalità in Ascona) im Rahmen der Zusammenarbeit von IHP und Museo Epper geschieht so etwas wie ein kleines Wunder. Gregor Schulte entdeckt auf den Stufen des Hermann-Hesse-Museums in Montagnola eine Melodie zum gleichnamigen Gedicht des Schriftstellers. Seine Vertonung findet sich als Track 13 auf der CD »Sunrise on the Bayou«, jenem Tonträger, auf dem jeder Entwicklungsstufe des Menschen je eine Komposition von Gregor Schulte und Fats von Gerolstein zugeordnet ist: Sein – Tun – Denken – Identität – Geschicklichkeit – Erneuerung – Recycling.

Das folgende Gedicht in Liedform referiert die Bedeutung des Hier und Jetzt; ist gewissermaßen eine Art Hymne auf die Gestalttherapie, jene Beratungsform, die Lore und Fritz Perls aus ihrem eigenen Fluchttrauma vor dem Hintergrund der Erfahrungen im Dritten Reich kreierten.

Augenblick

1. Bist Du ihm begegnet, dem Augenblick
der in Dir wie kleine Steinchen in den See geworfen Wellen zieh'n kann?
Spürst Du die Kreise, die er in Dir zieht
und mit leichtem Wellenschlag auch noch entfernte Ufer antrifft?

Refrain
Lass Dich mit den Wellen treiben, und beginne selbst zu schwingen,
und Du kannst die Welt gestalten, und sie in Bewegung bringen.
Nimm‘ ihn auf den Weggefährten, lass‘ ihn spüren und gewähren,
und Du kannst, wenn Du bewegt bist, einen tanzenden Stern gebären.

2. Bist Du im begegnet, dem leisen Ton,
der durch die Lüfte schwebend tief in Deinen Melodien,
aus alten Takten, Rhythmen neu kreiert,
mit neuen Tonarten versehen vernimmst Du andre Harmonien.

Refrain

3. Bist Du dir begegnet, früher oder jetzt,
wie Du in die Welt gewachsen und was Dich hat »werden« lassen.
Spürst Du dein Sehnen und den Augenblick,
der, wenn er in Dir erwacht, ermutigt, Dich neu zu erleben?

Refrain

Gregor Schulte (CD »Sunrise On The Bayou«, Track 17)

In der weiteren Folge dieses Beitrages zum Thema Literatur und Skulptur werden wir einige der bisherigen beim Coaching genutzten Zitate aus Tennessee Williams' Biografie mit Fotos aus dem Skulpturengarten in New Orleans präsentieren, eine Arbeitsform, die wir erstmals 2012 – sechs Jahre nach dem Desaster von Hurrikan Katrina – zum Einsatz gebracht haben. Die Besonderheit des Einbeziehens gerade solcher Skulpturen liegt darin, dass jede der dort ausgestellten dreidimensionalen Gestaltungen mit ihrer eigenen künstlerischen Ausdruckskraft deutlich sichtbar in ganz bestimmtem Verhältnis zu mindestens zwei weiteren Skulpturen steht. Und genau dieses Phänomen »dazwischen stehend« zu erleben, erweitert den Erlebnisraum orientierungsanalytischen Coachings enorm. (Siehe auch unsere Minilecture 3.2 mit dem Thema »Identitätsbildung im beruflichen Feld mittels Theorie U«.)

»Lachen war für mich schon immer ein Ersatz für Klagen, und ich lache so laut, wie ich klagen würde, wenn ich diesen so brauchbaren Ersatz nicht entdeckt hätte.« (Tennessee Williams)

Bild 92: NOMA-Skulpturenarrangement 1

»Frei sein heißt, das Ziel des Lebens erreicht zu haben. Es bedeutet zugleich eine beliebige Anzahl von Freiheiten. Es bedeutet die Freiheit zu pausieren, falls einem danach ist, zu verreisen, wann und wohin es einem gefällt, es bedeutet, fluchtartig Hotels zu verlassen, glücklich oder traurig, hemmungslos und ohne großes Bedauern. Es bedeutet die Freiheit zu sein, und, wie jemand sehr klug bemerkt hat: Wenn du nicht du selbst sein kannst, was hat es dann für einen Sinn, überhaupt irgendetwas zu sein?« (Tennessee Williams)

Bild 93: NOMA-Skulpturen-Arrangement 2

Am Geländer

Der Weg bis hierher
Ich hab' ihn gespürt
Du bist dabei ~ in Sonne und Wind

Die Brücke ist deutlich
Von mir aus zu Dir
Der Wind bringt Deine Blätter zu mir

Mein Blatt auf der Brücke
Es tastet sich vor
Du bist weg ~ doch es will zu Dir hin

Melodie Deines Herzens
Zu hören im Wind
Meine Liebe geht mit Dir auf Reisen

Fats von Gerolstein

»Mein Ziel ist, auf irgendeine Weise das sich einem immer wieder entziehende ›Eigentliche‹ des Daseins in den Griff zu kriegen.« (Tennessee Williams)

Bild 94: NOMA-Skulpturenarrangement 3

»Und dann geschah etwas wahrhaftig Außerordentliches. Mir war, als lege sich, leicht wie ein Hauch, eine Hand auf meinen Scheitel, und im Augenblick dieser Berührung schwand meine Phobie – als schmelze eine Schneeflocke –, obwohl sie doch wie ein zentnerschwerer Eisenblock auf mir gelastet hatte.« (Tennessee Williams)

Bild 95: NOMA-Skulpturenarrangement 4

»Schließlich erringt man sich eine hohe Stellung im Leben nicht zuletzt durch die aufrechte Haltung, mit der man schreckliche Schicksalsschläge hinnimmt und überlebt.« (Tennessee Williams)

Bild 96: NOMA-Skulpturenarrangement 5

2.7.1 ... es war einmal

Praxis-Feldstudie 19 *Kathrins Prüfung*

Kathrin kommt zum Prüfungscoaching. Sie ist fachlich gut vorbereitet und kann die Prüfungsthematik sicher erklären. Trotzdem hat sie große Angst. Der Counselor bittet sie, sich die bevorstehende Prüfungssituation vorzustellen und dieses innere Bild in einer kleinen Skizze auf kleinem Format und mit schwarzem Stift festzuhalten. Es dauert nur wenige Momente, dann ist die Skizze fertig. Jetzt soll sie sich selber als Holzfigur ins Bild stellen. Sie wählt die kleinste Figur aus und stellt sie in die Prüfungssituation – um sie herum fünf riesige Prüfer. Die kommende Prüfung ist für Kathrin eine Horrorvorstellung. So beschreibt sie es.

Das bringt den Counselor auf das biografische Muster und Kathrin wird eingeladen, ihre Ursprungsfamilie aufzustellen; ebenfalls auf einem kleinen Blatt. Auch hier ist sie wieder die Kleinste, und beim Stellen erinnert sie den Satz ihres Vaters: »Mädchen sind hübsch und dumm.«

»Gilt dieser Satz noch heute?« Sie ist erschrocken über das abwertende Urteil des Vaters und spürt, wie es immer noch wirksam ist. Dann schüttelt sie den Kopf. »Nein!«, sagt sie. Schnell nimmt Kathrin einen dicken roten Stift, streicht das Prüfungsbild durch und schreibt drüber »Vorbei!« Kathrins Stimme ist klar und fest, sie strafft die Schultern.

Der nächste Auftrag lautet: »Wie soll es sein in der Prüfung?« Sie stellt eine große rote Figur auf ein Blatt und erklärt dazu: »Ich schaffe es!«

Kathrin soll nun die einzelnen Bilder als Bildergeschichte auf der Zeit- und Entwicklungslinie platzieren. Die Ursprungsfamilie ist links vom Initialbild (Konfliksituation), dann gibt es noch die spontane Erklärung »...ich bin gut so«, und das Blatt mit der großen Figur liegt rechts. »Ich schaffe es«, ist ihre erneute Erklärung zur Bildergeschichte, und Kathrin spürt sich wieder als erwachsene Frau.

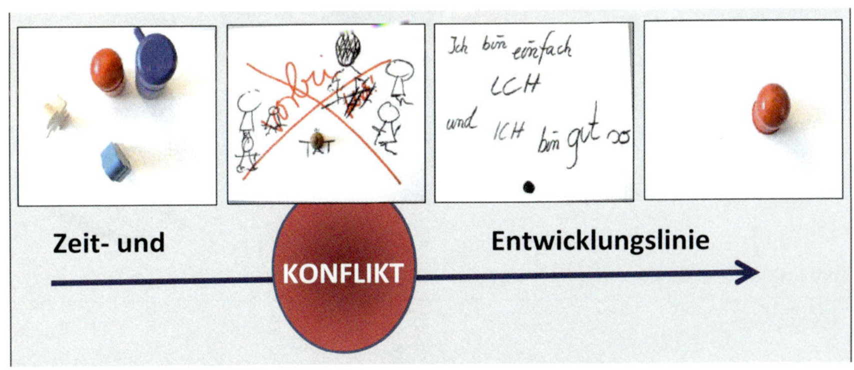

Bild 97: Kathrins Prüfungscoaching als Bildergeschichte

Um den Prozess zu ankern, schlägt der Counselor ihr vor, zu dieser Bildergeschichte spontan ein Märchen zu erfinden.

Kathrin erzählt das Märchen, und sie spannt dabei einen Bogen vom kleinen, abgewerteten Mädchen zur heute erwachsenen Frau:

»... es war einmal ein kleines Mädchen, das durfte seine bunten Schmetterlingsflügel nicht zeigen. Und wenn die anderen die bunten Flügel dennoch erkannten, dann wurde sie noch mehr ›zerdrückt‹.

Eines Tages, als sie größer war, beschloss sie trotz ihrer traumatischen Erfahrung, die bunten Flügel endlich wieder zu entfalten, denn ein Schmetterling ist etwas ganz Besonderes.

Seitdem geht sie guten Mutes durch ihr Leben.«

Die Hausaufgabe, diesen befreiten Schmetterling zu malen, nimmt sie gerne an – und sie besteht die Prüfung.

Bild 98: Kathrins Schmetterling

2.7.2 Schreiben und Cut-Up

Schreiben ist ein Ausdrucksmittel, das seit der Antike genutzt wird. Schreiben entlastet, denn es bringt – wie ein Bild – die inneren Prozesse nach außen. Durch das Schreiben findet eine Auseinandersetzung mit emotionalem und kognitivem Erleben statt, so wie Menschen es spüren, die regelmäßig Tagebuch führen. Schreiben im geschützten Raum hat heilende Wirkung und gibt Distanz zu äußerem Geschehen.

Wir integrieren deshalb in unsere Arbeit auch das kreative und spielerische Schreiben nach Silke Heimes und Kerstin Hof. In der Realität passiert es, dass die angeborene Kreativität, die im Kindergartenalter noch lustvoll genutzt ist, in der Schule meist durch Reglementierung zu »richtigem« oder »falschem« Schreiben verkümmert. Später kommt dann die Angst vor dem leeren Blatt dazu, und sie begleitet uns manchmal unser ganzes Leben lang, wenn wir der der »Verhexung« nichts entgegensetzen.

Die in Tafel 20 beschriebene und einfache Cut-Up (Ausschneiden und Aufkleben) -Übung dient dem Entmachten solcher Verhexung. Wir brauchen dazu eine Zeitung, Schere, Kleber und Papier.

Tafel 21 *Die Cut-Up-Übung* (nach Silke Heimes)

Zeitung nehmen

Zehn Wörter oder Sätze ausschneiden und
diese Wörter spontan auf einem Blatt ordnen und aufkleben

Worte oder Sätze anordnen wie ein Gedicht
Laut vorlesen und nachspüren

In den beiden folgenden Praxis-Feldstudien zum Cut-Up-Coaching-Tool wird deutlich, dass sich durch das spontane Ausschneiden, Anordnen und Aufkleben der unbewussten Auswahl von Texten eine direkte Resonanz auf die Themen der Gegenwart ergibt.

Praxis-Feldstudie 20 *Annika*

Annika hat vor Kurzem geheiratet und ist in eine andere Stadt gezogen. Sie ist schwanger und sie hat viele Ängste und Zweifel. Im Seminar bei einer Cut-Up-Übung liest sie ihren Text vor. Sie ist berührt und verwundert, erst beim Vorlesen erkennt sie, dass es ihr Thema ist, das sie ausgewählt hat. Jetzt hat sie es in der Gruppe ausgesprochen und das macht ihr Mut, auch mit ihrem Partner über ihre Ängste zu reden.

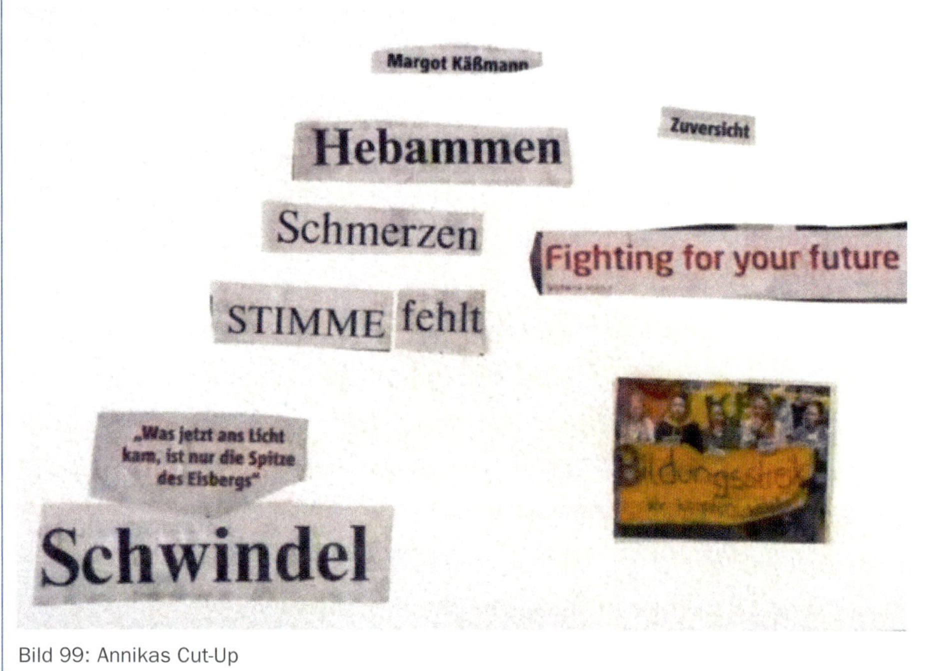

Bild 99: Annikas Cut-Up

Die nun folgende Studie zeigt, dass diese Form des Coachings nicht nur bei Erwachsenen, sondern auch bei Kindern beliebt ist. Man könnte daraus die Schlussfolgerung ziehen, dass alles Spielerische, woran Kinder sich erfreuen, auch bei Erwachsenen »funktioniert«, denn Lernen funktioniert am besten, wenn damit spielerischer Spaß verbunden ist.

Praxis-Feldstudie 21 *Marie*

Marie verbringt das Karnevalswochenende bei Oma und Opa in Mettmann. Sie hat ihr Kostüm angezogen und erzählt davon, dass sie morgen in ihrem Stadtteil in Düsseldorf zum Zug gehen wird. Irgendwann kommt die Frage: »Was kann ich noch spielen?« Zeitung und Schere sind schnell gegriffen, Marie schneidet aus und klebt, dann liest sie vor:

Karnevalszug – Schule – Sonne – Schnee – Kinder – Kino – Mettmann – Karneval – Party – Düsseldorf

Bild 100: Maries Cut-Up

2.8 Funktionaler Jazz

Mit dem Begriff »Aliud – Anders-Denken« (und Anders-Handeln) beziehen wir uns auf Professor Wolfgang Werner, jenen saarländischen Innovator, der seinerzeit einmal im Monat im Merziger »Park der Andersdenkenden« ein künstlerisches Happening veranstaltete, bei dem Patienten, Personal, Besucher und Künstler in unorthodoxer Weise zusammenwirken.

Anders-Denken wirkt nicht logisch-rational-analytisch, sondern ganzheitlich und bezieht analoge und auf die Sinne orientierte Vorgehensweisen in den Beratungsprozess ein.

Bild 101: Park der Andersdenkenden in Merzig, Saarland

Dieser Beitrag dient als Motivation, Coachingprozesse durch das Einbeziehen von Musik zu intensivieren. Er knüpft direkt an das an, was Luise Reddemann in ihrem Salzburger Kongressbeitrag zum Thema »Imagination, Kreativität und Trauma« sinngemäß über Johann Sebastian Bach berichtete: Er nutzte Schicksalsschläge als Herausforderung zu Neuem (siehe Reddemann 2006).

Übersetzt auf unsere Tätigkeit als Counselor heißt das für den Bereich des Resilienz-Coachings, Klienten dabei zu unterstützen, Konflikte, Probleme, Katastrophen und Schicksalsschläge im Bach'schen Sinne als Herausforderung für ihre Zukunfts-Gestaltung und nicht als Impuls für Rückzug zu nutzen. In diesem Sinne beziehen wir bei unseren Coachingprojekten grundsätzlich verschiedene künstlerische Medien ein.

Bild 102: CD »Exploring Nature With Music« von Dan Gibson

Musik einzubeziehen ist immer dann gut, wenn es darum geht, die Biografie eines Menschen aus der Script-Gebundenheit herauszulösen, also anders über das eigene Leben denken zu lernen, es neu zu bewerten. Musik ist eines der sanftesten Transportmittel für gute Ideen und Handlungsstrategien. Sie hilft auf zauberhafte Weise dabei, Coachingprozesse zu einem schönen Erlebnis werden zu lassen, inneres Ordnen von Ideen anzubahnen und zugleich die Lernbereitschaft der Klienten zu erhöhen.

Welche Musik hilft am besten?

Beste Erfahrungen haben wir mit solcher Musik, die »schön« klingt und klar strukturiert ist. Sie darf rein instrumental oder auch mit Text versehen sein, und sie sollte grundsätzlich so angelegt sein, dass der Klient sich beim Hören (und auch beim begleitenden Malen) entspannen kann. Und das wiederum steuert zum leichteren Gelingen von Lernprozessen bei.

Gute Erfahrungen haben wir (ähnlich wie Luise Reddemann) mit Musik von Johann Sebastian Bach, auch mit blues- und melodieorientiertem Jazz, vor allem aber mit dem Funktionalen Jazz, jener einfachen Form dieser Kunstgattung, die gewissermaßen aus sich selbst heraus wegen einfacher Struktur, Entspannung bewirkt: Gospel und Hymnen, die dem Verharren des Geistes beim Entspannen dienen und dennoch zugleich Bewegungsimpulse fördern.

Dieser Beitrag über Musik als »Meister und Diener der Widerstandskraft« ist Teilstrecke unseres nun schon langen Weges, Malen, Gestalten, Musik und Literatur so miteinander zu verbinden, dass Coaching an Leichtigkeit gewinnt, auch wenn es von den Themen her manchmal darum geht, Quantensprünge zu bewirken.

Keiner ... konnte den Quantensprung begreifen, der uns aus tiefer Armut und einer rattenverseuchten Hütte in das bequeme, geachtete Leben gebracht hatte, das wir inzwischen führten.
Hans J. Massaquoi (1999, Seite 403)

Unsere Arbeitshypothese für einen solchen Weg lautet: Wenn C. G. Jungs Reflexionen zum kollektiven Unbewussten wahr sind, wenn Musik als Vehikel zum Erreichen tieferer Gehirnschichten dient, dann kann es möglich sein, in Musik, Text und Bild gekleidete »Überlebenserfahrungen« von einem Klienten dem anderen dienend in dessen Coaching mit einzubeziehen. (Siehe auch das Kapitel über Resilienz-Bilder und deren Nutzen fürs Coaching.)

Genau aus diesem Grund haben wir uns dazu entschlossen, mit diesem Fachbuch zugleich spezielle Musik zu benennen, die vom Komponisten bzw. vom Arrangeur auf Entspannung und Lernförderung ausgerichtet wurde und analoge Unterstützung bei Lernprozessen anbietet, die dazu dienen, wirkliche oder auch nur empfundene Handicaps auf ihren positiven Nutzen hin »abzuklopfen«.

Wir empfehlen für unsere Art von Coachings in Analogie zu den Resilienz-Bildern (zum Nachzeichnen) jene Musik, die nach Hurrikan Katrina in New Orleans erfolgreich zum Einsatz gekommen ist. Es ist Musik aus der Feder der Harfenistin Patrice Fisher und des Trompeters Fats von Gerolstein.

Sie kam erstmals zum Einsatz, nachdem Hurrikan Katrina 2005 in New Orleans viele Post-Trauma-Geschädigte zurückgelassen und wir damit begonnen hatten, über Klaus Lummas mobiles Coachingstudio in der »Jazzgründerkirche« St. Augustine und in verschiedenen anderen Einrichtungen Post-Trauma-Recovery-Counseling anzubieten. Zur Unterstützung von Resilienzentwicklung wurde im Sinne der Ergebnisse neuer Hirnforschung also bereits seit 2006 live aufgeführter Jazz in die praktische Arbeit des orientierungsanalytischen Bearbeitens notwendiger Handlungsschritte einbezogen. Diese Musik wirkte dort entscheidend beim »Mut zum Wiederaufbau« mit und wurde zum Haupttransportmittel beim Entstehen der ersten Resilienzbilder.

Unser Handbuch zum Resilienz-Coaching bietet über die Dokumentation von Praxis-Feldstudien und der dazu gehörenden Theorie hinaus erstmals eine musikalische Innovation für den Einsatz in existenzorientierten Beratungsprozessen an, nämlich den Nutzen von eigens zu diesem Zweck aufgenommener Musik aus der Feder von Katastrophenopfern, die in Verbindung mit Zeichnen und Malen an zahlreichen Orten in und um New Orleans im Rahmen unseres mobilen Studios für Resilienz-Coaching dazu geführt hat, die Kraft des Überlebens zu wecken und Menschen zu hilfreicher Kooperation zu motivieren.

Bild 103: Resilienz-Musik (CD von »3 Four 1«)

Bild 104: Resilenz-Ensemble »3 Four 1«

Diese Musik im lateinamerikanischen Jazzstil dient außerdem der Entspannung von Körper, Seele und Geist. Sie repräsentiert einen neuen Aspekt von funktionalem Jazz, welcher anderen Zwecken als allein dem Kunstgenuss dient. Alle frühen Formen des Jazz, insbesondere der Brass-Band-Jazz weisen insofern funktionalen Charakter auf, als sie rituellen Zwecken wie Hochzeit, Geburt und Beerdigung dienen.

Wie kann man Musik in Beratungsprozessen nutzen?

Grundsätzlich betrachtet ist Musik im Rahmen von Coachings als verstärkendes Mittel zu verstehen, orientierungsanalytische Lösungsprozesse so anzulegen, dass neben Zeichnen, Malen und dreidimensionalem Gestalten, wohltuend entspannende Klangbilder den Entwicklungsprozess vertiefen. Sie kann allerdings auch – ähnlich wie ein expressionistischer Holzschnitt oder das Kunstwerk eines alten Meisters (siehe unser Kapitel über Asco Mentalità) – zum Aufspüren verdeckter (unbewusster) Themen dienen. Musik zu nutzen, fördert auf alle Fälle immer das Einbeziehen der kreativen Hirnregionen des Menschen (rechte Hemisphäre) und sorgt dafür, dass Lösungen nicht allein auf rationalem Wege entwickelt werden.

Wir empfehlen das Einbeziehen von Musik also für viele der beschriebenen Entwicklungsprozesse durch Coaching. Musik ist dem Gehirn des Menschen außerdem auf alle Fälle immer eine willkommene Abwechslung zum stringenten Arbeiten an einem Thema.

Musikhören kann stattfinden bei jedem nonverbalen Gestaltungsprozess zur Entwicklung von Lösungen für Beratung. Sie kann allerdings (rezeptiv) auch in Verbindung mit anderer Kunst, zum Beispiel dem Lesen von Gedichten, dem Betrachten von Bildern, Skulpturen oder Ähnlichem eingesetzt werden.

Praxis-Feldstudie 22 *Johannes' Dankbarkeit für ein gelungenes Projekt*

Johannes, ein junger Unternehmer mit eigenem Counselingstudio für die Wind-, Energie- und Wasseraufbereitungs-Branche hat die Installation von internationalen Projektteams erfolgreich auf den Weg gebracht. Gemeinsam mit seinem Coach sucht er nach einer Form dafür, diesen Prozess in ihm selbst so zu verankern, dass die Dankbarkeit für den Erfolg körperlich spürbar wird. Der Coach wählt dazu ein Musikstück von Paul Winter und das Gedicht »Thanks-Giving«.

Tafel 22 *Dankbarkeit – Thanks-Giving*

1. Das Stück »Common Ground« (Track 8 auf Paul Winters CD »Concert for the Earth«) wird komplett abgespielt.

2. Nach dem Verklingen der Musik liest der Coach das Gedicht »Thanks-Giving« aus der Feder von Fats von Gerolstein vor.

3. Der Klient ist jetzt eingeladen, ein Element aus dem Gedicht aufzugreifen und ihm mit Acrylfarbe auf Leinwand seinen persönlichen Ausdruck zu verleihen. Dabei startet der Coach den Titel »Tras la Luna« (Track 6 der CD »Resilience« von Patrice Fisher, Fats and Friends).

4. Abschluss-Reflexion:
   – Wie sind wir im Coachingprozess miteinander umgegangen? (Beziehungs-Ebene)
   – Was habe ich in diesem Prozess erfahren und gelernt? (Sach-Ebene)
   – Wo werde ich das Gelernte anwenden? (Transfer)

   Wichtig: Beide, Counselor und Klient, beantworten die Abschlussfragen!

Thanks-Giving

Birds you can hear for free –
if your heart has opened your ear.
You will see feathers of white –
shining bright ~ like ~ like heavenly light.

Thank God – You're alive –
if you'd only believe.
The trouble is over –
And your dream has come true.

Life with all its music
is God's present to you.
Don't throw it away –
Feel the heart in your chest.

Be a Wonderful Person –
don't respond to the Pale!
Let your heart speak the Language of Love
and you will always see feathers of white.

Fats von Gerolstein

Bild 105: Johannes' Thanks-Giving

Tafel 23 *Musikempfehlungen für Resilienz-Coachings*

FATS JAZZ CATS
- Thanksgiving, Eschweiler (www.staug-awk.org) 2008, FJC 0801.
- Sunrise on the Bayou, Eschweiler (www.staug-awk.org) 2008, FJC 0802.

Jan Garbarek und Hillard Ensemble
- Officium, München (ECM Records) 1993, ECM 1525.

Dan Gibson
- Exploring Nature With Music, Toronto (Solitudes) 1991, CDG 104.
- Great Lakes Suite, Toronto (Solitudes) 1990, CDG 103.

Patrice Fisher und Arpa
- Wanderings, New Orleans (Broken Records) 2001, BR 501.
- Crema de Papaya, New Orleans (Broken Records) 2004, BR 504.
- Music 3 Americas, New Orleans (Broken Records) 2007, BR 807.

3 FOUR 1: Patrice Fisher, Fats und Friends
- Resilience, Music for Arttherapy und Relaxation, New Orleans (Broken Records) 2013, BR 112.

Die Musik dieser CD steht zum Download bereit unter: www.cdbaby.com/cd/patricefisher5.

Andreas Vollenweider
- Behind the Gardens, Zürich (AVAF) 1981, COL 485162 2..

Paul Winter
- Missa Gaia – Earth Mass, Litchfield (Living Music Records) 1982, LD 0002.
- Concert for the Earth, Litchfield (Living Music Records) 1985, LD 0005.

2.9 Szenario einer Erinnerung (mit Anmerkungen zur Praxis)

Im Szenario zur fünften Früh-Erinnerung von Erwin wird deutlich, dass psychodramatische Inszenierung so etwas sein kann wie eine Verständigungsbrücke zwischen dem, wie man die eigene Kindheit erinnert und dem Verhalten in derzeitigen Lebenssituationen und den Zukunftsvorstellungen. Erwins Erinnerung könnte jenem Komplex zugeordnet werden, der Auskunft gibt über kurzfristige oder auch längerfristige Orientierungen des Klienten, also über seine Finalität.

Praxis-Feldstudie 23 *Erwin*

Erwin ist zum Coaching gekommen, um mehr über sich selbst zu erfahren. Ganz konkret möchte er lernen, mehr Biss, mehr Aggressivität in sein Verhaltensrepertoire aufzunehmen. Erwin erwartet einen Counselor, der ihm klare Verhaltensregeln dahingehend geben kann, wie ein um aggressive Elemente bereichertes Verhaltensrepertoire auszusehen hat. Erwin will erfahren, ob er
- lauter sprechen, gar schreien üben,
- eine spezielle Körperhaltung trainieren,
- seine »unerledigten Geschäfte« mit den »dominierenden« Eltern »aufarbeiten«

müsse.

Seine Überraschung ist groß, als statt des anvisierten »Unterrichts über Verhaltensregeln« orientierungsanalytisches Coaching mit FE vorgeschlagen wird. Erwin willigt dennoch ein.

Erwins fünfte Früh-Erinnerung:
»Ich hab später recht leicht gelernt. Wir haben einen anderen Lehrer gekriegt. Das war Egon Eisen, und der hat dafür gesorgt, dass ich aufs Gymnasium gehen konnte.« sagt er mit viel Nachdruck.
»Herr Eisen spricht mit meinen Eltern; er sagt zu ihnen: ›Der Junge ist gut.‹ Dieser Lehrer hat uns die Angst vor dem Gymnasium genommen, und er hat mir spezielle Zusatzaufgaben gestellt, damit ich's schaffe. Im Fernsehen hab ich die ›7 G'scheiten‹ gesehen und gedacht: Das schaffst Du nie.«

Begleitendes Gefühl: Der Lehrer hat mir gut getan.
Inhaltlicher Hauptaspekt: Jemand kümmert sich intensiv um mich.
(Siehe Lumma 1999, Seite 188 – 192)

Die Coachingthese zum konkreten Kontext von Erwin lautet: Es ist sinnvoll, das Ziel der Beratung (in diesem Falle »aggressiver« werden zu können) im Zusammenhang der bisherigen Entwicklung, der gegenwärtigen Lebenssituation und der Vorstellung von der Zukunft zu erkennen. Das Trio »Entwicklung – Lebenssituation – Zukunftsvorstellung« erlaubt dem Counselor, beim Klienten Lernprozesse zu initiieren, ohne ihn zu gängeln oder ihn interpretierend festzulegen. Dadurch und spätestens nach der zweiten Anleitung zum FE-Szenario nimmt der Klient das Gestalten des Szenarios selbst in die Hand. Dabei hilft der Coach allenfalls wie ein Souffleur, dem das

Manuskript (die Sammlung der Früh-Erinnerungen) vorliegt, während der Klient wie ein Schauspieler auswendig inszeniert, und zwar Szenen aus seiner eigenen Lebensgeschichte, die nur er allein kennen kann.

Der Coach hilft beim Arrangieren der verschiedenen Rollen, die in einer Erinnerung vorkommen, wobei diese Rollen (die vorkommenden Personen und Gegenstände) unterschiedliche Teilpersönlichkeiten repräsentieren. Und es kann durchaus so sein, dass »aggressive« Teilpersönlichkeiten unterentwickelt sind und in einem Lernprozess durch Coaching neu entwickelt werden.

Die Vorgehensweise mittels des FE-Szenarios bietet dem Klienten mehr Möglichkeiten des »Selbst-Leitens«. Andererseits wird neben dem gedachten Defizit, wie zum Beispiel hier bei Erwin »Ich schaffe es nie, aggressiv zu werden« auch gleich ein Angebot zur Auflösung des Mankos angeboten; bei Erwin in Person seines Lehrers Egon Eisen.

So ein Angebot zur Auflösung eines Defizits ist dem Klienten also bereits persönlich begegnet. Doch erst beim Coaching wird das Szenario bewusst und damit auch einsatzfähig, eben weil es bereits Teil der eigenen Entwicklungsgeschichte ist. Und genau deshalb braucht es im Falle von Erwin nicht neu entwickelt, sondern nur wiederentdeckt und neu angewandt zu werden.

Im Szenario zu einer Früh-Erinnerung nun hat der Klient nach langer Zeit erstmals wieder die Möglichkeit, eine schon als Kind erlebte Hilfestellung (hier in Person des Lehrers Eisen) direkt zu erfahren. Er erlebt es in seiner Person selbst, weil er es ja selbst ist, der diese Rolle spielt und niemand anders, wie etwa beim klassischen Rollenspiel oder beim Psychodrama. Dieses »Selbst Spielen« einer positiv besetzten Rolle hat offensichtlich große Wirkung. Im zitierten Beispiel wird Erwin durch das Spiel bereits fröhlicher und beginnt von sich aus, einen ersten Bezug zum Hier und Jetzt herzustellen: Er vergleicht zum Beispiel seinen Coach mit dem Lehrer Egon Eisen, seinem damaligen Förderer.

In einem nächsten Schritt kann es jetzt darum gehen, die Rolle des damaligen Förderers im Klienten selbst zu übernehmen (Aktivierung eines Alter-Ego). Dazu ist bei Erwin offensichtlich ein Zwischenschritt notwendig geworden, nämlich das Abschließen eines »unerledigten Geschäftes«, hier konkret das tatsächliche Ausdrücken von Dank gegenüber dem früher ganz realistisch wichtig gewordenen Lehrer. Solche unerledigten Geschäfte verlieren ihre Wirkung des Blockierens, wenn sie im Nachhinein erledigt werden, so geschehen in diesem Beispiel durch die fiktive Begegnung von Erwin mit seinem Lehrer, symbolisiert durch einen leeren Stuhl, wie er auch in gestalttherapeutischen Sitzungen zum Einsatz kommt.

Erwin stellt sich seinen Lehrer auf diesem Stuhl vor und spricht seinen Dank aus, so als säße Egon Eisen tatsächlich dort.

Erst dann ist die Bühne frei für ein weiteres Szenario, die Begegnung zwischen Lehrer und Elternhaus des Klienten. In diesem Szenario kommt es neben der

Begegnung mit den in der Früh-Erinnerung bereits bekannten Personen zu einer, wenn auch kurzen und dennoch wichtigen, Begegnung mit einem förderlichen »Bruder-Anteil« des Klienten: »Der Erwin schafft das bestimmt.«

Auch die Szene der erinnerten Begegnung seines Lehrers mit Erwins Elternhaus erlaubt dem Klienten einen Vergleich mit seiner derzeitigen, beruflichen Situation: Die Heimpsychologin hat gemäß Erwins Einsicht die Rolle des fördernden Bruders, der im Rollenspiel sagt: »Der Erwin schafft das bestimmt.« Und diese Einsicht wäre ohne das während des Coachings eingesetzte Rollenspiel wahrscheinlich nie zutage getreten.

Von hier aus ist die Parallelbeziehung zwischen Lehrer und Heimleiter nur noch ein kleiner Schritt, denn die »Erlaubnis gebenden« Elternfiguren scheint er zu diesem Zeitpunkt bereits in sich integriert zu haben als jene Anteile seiner eigenen Person, die ihm später erlauben, das Angebot des Heimleiters (Lehrers) tatsächlich anzunehmen.

In einem dritten Szenario offenbart sich nun auch endlich etwas ganz konkret von dem, was Erwin als konkretes Lernziel mitgebracht hat, nämlich das Einbeziehen eines aggressiven Elementes, symbolisch erlebt durch die Lanze der sieben Schwaben, die gemeinsam mit ihm »drauflos« gehen.

Hier fällt Erwins Entschluss, mit den Kollegen über die eventuelle Übernahme eines verantwortungsvolleren Aufgabenbereiches zu sprechen, und es kommt dann auch tatsächlich zum echten »Vorstoß« im Hinblick auf die Heimleitung, doch bereits der anvisierte »Vorstoß« offenbart nunmehr reinstallierte Akzeptanz eines »aggressiven« Elements; er denkt an eine Übernahme von mehr Verantwortung. Sein ausgesprochenes Ziel heißt jetzt »Aggressiver werden durch Vorstoß«.

Das Anvisieren der Gruppenleiterrolle wird nunmehr als erstrebenswertes Ziel gewürdigt – als ein Ziel, das sich zwar im gegenwärtigen Coaching durch das FE-Szenario offenbart, dessen Wurzel allerdings in der Vergangenheit liegt, wie durch das Inszenieren der Erinnerung deutlich zum Ausdruck kommt. In diesem Beispiel ist konkret erfahrbar geworden, was Wolfgang Köhler vom Standpunkt der Gestaltpsychologie beschrieben hat: »Es ist nicht die wirkliche Zukunft, die Zukunft als solche, in deren Richtung wir unser Planen bewegen und in der wir unsere Ziele wahrnehmen; es ist jener Teil eines tatsächlich gegenwärtigen Feldes, den wir Zukunft nennen.« (Köhler, S. 380).

Krippen-Höhle

Geschenke vom Füllhorn
Vom Nachbarn erhalten ~
Schaut man dem geschenkten Gaul ins Maul?

Platz in der Höhle
Für Schmerzen der Seele
Rot in der Mitte ~ Auch Wut ist dabei

Wie soll ich sein?
Das Hören fällt schwer
Gut Gemeintes steht im Weg mir herum

Neues zu fühlen
Tut gut in der Seele
Tut gut mir im Körper ~ von links und von rechts

Rumdrehen und gehen
Das geht manchmal nicht
Ich suche mich neu in Liebe und Glück

Fats von Gerolstein

3 Minilectures

3.1 Wohin Unbewusstes uns führen will

Vom Nutzen des Wissens um die Hirnstrukturen

Wir gehen davon aus, dass es für alle Menschen grundsätzlich wichtig geworden ist, sich mit ihrem Unbewussten vertraut zu machen. Aber warum ist das so?

Aus Praxis und sozialwissenschaftlicher Forschung ist uns bekannt, dass des Menschen Wille allein für eine konstruktive Lebensgestaltung in Privatleben und Beruf nicht ausreicht. Es muss eine andere Dimension beteiligt werden, wenn das Anliegen, ein »gutes Leben« zu führen, gelingen soll – in einer Zeit, die nicht nur Gutes bringt.

Wie kommt es, dass trotz des hohen Wissens der Menschen über Strategien der Konfliktlösung, ein Leben in Frieden ohne Gewalt und Missbrauch – global betrachtet – noch immer nicht überall möglich ist? Wie kommt es, dass Verantwortungsträger oft mehr am eigenen Profit, denn am Wohl ihrer Mitmenschen interessiert sind? Wie kommt es, dass Eltern ihre wunderbaren Kinder vernachlässigen, dass im Berufsleben »Mobbing« betrieben wird, dass Brutalität in Form von Überfall und Mord immer noch nicht aus dem Handlungsrepertoire der Menschen verschwunden sind?

Es gibt eine ziemlich einfache und doch weit tragende Antwort auf solche Fragen, wenn wir die Dimension des »Unbewussten«, des nicht so leicht durch den Willen Steuerbaren, in die Überlegungen einbeziehen und daraus ganz andere als die bisherigen Lösungen ermöglichen. Diese kleine Theorie-Praxis-Lektion soll Einblick in alternative Lösungen geben, die über orientierungsanalytisches Coaching erreicht werden können.

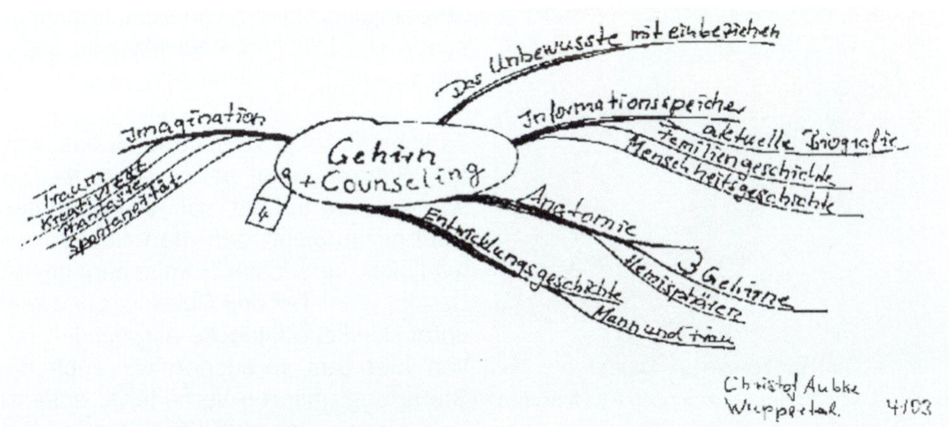

Bild 106: Christoph Aubkes Mindmap zur Hirnstruktur

Es ist offenbar so, dass destruktives Handlungsrepertoire nicht nur in unseren »bösen« Mitmenschen schlummert, also bei den anderen, sondern in jedem von uns. Um das verstehen zu können, werden wir einen kleinen Ausflug in die (ziemlich) aktuellen Ergebnisse der interdisziplinären Hirnforschung machen.

Wenn zum Beispiel jemand aufgrund von aktuellen Konfliktsituationen biografiebezogen »an sich arbeitet«, so gehen wir davon aus, dass sich auf der individuellen Ebene auch tatsächlich etwas ändern lässt, dass also der betreffende Mensch in seiner Zukunft das Wissen über mehr konstruktive Konfliktlösungen auch tatsächlich zur Anwendung bringen wird und dadurch seinen ganz persönlichen, kleinen Beitrag zur »Verbesserung der Welt« leistet.

Wie schwer das jedoch in der Realität tatsächlich ist, davon wissen alle Eltern zu berichten, die sich vorgenommen haben (per Willensentscheid), ihre Kinder auf keinen Fall zu schlagen. In Stresssituationen fallen wir jedoch schnell in alte und uns längst bekannte, destruktive Verhaltensmuster zurück, und wir lassen uns gar nicht oder nur schwer in eine andere, mehr konstruktive Richtung steuern – weder von uns selbst, noch durch andere (»Under stress we regress«). Dies, obwohl wir vielleicht am eigenen Leibe sehr schmerzliche Erfahrungen mit Schlägen und anderen Formen der Gewaltanwendung gemacht haben. Ja, letztlich reden wir uns sogar ein, es sei gut gewesen, streng (d. h. oft durch Schläge) behandelt worden zu sein, weil wir ansonsten (wahrscheinlich) über die Stränge geschlagen hätten, wie es der Volksmund ausdrückt.

Psychologisch gesprochen bedeutet dies: Unbewusstes führt uns dahin, Erlebtes – und sei es noch so schrecklich – rückwirkend gutzuheißen, weil es gewissermaßen in uns gespeichert ist, im Gehirn und bis in die kleinsten Teile unserer Zellen, der Muskulatur und unserer Haltung – selbst in unserer Körperhaltung.

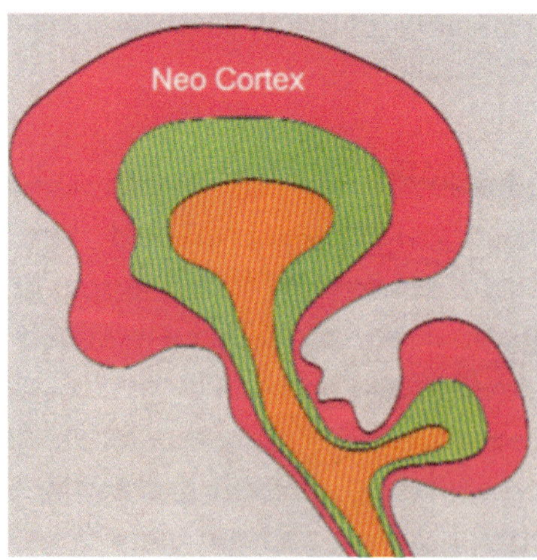

Bild 107: Neo Cortex-Struktur nach Paul MacLean

Wie kann man sich das konkret vorstellen? Wir wollen dazu eine Skizze aus der Hirnforschung zurate ziehen, die in ihrer ursprünglichen Form von dem amerikanischen Hirnforscher Paul McLean angelegt wurde.

Es scheint so zu sein, dass all das, was mit Wahrnehmung (Hören, Sehen, Riechen, Schmecken) zu tun hat, von jenem Teil des Gehirns ausgeht, den man Neo Cortex mit linker und rechter Hemisphäre nennt. Das ist jener Teil des Gehirns, der direkt unter der Schädeldecke angesiedelt ist. Von hier aus versuchen wir auch die Steuerung unseres Verhaltens, unserer Handlungen, und wir treffen Entscheidungen bewusster Art.

Nun gibt es allerdings zwei weitere Bereiche des Gehirns, welche dieser Steuerung und den rational getroffenen Entscheidungen des Neo Cortex entgegenwirken können. Das sind die Bereiche »Limbisches System« und »Reptil-Komplex« als Speicher von Daten, Lebenserfahrungen, Handlungsmustern und Verhaltensrepertoires. Man geht konkret davon aus, dass im Limbischen System die ganz persönlichen, individuellen biografischen Daten als Erfahrungen aus dem bisherigen Leben (wie auf Film) und dass im Reptil-Komplex jedes einzelnen Menschen entsprechende kollektive Daten aus der Menschheitsgeschichte abgespeichert sind.

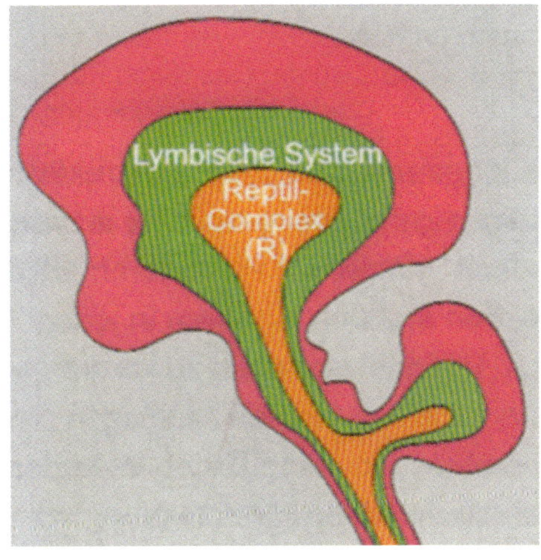

Bild 108: Limbisches System und Reptil-Komplex

Dieses Wissen zu nutzen, um still wirkenden, destruktiven Plänen des Unbewussten entgegenzuwirken, verstehen wir zum Beispiel als eine der Aufgaben orientierungsanalytischen Coachings – insbesondere bei Führungskräften.

Wir gehen davon aus, dass die im Limbischen System gespeicherten biografischen Daten aus der bisherigen Lebensgeschichte eines Menschen sein Script, also seinen unbewussten Lebensplan, seine unbewussten Ziele bestimmen.

Praxis-Feldstudie 24 *Thomas könnte eigentlich zufrieden sein*

Thomas hat nach seiner Berufsausbildung sofort eine Stelle gefunden, in der er gute Kollegialität, verständnisvolle Chefs und auch gute Bezahlung vorfindet. Doch eine innere Unruhe lässt ihn immer wieder daran zweifeln, an der »richtigen« Stelle zu sein. Im Rahmen des Coachings finden der Counselor und Thomas heraus, dass er sich sehr oft wie auf einem Hochseilakt fühlt und als geheime Botschaft den Glaubenssatz in sich trägt: »Ich darf nicht glücklich sein.«

Kein Wunder also, dass er sich bisher nie an der richtigen Stelle fühlte, dass er eine Umentscheidung dringend nötig hat, die im Coaching-Prozess sorgfältig mit neuen Verhaltensmustern im Limbischen System (Speicher der individuellen Biografie) verankert werden muss. Der Counselor fügt dazu in enger Abstimmung mit seinem Klienten dessen bisheriger Biografie im Speicher des Limbischen Systems neue Bilder durch Rollenspiel hinzu, die über seine Script-Fixierung auf den »Hochseilakt« hinausgehen. Wie wir aus Hirnforschung und Praxis wissen, kann das Gehirn nicht wirklich zwischen

Bild 109 : Ignaz Eppers Holzschnitt »Der Seiltänzer«

dem unterscheiden, was früher und was heute in seinem Limbischen System gespeichert wurde. Das durch Rollenspiel neu Hinzugekommene wird somit zur effektiven Chance für Veränderung. Thomas steigt im Rollenspiel symbolisch vom Hochseil herab, verinnerlicht im weiteren Beratungsprozess die bisher nie gefühlte Erlaubnis »Ich darf glücklich sein« und wechselt mit dieser Erlaubnis beruflich in eine weniger exaltierte Rolle (nicht so hoch wie auf dem Hochseil). Eine gute Lösung, die Thomas' Leben zwar finanzielle Einbußen gebracht hat, allerdings verbunden mit mehr Glück.

Haben wir nun das Limbische System im Rahmen der individuellen Biografie eines Menschen kennengelernt, so wenden wir uns jetzt dem Reptil-Komplex zu.

Man geht davon aus, dass dies der entwicklungsgeschichtlich älteste Teil des menschlichen Gehirns ist und etwa mit dem vergleichbar ist, was C. G. Jung mit dem Begriff »Kollektives Unbewusstes« umschrieb. Hier haben wir es also mit einer Art Datenspeicher für »uraltes«, instinktives Verhalten zu tun. Solches Verhalten wird besonders in Stresssituationen geweckt, zum Beispiel in Form der Grundmuster: Angreifen – Totstellen – Weglaufen.

Es sind in gewissem Sinne also archaische Grundmuster, die in jedem von uns im Reptil-Komplex abgespeichert sind und bei entsprechenden Gelegenheiten wachgerufen und in Handlung umgesetzt werden, selbst wenn der Verstand (Neo Cortex) möglicherweise etwas anderes anstrebt.

Praxis-Feldstudie 25 *Fritz – ein auffälliger Jugendlicher*

Wir haben etwa zwei Jahre lang mit drei weiteren Kollegen einen durch Kriminalität auffällig gewordenen Jugendlichen (wir nennen ihn hier Fritz) für ein Leben in konstruktiver Gemeinschaft (statt in Gangs) begleitet. Er lebt während dieser Zeit in einer jugendpsychiatrischen Anstalt und soll nun in Form von betreutem Wohnen in einer therapeutischen Wohngemeinschaft den Übergang ins »normale« Leben wagen.

Dies kann erfahrungsgemäß nur gelingen, wenn wir durch Coaching einen Umlernprozess (das ist eine typisch pädagogisch orientierte Maßnahme) initiieren, der ihm die Möglichkeit gibt, sich konstruktiv so eingebunden zu wissen, dass er den unbewussten Zugriff auf Verhaltensmuster aus dem Reptil-Komplex (unbewusste Verhaltensmuster aus dem Reptil-Komplex haben grundsätzlich reflexartig-triebhaften Charakter) nicht mehr nötig hat. Dazu bedarf es nach unserer Erfahrung einer Vorgehensweise, die mehr kollektive Strukturzüge aufweist als eine individuelle Begleitung. Solche Vorgehensweisen sind orientierungsanalytisch-systemisch angelegt, zum Beispiel durch sorgfältig geplante Interventionen aus einem konstruktiv kooperierenden, nicht rivalisierenden Team heraus.

Counselor A betreut Fritz im Hinblick auf seine eigenen, biografieorientierten Themen, seine Lebensgeschichte. Dieser Coaching-Prozess (Counselor und Fritz allein) dient dem Aufspüren von Ressourcen, seiner stillen und bisher wenig oder gar nicht genutzten Kraftquellen des Unbewussten aus dem Limbischen System (dem Speicher seiner individuellen Biografie).

Counselor B übt im Gruppenrahmen mit Fritz und ähnlich Betroffenen das konstruktive Umgehen mit Stress- und Konfliktsituationen, damit er Alternativen zu seinen bisherigen destruktiven Verhaltensmustern kennenlernt, Alternativen zu aggressivem Vorgehen im Sinne von Kriminalität.

Counselor C erarbeitet Möglichkeiten für Fritz, sich in gesellschaftlich akzeptierter Weise zu zeigen, indem er zum Beispiel die im Coaching mit Counselor A erstellten Bilder für eine Ausstellung im öffentlichen Rahmen zur Verfügung stellt. So lernt er Stolz in anderem Kontext als in »reptilhaft« aggressiver Weise kennen (und vielleicht bald schon schätzen).

Counselor D begibt sich mit Fritz in einen anderen kulturellen Kontext. Beide unternehmen z. B. eine Reise in ein anderes Land, machen sich mit der dortigen Kultur und ihren Eigenheiten vertraut, üben gemeinsame Anpassung an den neuen Kontext und erweitern dadurch in direkter Kooperation miteinander die persönlichen Handlungsmuster – so, dass Fritz weniger als bisher auf archaische Muster (instinkthafte triebgesteuerte Verhaltensweisen) wie Angriff, Sich-Tot-Stellen, Weglaufen zurückgreifen muss.

Counselor E ist Fritz' Coach auf der »Wohnebene«: Kochen, Wohnung in Ordnung halten, Einkauf, Hausarbeit, Hobby entwickeln und pflegen. Damit kann z. B. ebenfalls der persönliche Speicher des Limbischen Systems um neue Erfahrungen in solcher Art und Weise bereichert werden, dass für Fritz der Zugriff auf archaisch-instinktive Muster immer weniger notwendig wird.

Sein unbewusstes Ziel des »Sich-unglücklich-Machens« (durch Kriminalität) kann somit allmählich durch das Netz des interaktiven Eingebundenseins in einen kooperativen (nicht rivalisierenden) Rahmen (Fritz und sein Counselor-Team) umgewandelt werden in »Ich darf dabei sein und glücklich werden.«

Solche Kontexte zu entwickeln, geht nur aus einem Team heraus, weil das Einwirken auf den Reptil-Komplex eine strukturell angelegte Coaching-Form erfordert, die eine nicht rivalisierende Kooperationsform mehrerer Counselor erfordert, die sich zum Beispiel in Vorbereitung und Begleitung ihrer verschiedenen Coachings des Leit-Text-Systems bedienen, wie es in der Team-Fibel beschrieben ist. (Siehe Klaus Lumma: Die Teamfibel)

Bild 110: Das Leit-Text-System – Bewährte Grundlage für Teamentwicklung

Wir nähern uns dem Phänomen des Umlenkens unbewusster Ziele also auf unterschiedliche Art und Weise, aber wir wirken in aller individuellen Unterschiedlichkeit dennoch als Team. In Abstimmung miteinander, im sich Beziehen zueinander erkennen wir die Hoffnung auf eine konstruktive Verständigung untereinander. In solcher Verständigung machen wir Mut, sich den Zielen des Unbewussten – seien sie individuell oder kollektiv – nicht unkontrolliert auszusetzen, sondern sie aus eigener Kraft und aus der Kraft kollegialer, wertschätzender Zusammenarbeit so zu beeinflussen, dass sie in konstruktive Bahnen gelenkt werden können.

Erlaubnis

Was in Dir geschieht
ist wert, dass es lebt.
Gefühl ist wichtig wie Denken.

Wenn Du ihm glaubst
dann bleibst Du am Ball.
Denken allein ist zu wenig.

Begegnung ist heilig
wie Luft, Brot und Wasser.
Du brauchst sie zum leben
wie Dein Mond Sonnenlicht.

Permission

What touches you inside
is your worthy existence.
Emotions enhance your ideas.

If you trust them
you'll make it.
Intellect on its own won't do.

Encounters are holy
like air, bread and water.
You need them for life
as your moon needs your sunlight.

Fats von Gerolstein

3.2 Identitätsbildung im beruflichen Feld – Theorie U in Aktion

Immer mehr Menschen kommen in die Situation, dass sie andere für besondere berufliche Aufgaben anleiten, fit machen sollen. Das erfordert Fachwissen über Menschenführung in Verbindung damit, für solche Aufgabenstellungen die eigene Identität zu reflektieren und auch immer wieder zu erweitern.

Sinnvoll ist, dass jemand, der andere Menschen führt oder für bestimmte Projekte anleiten soll, sich selbst für solche Aufgabenstellungen »im Griff« hat, das heißt, die eigene Identität genügend reflektiert und sich von hemmenden Verhaltensmustern entfernt hat.

Wer kennt's nicht zur Genüge? Ich rackere mich ab, habe mir Spezialwissen angeeignet, Theorie gelernt, die Praxis geübt, trainiert, und dennoch bleibe ich erfolglos oder erreiche nicht das, was ich erreichen könnte. Immer wieder bringen mich merkwürdige, halb- oder unbewusste Verbote um den Erfolg oder berufliche Zufriedenheit.

Bild 111: Luciano Fabro: The Day Weights the Night – 2000 (Marmor)

Genau um solchen inneren, geheimen Verboten entgegenzuwirken, ist es sinnvoll, gelegentlich den inneren Kompass neu zu justieren und sich dafür coachen zu lassen – individuell oder auch in einer eigens zu solchem Zweck zusammengekommenen Gruppe auf der Grundlage gruppendynamischer und kunsttherapeutischer Erfahrungen, wie wir sie im Rahmen des Instituts für Humanistische Psychologie und vor allem in Kooperation mit der Akademie Faber-Castell immer wieder erfolgreich praktizieren und dabei die Erfahrung machen, dass solches »Wissen zur Menschenführung« nicht allein aus Büchern gelernt werden kann. Man muss am eigenen Leib spüren, was gemeint ist und die Phänomene nicht nur rational »erfassen« – wenn das überhaupt geht. Die neuere Hirnforschung hat uns deutlich gemacht, dass Lernen immer dann am besten funktioniert, wenn der Mensch in seiner Ganzheit beteiligt ist und nicht nur sein Gehirn: Erfassen und Begreifen (das bringt die Bedeutung dieser Worte bereits mit sich) hat mit (An)Fassen und Greifen zu tun.

Und wenn schon Theorie dabei sein soll, dann muss es solche sein, die aus der Praxisforschung entstanden ist. Und genau das liegt bei Otto Scharmers Theorie U vor, die wir immer mehr in unsere Coachings und Counseling-Gruppen integrieren.

»Führung heißt jetzt, die Bedingungen dafür zu schaffen, dass die Menschen in einer Organisation inspiriert sind, d. h. dass sie beginnen, von einer anderen ›Energie‹ oder von einem anderen ›Ort‹ her zu handeln.« (Scharmer, Seite 93)

Bild 112: George Segal: Drei Figuren und vier Bänke – 1979 (bemalte Bronze)

Solchen »anderen Ort« zu finden, das kann für manche Menschen Hauptaufgabe in dieser äußerst komplexen Gesellschaft geworden sein. Zum Finden solcher Orte ist es äußerst hilfreich, sich eine tiefere Betrachtung von Kunst zu eigen zu machen. Genau deshalb spicken wir diesen Beitrag zum Thema berufliche Identität (als Führungskraft) auch mit der Abbildung mehrdimensionaler Kunst, denn sie bereitet dem lernenden Gehirn auf der tiefer liegenden Symbolebene einen sehr weiten und gesicherten Nährboden.

Damit beim Lernen nicht allein lineares Denken zur Anwendung kommt, wie man es zum Teil noch aus seiner Schulzeit kennt, findet Lernen für solche Aufgabenstellungen wie Menschenführung gelegentlich auch im Rahmen einer Gruppe statt – denn nur dort kann man gruppendynamische Erfahrungen am eigenen Leibe spüren. Wir erfahren und vergessen für die Zukunft nie wieder, dass je nach Konstellation und didaktischem Aufbau eine Gruppe zu Konstruktivität oder auch Destruktivität neigt – und Destruktivität endet meistens in irgendeiner Form von Gewalt, stiller oder auch offener Kriegsführung, Mobbing oder verletzender Abwertung. Wohin das führt, das kennen wir zur Genüge – das haben wir gewissermaßen immer noch als kollektive Erfahrung gespeichert.

Allein neue, kooperativ gemachte Erfahrung mittels Austausch unterschiedlicher Sichtweisen zu einem Thema beruflicher oder persönlicher Art verschafft uns im Rahmen einer Lerngruppe und manchmal auch durch individuelles Coaching die Möglichkeit, aus jener Kampfmaschinerie auszusteigen, die uns seit Langem schon bekannt ist.

Bild 113: Arnaldo Pomodoro: Una Battaglia – 1971 (Bronze und Edelstahl)

Was neben Gruppendynamik für das Lernen konstruktiven Leiterverhaltens und die Entwicklung fördernder Seminargestaltung außerdem notwendig geworden ist, das ist auf der Verbindung zwischen rationalem (logischem) und analogem (bildhaftem) Denken angesiedelt. Es ist die Fähigkeit, für das Lernen solche Themen zu geben, mit denen sich die einzelnen Lernenden auch tatsächlich persönlich verbinden können.

Und auch dafür ist es wiederum gut, von Bildern Gebrauch zu machen, anstatt allein von Wörtern. Zu dem, was wir mit dem Begriff »Bild« verbinden, gehören auch Geschichten (Märchen), Gedichte, Musik (Lieblings-CD) und dreidimensionale Gestaltungen (Skulpturen), also auch die anderen künstlerischen Ausdrucksformen der Seele. Sie geben unserem Gehirn Unterstützung dabei, Konstruktivität wirklich zu verstehen, für gegenseitige Unterstützung einzustehen.

»Die turbulenten Herausforderungen unserer Zeit zwingen alle Institutionen und Gemeinschaften dazu, sich selbst zu erneuern und neu zu finden. Um das leisten zu können, müssen wir uns fragen: Wer sind wir? Wozu sind wir hier?« (Scharmer, Seite 37)

Fragen wie »Wer sind wir?« oder »Wozu sind wir hier?« gehörten lange Zeit allein in den Rahmen individueller Supervision, kontemplativer Meditation oder auch Psychotherapie. Doch seit der Zunahme von Katastrophen unterschiedlicher Art (Bankrott, Hochwasser, Hurrikan, Vulkanausbruch, Bohrinsel-Explosion etc.) kommen wir der Notwendigkeit immer näher, auch Persönliches im Rahmen von Lerngruppen anzusprechen: um Betroffenheit spüren zu lernen und nicht darüber hinwegzugehen. Die Theorie Otto Scharmers bestätigt solche Notwendigkeit. Er spricht von »veränderter Qualität des Denkens, Sprechens und des gemeinsamen Handelns. Wenn dieser Übergang geschieht, verbinden sich die Menschen mit einer tieferen Quelle der Kreativität und des Wissens und lassen die Muster der Vergangenheit hinter sich.« (Scharmer, Seite 26)

Bild 114: Leandro Erlich: Fenster und Leiter – Zu spät für Hilfe – 2008 (Stahl und Fiberglas)

Alle müssen neu lernen, dass es auf Verantwortlichkeit ankommt, wenn es um solche Menschenführung geht, bei der die zu führenden Menschen etwas über sich selbst und zugleich für ihre beruflichen Aufgabenstellungen und das erfolgreiche Erledigen derselben lernen können. Dazu bedarf es Coaching-Themen, die unter die Haut gehen und Betroffenheit mit sich selbst und von anderen bewirken. Solche Themen zu finden, zu setzen, das ist die hohe Kunst von Counseling für die Einsatzfelder Coaching und Supervision.

Sie sind an dieser Stelle eingeladen, das Bild von Jaume Plensas Skulptur »Überfluss« etwas genauer zu betrachten und zu beobachten, welche Assoziationen zum Thema der Skulptur und zu ihrer Gestaltungsform bei Ihnen entstehen. Behalten wir diese Assoziationen für uns (im stillen Kämmerlein), so wird nichts weiter geschehen, als dass wir mehr oder weniger stark betroffen sind. Irgendwann tritt dann auch das Bild mitsamt der Assoziationen in den Hintergrund. Zeigen wir jedoch das Bild einer Kollegin oder einem Freund und bitten auch sie, ihre eigenen Assoziationen mit uns auszutauschen, so bereiten wir damit den Boden für neues Handeln im Sinne einer kooperativen Identität.

Bild 115: Jaume Plensa: Überfluss – 2005 (Edelstahl)

»Der Schritt von einem empathischen Zuhören zu einem schöpferischen Hinhören von einer tieferen Quelle aus öffnet auch eine Verbindung mit einem zukünftigen Möglichkeitsraum. Diese Anwesenheit einer im Entstehen begriffenen Zukunft wird ermöglicht durch eine tiefere Qualität des Zuhörens und der sozialen Intelligenz.« (Scharmer, Seite 190)

Bild 116: Alison Saar: Travelin' Light – 1999 (Bronze)

Bild 117: Audrey Flack: Civitas – 1988 (Bronze)

Noch besser bereitet wird der Boden für neues Handeln, wenn solcher Austausch in Lerngruppen zu beruflicher Identität unter Anleitung eines erfahrenen Counselor stattfindet. Hier können dann auch tiefer liegende, persönliche Themen zur Sprache kommen – und ein Lernen wird möglich, das Otto Scharmer »gehen durchs Nadelöhr« nennt.

Bild 118: Sydney and Wanda Besthoff Sculpture Garden

»Wenn man durch das Nadelöhr geht, ist das eine Schwelle, an der man alles fallen lassen muss, was nicht essenziell ist. Hinter dieser Schwelle verändert sich der Ausgangspunkt von Handlung.« (Scharmer, Seite 189)

Verankert werden die gemachten Ergebnisse am besten, wenn es dazu im Rahmen der Gruppe von allen Teilnehmenden selbst auch persönliche künstlerische Gestaltungen gibt, die anschließend untereinander präsentiert werden. Das können Schwarz-Weiß-Zeichnungen, dreidimensionale Gestaltungen mit Seidenpapier, Gedichte oder auch andere Texte (zum Beispiel auch musikalisch als Rap) zu den gemachten Erfahrungen sein. Wichtig ist allein, dass sie (zivilisiert) präsentiert und gewürdigt (nicht beurteilt) werden.

Anmerkung zu den Bildern: Alle Fotos zu diesem Beitrag sind von Klaus Lumma aufgenommen und zeigen Skulpturen aus dem »Sydney and Walda Besthoff Sculpture Garden – New Orleans Museum of Art«, erstmals eröffnet im November 2003, demoliert durch Hurrikan Katrina Ende August 2005 und wiedereröffnet am 10. Dezember 2005, also nur etwa drei Monate nach der Katastrophe: Eine starke Ausdrucksform für die Resilienz einer engagiert geführten Organisation!

Dazwischen	**Inbetween**
Dein Herz trägt Dich weiter Durch Regen zur Sonne ~ Es hat uns geschockt Im Sturm des Geschehens	Your heartbeat keeps rocking From the rain to the sun The shock now is over Life's storm has calmed down
Du bist wieder mit uns So gleich, doch verändert Ganz kurz mal dazwischen Jetzt wieder dabei	You've come to be with us Still the same, being changed Inbetween for a period On the boat now again
Wir sind wieder bei Dir Mit Tönen des Lebens Ohne Hast und im Frieden ~ Dazwischen unser Weg	We've come to be with you To sing the song of our life ~ No hurry and in peace Our path inbetween

Fats von Gerolstein für Gregg

3.3 Coaching von Teams mit gestalterischen Mitteln

In unserer Berufstätigkeit als Counselor arbeiten wir oft mit Teams und Gruppierungen, die ein Team werden wollen. Solche Aufgabenstellungen werden mehr und mehr auch intern von Führungskräften übernommen, die zuvor entsprechende Schulung erfahren haben.

»Nur zusammen ein Ganzes«

Aufgabenstellung

Wie werden wir als

Fachgebietsleiter TEAM

der Leitungsfunktion am besten gerecht?

immerwährende Aufgabe
»Nur zusammen ein Ganzes«

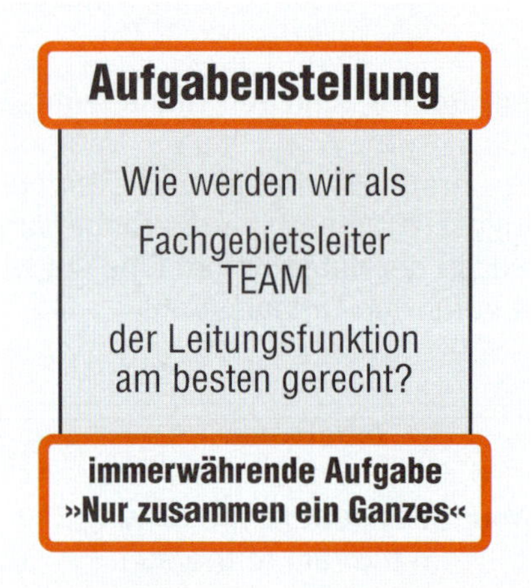

Bild 119: Wie werden wir der Leitungsaufgabe gerecht?

... mit dieser oder einer ähnlich lautenden Überschrift laden Unternehmen gelegentlich zum Team-Training/Team-Coaching ein. Was kann damit gemeint sein, und wie sollen die Mitarbeiter daraufhin weitergebildet werden?

Auch in unserm eigenen Unternehmen IHP intern (Institut für Humanistische Psychologie) und in kooperierenden Unternehmen sind wir immer wieder mit solchen Aufgabenstellungen beauftragt. Wir gehen sie gerne an, und wir können umso besser »coachend« dabei unterstützen, Gruppen in Richtung Team entwickeln, je mehr folgende Phänomene erlaubt sind:

- Wir sind (von der nächsthöheren Ebene in einem Unternehmen) mit der Macht ausgestattet, konfrontierend im Hinblick auf kommunikative Destruktivität (zum Beispiel Ausgrenzung) sein zu dürfen.
- Der nächsthöhere Vorgesetzte ist im Trainingsprozess als Co-Counselor dabei und glänzt durch aktive Beteiligung (und nicht durch Abwesenheit).
- Wir dürfen Kunst und gestalterische Mittel einsetzen und müssen uns nicht allein auf Logik und rein sprachliche Interventionen beschränken.
- Wir dürfen das entstehende Bildmaterial (anonym) zum Nutzen anderer Unternehmen und auch Einzelpersonen veröffentlichen und für Fachbeiträge in Zeitschriften und Büchern verwenden.

Bild 120: Albert Einstein-Zitat

»Jedes Team ist immer mehr oder weniger als die Summe seiner Mitglieder«. Diese Erfahrung und Übereinstimmung mit Gestalt-Psychologie und System-Theorie ist unsere Leitlinie in der Ausgestaltung von Teamentwicklungs-Prozessen. Mehr wird ein Team zum Beispiel immer dann, wenn

– die Bildsprache von allen wertschätzend (und nicht zur Belustigung) genutzt wird,
– der Entwicklungsprozess nach einem allen bekannten Ritual (siehe Bild 108: Das Leit-Text-System in Kapitel 3.2) stattfindet. (Siehe auch Klaus Lumma: Die Teamfibel)

Bilder zum Entwicklungsprozess zu malen und auch zu nutzen ist für viele Menschen sehr ungewohnt und bedarf immer einer kleinen Einführung (siehe dazu auch unsere Minilektionen). Manche Menschen haben in ihrer Kindheit zum letzten Mal gemalt. Viele Menschen haben während der Schulzeit die Erfahrung gemacht, dass Malen von manchen Erwachsenen als kindisch abgewertet wird. Heute – bedingt durch die moderne Hirnforschung – wissen wir, dass das Nutzen von Analogien, von Bildern und Gestaltungen entscheidend dazu beiträgt, dass Lernen und auch Umlernen ganzheitlich stattfinden können. Ganzheitlich heißt hier: Beteiligung des Fühlens, Empfindens, der Intuition, des Spürens (Bauchgefühl) bei allen Denkvorgängen.

Praxis-Feldstudie 26 *Leitbild des Unternehmens*

Eine Gruppe von Abteilungsleitern einer öffentlich-rechtlichen Landesbehörde beschäftigt sich mit dem Leitbild ihres Unternehmens. Das kann sie tun, indem sie sich rational über dies und jenes, was wichtig ist, austauscht. Das kann sie aber auch tun, indem sie (zum Beispiel mit Ölpastell-Kreiden) gestalterisch an die Aufgabe herangeht. Dabei wird dann jedes Mitglied eingeladen, nonverbal das zu Papier zu bringen, was nach seiner Einschätzung vom Leitbild bereits auf gutem Weg ist.

»Was vom Leitbild ist schon gut auf dem Weg?«

Ein Bild sagt mehr als tausend Worte, so der Volksmund – und so handhaben wir es auch, wenn Bild- vor Wortmaterial benutzt wird.

Bild 121: Kleines Fahrrad

Bild 122: Wir sitzen alle im selben Boot

Im Coaching von Teams sollte es wie bei der Arbeit mit Einzelnen immer auch darum gehen, Blockaden anzusprechen – bezogen auf das ganze Team und auch auf einzelne Teammitglieder. Blockaden gehen oft auf langjährig »geübte« (unbewusste) Muster zurück, nämlich die gelernten Stressmuster aus dem frühen familiären Umfeld. (Für die meisten Menschen stellt die Familie nämlich zugleich ihre erste Gruppe dar, wo sie Überlebensverhalten üben, speichern und auch in späteren Gruppen/Teams unbewusst wieder hervorholen, wenn der erste Stress aufkommt.) Also gilt es auch bei Team-Coachings, alte, Kooperation behindernde Glaubenssätze (Ansichten über sich selbst) aufzuspüren und zu neuen Erlaubnissen und Entscheidungen im Hier und Jetzt zu kommen. Erst danach werden eigene Kompetenzen und Fähigkeiten wieder voll nutzbar für die beruflichen Herausforderungen im Unternehmen.

Ein innerlich ablaufender und bereits automatisierter (und deshalb unbewusster) Blockadeprozess wird durch Coaching nach außen gebracht, und ein neuer Entscheidungs- und Veränderungsprozess kann mit Anleitung des Counselors beginnen.

Wir setzen dazu meistens nonverbale in Verbindung mit kognitiven Strategien ein, um das Team, die Projektgruppe in kurzer Zeit für anstehende Herausforderungen und Aufgaben zu stärken. Gerade beim Coaching in beruflichen Krisen, vor anstehenden Konfliktgesprächen oder vor Prüfungssituationen steht meistens nur ein begrenztes Zeitfenster zur Verfügung. Das bietet die Chance, sich ausschließlich auf Wesentliches zu konzentrieren und biografische Themen nur fokussiert im Rahmen des Auftrags zu betrachten.

Der Klient verliert sich bei zielorientierter Coaching-Arbeit nicht in der Vielfalt von bestehenden Problemfeldern, sondern er wird dabei begleitet, Strategien für die anstehenden Aufgaben zu finden.

Unsere Team-Coachings sind aus verschiedenen Gründen immer so aufgebaut, dass es zahlreiche Aufgabenstellungen für unterschiedliche Sub-Systeme gibt. Zwei der Hauptgründe für solche Settings sind:

- Es wird während des Coaching-Prozesses in Sub-Systemen so viel Kooperation wie eben möglich angeleitet, praktiziert und reflektiert.
- Die Zeit der Arbeit in den Sub-Systemen verbringen Counselor und Vorgesetzter gemeinsam. So hat der Vorgesetzte die Gelegenheit, das eine oder andere Leitungsthema (wie ansonsten beim Einzel-Coaching) unabhängig vom Team zur Sprache zu bringen, denn was hier (persönlich) besprochen wird, muss nicht im Rahmen des Team-Coachings vorgestellt werden, hat aber in der Regel großen Einfluss auf den weiteren Verlauf, denn Lösungen des Vorgesetzten übertragen sich stimmungsmäßig im positiven Sinne auf das gesamte Team.

Praxis-Feldstudie 27 *Vera*

Vera nimmt das Angebot des zusätzlichen Leitungs-Coachings an, während ihr Team in Sub-Systemen an aktuellen Themen im Stile des Leit-Text-Systems arbeitet (s. auch Lumma, Die Teamfibel). Es ist ein aktuelles Thema aus ihrem Kontext der Leitung einer Kindertagesstätte aufgetaucht, und sie würde es gerne zumindest mal ansprechen. Jüngst hat es einen Zusammenstoß mit Herrn Schneider, dem neuen Vorsitzenden des Elternverbandes gegeben.

Der Kurz-Coaching-Auftrag beinhaltet, Vera auf ein Folgegespräch mit Herrn Schneider vorzubereiten. Sie ist dazu eingeladen, ein sogenanntes »Initialbild« zur Situation zu zeichnen und erzählt dabei: »Ich bin innerlich furchtbar wütend aufgeladen.«

Nach außen zeigt sie dieses Gefühl jedoch nicht. Sie ist freundlich und berichtet von der Situation eher so, als wäre sie ganz unbeteiligt: »Herr Schneider will das beim Sommerfest erwirtschaftete Geld jetzt nicht mehr wie verabredet für Spielgeräte, sondern für einen neuen PC verwenden.« Ganz nebenbei merkt Vera an, dass es bereits mit dem alten Vorsitzenden eine ähnliche Situation gegeben hat.

Zum Bild sagt sie: »Anfangs war das Bild grün und schön, dann habe ich es verdeckt.« Sie hat nämlich das Bild mit Transparentpapier abgedeckt und mit Klebebändern beklebt, dies in Analogie zu ihrer Wut. Sie deckt den großen Ärger zu und lässt ihn nicht nach außen kommen. Ihre Anmerkung dazu: »Ich weiß nicht, wie ich mich verhalten soll, wenn ich Herrn Schneider wiedersehe.«

In Veras Berichterstattung wird deutlich, dass sie als Leiterin immer wieder Schwierigkeiten mit den Vorsitzenden des Elternvereins hat. Sie klagt darüber, unterdrückt und nicht wertgeschätzt zu werden. »Manchmal gehen diese Leute (der jeweilige Vorsitzende) einfach an mir vorbei. Wir sind uns ganz einfach nicht grün.«

Bild 123: Veras Initialbild

Coaching-Hypothese zu Veras Situation:

Bei Vera deutet vieles auf ein altes Muster hin: Ähnliche Situationen hat es offenbar bereits mehrfach gegeben, und es wird deutlich, dass Vera ihren Ärger überhaupt nicht zulassen kann. Das Muster heißt »überhaupt keine Aggression haben dürfen«.

Bild 124: Veras Konfliktsituation heute

Der Counselor bittet Vera: »Stellen Sie die Situation mit den Holzfiguren so auf, wie Sie sie hautnah erlebt haben.«

Sie steht im Bild als Kindfigur, was ihr jedoch selbst zunächst nicht auffällt. Sie beschreibt die Situation erneut und fühlt sich weiterhin elend und ohnmächtig Herrn Schneider gegenüber. Sie spricht gedrückt, und es gibt auch jetzt keinerlei erkennbaren, aggressiven Impuls.

Bild 125: Einer der vorausgegangenen Konflikte

Jetzt wird Vera gebeten, einen der zurückliegenden Konflikte aufzustellen. Auch hier steht sie wieder wie ein Kind dem Vorsitzenden gegenüber. »Er will mir was«, sagt sie kläglich dazu.

Bild 126: Veras Ursprungsfamilie

Des Counselors nächster Auftrag an Vera lautet: »Stellen Sie jetzt bitte mit den Holzfiguren Ihre Ursprungsfamilie auf.« Sie stellt Vater, Mutter und sich selbst im Dreieck stehend dar. Welche Rolle hatte sie, das rote Kind? »Ich stehe immer dazwischen, leide unter dem Streit der Eltern, bin ohnmächtig und muss lieb und freundlich sein«.

Die aufgestellte Ursprungsfamilie und die Konfliktsituationen werden jetzt im Vergleich zueinander betrachtet, und Vera wird gefragt, wie es ihr dabei emotional geht. Vera: »Es ist heute das gleiche Gefühl wie früher. Ich bin auch heute noch so unsicher wie damals als Kind.« Als Vera auf die Kindfiguren hingewiesen wird, die sie für sich als Leitungsperson gewählt hat, ist sie erstaunt und erschrocken.

Jetzt geht es um den Lösungsschritt: »Wie soll es beim nächsten Treffen mit Herrn Schneider sein?« Sie nimmt zwei Erwachsenenfiguren und stellt sie sicher mitten aufs Blatt.

Counselor: »Wie fühlt es sich an? Ist es gut so, fehlt noch etwas?«

Vera klappt jetzt auch ihr Initialbild auf und legt es dazu. Sie sagt: »Ich darf mich zeigen, und ich schaffe es!«

Bild 127: Begegnung beim nächsten Treffen

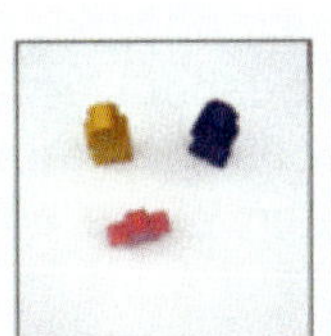

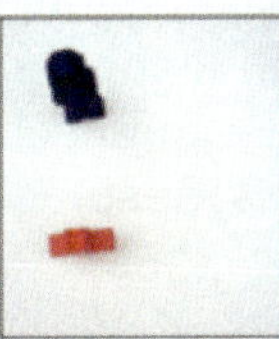

Bild 128: Veras Entwicklungsreihe

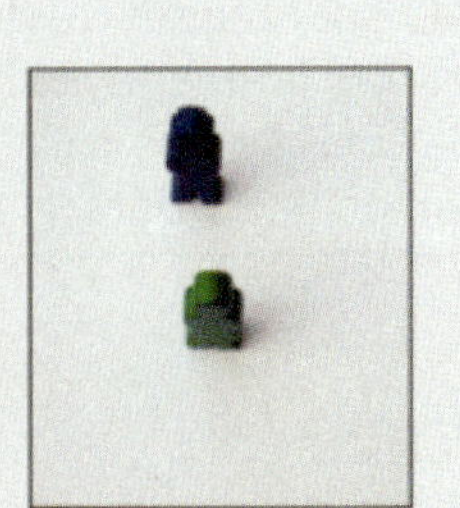

Bild 129: Ich schaffe es!

Mit solcher Erlaubnis ist Vera im weiteren Team-Coaching wie ausgewechselt. Sie hört ihren Teammitgliedern bei deren Präsentationen nach der Arbeit in den Sub-Systemen gut zu, bekundet Wertschätzung und entdeckt dann auch eine weitere, hautnahe Aufgabenstellung, für die sie ihr Team sofort zur Mitwirkung gewinnt. »Mir fällt jetzt noch ein Thema ein, für das ich alle gewinnen möchte. Es ist das Thema ›Wie stellen wir uns nach außen dar?‹«

Nach dem Team-Coaching meldet sich Vera zwei Tage später beim Counselor zum Einzel-Coaching. Sie scheint recht froher Laune zu sein, und es geht jetzt noch darum, das Erkannte umzusetzen. In dieser Nachbesprechung (des während des Team-Coachings Gelernten) ist sie klar, präsent und wirkt überhaupt nicht bedrückt, sondern lernhungrig wie vor einer interessanten Aufgabe. Der Counselor und Vera reflektieren nochmals die Bilder mit den Holzfiguren, die Zusammenhänge zwischen der aktuellen Situation mit Herrn Schneider, ihre Kinderrolle als Opfer im Drama-Dreieck der Eltern. Dann kommt bei Vera erneut Besorgnis zum Vorschein: »Wie soll ich mich denn durchsetzen?«

Dieser Coaching-Auftrag wird nun mittels Rollenspiel umgesetzt. Der Counselor spielt Herrn Schneider, ist dabei polterig und grenzübergreifend, so wie Vera ihn beschrieben hat. Vera soll im Rollenspiel deutlich zum Ausdruck bringen, wie es ihr geht. Nach mehreren Versuchen klappt es, und sie lernt dabei klar und direkt zu sagen, was sie sagen will. Beim anschließenden Feedback strahlen ihre Augen. Sie traut sich jetzt zu, das Gespräch in der geübten Weise anzugehen.

Eine Woche später kommt folgende E-Mail von Vera: »Hallo, endlich hatte ich heute die Gelegenheit, Herrn Schneider so anzusprechen, wie wir es geübt haben. Tja, was soll ich sagen? Ich hab's tatsächlich geschafft. Ich bin auch bei meiner Meinung geblieben, dass das Geld den Kindern zusteht und davon kein PC angeschafft werden darf. Und diese Meinung habe ich so lange vertreten, bis er zugestimmt hat. Ich könnte noch viel mehr schreiben, doch das Wesentliche ist gesagt: Ich hab's gemacht. Ich bin stehen geblieben und habe meine Position durchgesetzt.«

Dieser Beitrag über den Einsatz gestalterischer Mittel in Teams und parallel auch bei deren Vorgesetzten stellt die Bedeutung der Verbindung von Denken und spontanem Gestalten, von Bildern und Worten für eine konstruktive und effektive Teamentwicklung in den Vordergrund der Betrachtung – gestärkt durch Ergebnisse der Hirnforschung und die vom Counselor in diesem Arbeitsfeld oft gemachten Erfahrungen.

In mehr als 40 Jahren Couselor-Praxis haben wir erleben dürfen, dass solche Vorgehensweise auch dem Rechnung trägt, dass nicht alle Menschen »von Haus aus« für Teams geeignet sind. Deshalb gibt es immer wieder auch Arbeitsaufträge der Art, dass gefragt wird, welche Vorstellungen seitens des Teams und seiner Leitung sinnvollerweise darüber zu entfalten sind, wie die (auch für ein Team notwendigen) Individualisten (mit ihren Besonderheiten, Fähigkeiten und Macken) integriert werden können (und nicht wie oft üblich an die Luft gesetzt werden müssen). Dafür gibt es kein Patentrezept. Dazu darf sich die jeweilige Team-Konstellation selbst ein »Bild« machen. In diesem Sinne hat Teamentwicklung als (stille) Nebenaufgabe immer auch die Organisation und Vernetzung von unterschiedlichen Talenten (organizing talents) als Aufgabe, auch wenn das nicht ausdrücklich vom Auftraggeber eingefordert wird.

Zwischen August und Oktober

Ich diene dem Sommer
Und gehe zum Herbst
Voraussagbar und integer

Ich verspreche den Winter
Er kommt ganz bestimmt
Der Ton macht uns're Musik

Beleidige niemand
Ist Regel Nr. 1
Mach ein Bild Dir vom Guten

Ich such' Deine Stimme
Berührung tut gut
Bewegt uns mit Klang

Zerbrechlich sind alle
Jeder weiß es bestimmt
In der Seele ~ bei Tag und bei Nacht

Beleidige niemand
Ist Regel Nr. 1
Mach ein Bild Dir vom Guten

Fats von Gerolstein

Wenn wir uns einmal zu sehen erlauben,
dass wir,
unabhängig von unserem Alter,
dort am richtigen Platz sind,
wo wir uns gerade jetzt befinden,
können wir unsere Gefühle des eigenen Wertes frei entwickeln
und uns an der augenblicklichen Entwicklungsphase freuen.
Virginia Satir

Guter Rahmen

Intuition braucht Platz
Einen Ort mit viel Sonne
Guter Rahmen ~
sorgt für Würde und Schutz

Intuition kannst Du lernen
Sie kommt Dir entgegen
In Tränen der Trauer ~
liegt sie versteckt

Was ist schon normal?
Wo Du bist ~ bist Du ganz
Die Tränen der Freude ~
sie kommen von selbst

Gerade geht's gut
Gilt das auch für morgen?
Gefühle zu spüren ~
der Weg zu Dir selbst und zu mir

A good Frame

Intuition needs space
Good soil with plenty of sun
A good frame ~
serves you and protects

Intuition may be learnt
To encounter your self
It sometimes is hidden ~
in sadness of tears

Who judges what in normal
Wherever you are ~ you're complete
Tears of joy ~
they come by themselves

At the moment I'm fine
What will be tomorrow?
To feel your emotions ~
a path to yourself and to me

Fats von Gerolstein für Hanne

4 Resilienz und Resonanz

Oder: Ein Ziel in den Blick nehmen und sich nicht in den Details des Weges dorthin verlieren.

Connectedness. Was immer schon da ist, muss nicht erst künstlich, mühevoll und durch Training erzeugt werden.
Harald Welzer in »Die Revolution des Wir«, 2012, Seite 78

Der Metapher wird die Funktion des schöpferischen Funkens zugeschrieben.
Lacan 1986, Seite 32

4.1 Resilienz-Bilder nutzen

Im Laufe der Jahre unserer Beratungsarbeit mit den Konzepten des kreativ angelegten Counseling und Coaching von Gruppen, Teams und einzelnen Führungskräften haben wir – bedingt durch ausschließlich positive Erfahrungen (ohne Nebenwirkungen) – immer mehr Gebrauch von rezeptiven Vorgehensweisen gemacht. Das heißt, wir benutzen Objekte, Bilder, Gestaltungen von (uns bekannten) Menschen (Supervisanden), die erfolgreich aus Krisensituationen herausgefunden haben und ihr Leben wieder konstruktiv in die Hand nehmen konnten, deren Handlungsfähigkeit trotz widriger Umstände erneut aktiviert werden konnte, indem sie ihr eigenes Lösungspotenzial für eben diese Wiedergewinnung der Handlungsfähigkeit in einem Bild zum Ausdruck gebracht haben. Solche Bilder nennen wir Resilienz-Bilder, und um genau solche Bilder und deren Nutzen (Resonanzen) für wiederum andere Menschen in Krisen- und Entscheidungssituationen geht es in diesem Beitrag.

Rezeptives Arbeiten wird schon lange in der Kunsttherapie und in künstlerischen Beratungsformen angewandt: Durch den Kontakt insbesondere mit expressionistischen Kunstwerken geht der Betrachter in eine ganz besondere Situation des Ressourcen-Findens. Indem er ein Resonanzbild zum betrachteten Kunstwerk malt, aktiviert er (unbewusst natürlich) durch die haptische (die malende) Auseinandersetzung mit dem Dargestellten verschiedene Kräfte für seine eigenen Lebensthemen, Kräfte, die sowohl im betrachteten Kunstwerk als auch im eigenen Bild enthalten sind.

Rezeptiv meint also in diesem Kontext nicht, dass wir Rezepte wie ein Arzt verschreiben, wenn ein gewisses Krankheitsbild vorliegt, sondern wir verstehen im Kontext des Coaching das Rezeptive als etwas von außen Aufzunehmendes und Uns-zu-eigen-machendes. Damit beenden wir, uns immer mehr »im Problem aufzuhalten«. Und so können durch die Resonanz auf das betrachtete Bild neue Lösungen angestoßen werden. Wir nutzen also praktisch genau das, was der Hirnforscher Gerald Hüther mit dem Begriff »Connectedness« versehen hat: Das, was an ganz anderer Stelle als Lösung zum Ausdruck gekommen ist – zum Beispiel in einem Resilienz-Bild – wird hier und jetzt auf analoger (nicht rational-logischer) Ebene mittels Resonanz für ein Resonanzbild oder Malen eines Ausschnitts zur Übernahme in das eigene Gedächtnis vorbereitet.

Bild 130: Vierer-Resilienz-Bild aus Hurrikan Katrina-Opferfamilien

Als Vorlage für rezeptive Coaching-Arbeit dienen zum einen kollektiv angelegte Resilienz-Bilder, die seit 2006 im Rahmen des Post-Trauma-Counseling nach der riesigen Naturkatastrophe vom 29. August 2005 mit Hurrikan Katrina-Opfern in New Orleans entstanden sind und zum anderen Resilienz-Bilder von Klienten, die aus dem Einzel-Coaching heraus komplexe Aufgabenstellungen erfolgreich gelöst haben.

Inzwischen gibt es auch auch Bilder, die beim Coaching ihrerseits durch Resonanz auf ein Hurrikan Katrina-Resilienz-Bild (Resilienz-Bild erster Ordnung) entstanden sind und im Coaching-Rahmen an anderer Stelle erfolgreich zum Lösen komplexer Aufgabenstellungen beigetragen haben. Solche Bilder sind natürlich ebenfalls in der Coachingpraxis als Resilienz-Bilder einsetzbar. Wir nennen sie Resilienz-Bilder zweiter Ordnung. Sie enthalten die gebündelten Kräfte aus einem Resilienz-Bild erster Ordnung und denen, die im Resilienz-Bild zweiter Ordnung noch dazu gekommen sind – metaphorisch gesehen.

Bild 131: Resonanz zum Vierer-Resilienz-Bild

Man kann sich die Wirkung in etwa so vorstellen:

Beim Wiederentdecken von lösungsorientierter Handlungsfähigkeit dient das Resilienz-Bild eines anderen Menschen dem Unbewussten (dem Nicht-Rationalen in uns) als eine Art Vorbild. Wenn wir in Resonanz gehen, entwickelt unser Körper konstruktive Resonanz auf eben dieses Vorbild und übernimmt die dort zum Ausdruck gekommene Resilienz (Widerstandskraft).

In-Resonanz-gehen geschieht durch Ausschnitt-Malen oder Nach-Malen oder das Malen eines Antwort-Bildes auf das als Vorbild dienende Resilienz-Bild und aktiviert und verinnerlicht einen Teil jener Kraft, die hinter diesem Vorbild verborgen liegt.

Wie funktioniert nun das Aktivieren der verborgenen Resilienz aus der Vorlage, dem Vorbild?

Wir vergegenwärtigen uns (durch rationales Denken) des eigenen Entwicklungsthemas (des Coaching-Zieles, wie es beim Vertragsgespräch verabredet wurde), welches sich aus einem persönlichen Konflikt oder einem beruflichen Thema ergibt und wählen eines der vom Coach ausgewählten Resilienz-Bilder zum Ausschnitt- oder Nach-Malen (z. B. eine der Bildvorlagen aus diesem Beitrag). Dabei ist es wichtig, sich ausschließlich vom Auge und dem eigenen Gefühl (analoge Wahrnehmung/Spüren/Empfinden) leiten zu lassen und nicht von dem, was wir »über das Bild denken«, wie »gut – weniger gut – schlecht« oder »kindisch« wir es finden.

Jetzt bieten sich uns (mindestens) drei Möglichkeiten für das weitere Vorgehen.

1. Wir wenden uns einem Bildausschnitt zu (und zwar dem, der uns am meisten interessiert), kopieren und vergrößern diesen Ausschnitt und gestalten ihn aus mit »unseren« eigenen Farben – jenen Farben, von denen wir »denken«, dass sie gut zu diesem Ausschnitt passen. (Vorgehensweise 1)

2. Wir wenden uns dem ganzen Bild zu, nehmen ein viel größeres Papier (DIN A2 oder DIN A1) zur Hand, vergrößern das Ganze und geben ihm unsere eigene Farbe. (Vorgehensweise 2)

3. Wir wenden uns jenem Bildausschnitt zu, der uns am meisten interessiert, kopieren oder vergrößern diesen Ausschnitt auf einem gleich großen Blatt und kleben dann diese Ausschnittkopie bzw. Ausschnittvergrößerung auf ein noch größeres weißes Papier und malen die freien Flächen in Anlehnung an das Resilienz-Motiv weiter aus. (Vorgehensweise 3)

Wichtig ist bei allen Vorgehensweisen, dass die Struktur der Vorlage, die Struktur des Resilienz-Bildes, dessen Linienführung (das Objekt der Bildes) ausschnittweise (Vorgehensweise 1 oder 3) oder eben komplett (Vorgehensweise 2) übernommen und mit eigener Farbgebung versehen wird.

Bild 132: Resonanz-Vergrößerung

Der Prozess des Verinnerlichens jener Kraft aus dem Vorbild wird verstärkt, wenn wir beim Malen Musik hören, die uns spürbar entspannt.

Praxis-Feldstudie 28 *Petras Benommenheit umwandeln*

Petra ist immer wieder von den behinderten Kindern an ihrem Arbeitsplatz »zu Tränen gerührt«. Sie arbeitet als Teamleiterin in einer Ganztagsschule und ist verantwortlich für die Gestaltung der Nachmittage des Schulbetriebes. Sie hat durch die Vielschichtigkeit ihres Aufgabenfeldes ein abwechslungsreiches Berufsleben, kommt jedoch immer wieder in die Situation allzu starker Betroffenheit und ist dann wie »benommen«, so ihre eigene Umschreibung des Zustandes, weshalb sie sich zum Coaching meldet.

Der Counselor breitet eine Handvoll Resilienz-Bilder auf dem Boden vor Petra aus und bittet sie, das auszuwählen, das sie am stärksten anspricht. Sie wählt eines der bewährten Bilder aus und ist dann eingeladen, einen Ausschnitt vergrößert auf ein gleich großes Papier wie das Vorbild zu malen.

Bild 133: Petras Resilienz-Bild erster Ordnung – Sterne, Blumen, Haus

Sie wählt vom Vorbild »Baum und Wiese« und hält auch die Farben des Vorbildes bei. Zu der Wahl befragt sagt Petra: »Wenn ich vom Leid der Kinder so heftig betroffen bin, dass ich weinen muss, dann laufe ich am liebsten weg zu so einer Wiese und setze mich unter den Baum. Ich glaube, ich kann die Stelle an dieser Schule hier nicht mehr lange halten, sonst werde ich selbst noch behindert.«

Bild 134: Petras Ausschnitt-Resonanz – Vorgehensweise 1

Counselor: Auf dem Bild ist aber keine Petra unterm Baum zu sehen.

Petra: Ich sollte doch einen Ausschnitt vom Resilienz-Bild vergrößern und habe überhaupt nicht daran gedacht, dieses Bild durch irgendwas zu ergänzen, schon mal gar nicht durch mich.

Counselor: Kannst Du Dir vorstellen, Dir Deinen Ausschnitt noch mal hervorzunehmen und durch das zu ergänzen, was Dir beim Weitermalen als Idee kommt?

Petra: Oh ja, das kann ich mir sehr gut vorstellen. Ich könnte mich ja dann tatsächlich unter den Baum sitzend dazu malen.

Counselor: O.K., dann bitte ich Dich, Deinen Ausschnitt auf ein größeres, weißes Blatt zu kleben und dann weiterzumalen, wie es Dir in den Sinn kommt. Ich lege Dir beim Malen Musik zur Entspannung auf, wenn Du's möchtest.

Sie stimmt der Musik zu und setzt das Malen in beschriebener Weise fort. Das erste Lied heißt »This Little Light of Mine«, ein traditionelles Negro-Spiritual, gespielt im afro-karibischen Rhythmus. Kaum setzt die Musik ein, kommen Petra die Tränen. Sie hält inne, lauscht mit ihrem Bild-Ausschnitt in der Hand etwa vier Minuten lang der Musik und klebt dann ihr Bild auf den größeren, freien Bogen Papier. Erst als das nächste Stück anklingt (Crema de Papaya), beginnt sie mit dem Weiter-Malen. Doch erstaunlicherweise kommt ein ganz anderes Motiv aufs Papier. Und man hätte (rational-logischerweise) denken können, dass Petra sich jetzt (wie zuvor angesprochen) unter den Baum setzt. Doch sie malt (fast) ausschließlich auf der freien Seite des großen Bogens, ergänzt oben links eine lachende Sonne, darunter aufsteigende Luftballons, davon drei in Herzform, dann noch eine Fortsetzung der Wiese im kräftigerem Grün mit vielen bunten Blumen und schließlich noch einen tiefblauen Fluss, an dessen Rand sich ein Ortsschild mit der Aufschrift »Home« findet. (Die Farben sind jetzt insgesamt kräftiger als bei ihrem Ausschnitt-Bild. Anfangs malte sie mit Ölkreiden; bei der Fortsetzung wählte sie Wasserfarben und Pinsel).

Nach Fertigstellung des Bildes, die Musik spielt inzwischen das über-übernächste Stück (Sunset at Waver), begeben sich Counselor und Klient in die Ebene der Bildbetrachtung.

Bild 135: Petras Resonanz-Vergrößerung – Vorgehensweise 3

Counselor: Was ist geschehen? Da ist etwas ganz anderes zu sehen, als man denken könnte.

Petra: Die Musik hat mich sehr angerührt, und ich habe mit dem Weiter-Malen gewartet, bis dieses anrührende Stück ausgeklungen ist. Dann erst, so glaube ich, habe ich weitergemalt, und das ging ganz leicht. Wenn ich jetzt das Ortsschild anschaue und darüber die Sonne sehe, dann glaube ich, in dieser Schule doch am richtigen Platz zu sein. Ja, diese Schule ist so etwas wie mein berufliches Zuhause, und die Kinder brauchen auch so jemanden wie mich.

Counselor: Jemand wie Du, wie ist er denn?

Petra: Ich lasse mich anrühren, kann spontan weinen, wenn mir die Tränen kommen, und ich glaube, das ist gut für die Kinder zu erleben. Ich glaube, meine Benommenheit ist o.k. Es ist ganz komisch, aber ich glaube, ich will gar nicht weg von dieser Schule.

Counselor: Der Fluss neben dem Ortsschild, wenn Du ihm einen Namen geben würdest, wie würde er heißen?

Petra (lächelnd): Das ist der »Tränen-nach-Hause-Fluss«, und den brauche ich täglich.

Im Brustton emotional gestärkter Überzeugung sagt sie abschließend: Hätte nie gedacht, dass ich am Ende dieser Sitzung zu dem Schluss komme, statt wegzugehen, endlich anzukommen in meiner Schule. Ich bin sehr froh darüber.

Der Prozess des Verinnerlichens jener Kraft aus dem Vorbild (und auch die Kraft der eigenen Gestaltung wie in Petras Beispiel) wird verstärkt, wenn wir beim Malen entspannende Musik hören. Speziell für das Malen von Resonanzen auf Resilienz-Bilder ist im April 2012 in New Orleans jene Musik auf CD aufgenommen worden, die während vieler Post-Trauma-Counselings nach Hurrikan Katrina seit 2006 live gespielt wurde, während Betroffene ihre Bilder gemalt haben. Die Verbindung von Harfe, Trompete, Gitarre, Bass und Cajon scheint besonders dafür geeignet zu sein, sowohl die sanften als auch die kräftigen Töne von Widerstandskraft zum Klingen zu bringen.

Diese Musik steht zum Download bereit unter:
www.cdbaby.com/cd/patricefisher5 (3 FOUR 1 – Patrice Fisher, Fats & Friends – Resilience).

Coachings mit Resilienz-Bildern aus unserer Praxis in Verbindung mit Musik bieten sich vor allem an, wenn es um folgende oder ähnliche Themen geht:
- Berufliche oder persönliche Orientierung in Krisenzeiten
- Entscheidungsnot oder Stillstand der Handlungskraft
- Entwicklung von Widerstandskraft für kommende Krisen

4.2 Resilienz-Bilder – Wie sie entstehen

Die im Rahmen orientierungsanalytischer Coachings seit 2006 eingesetzten Resilienz-Bilder sind zum einen Bilder aus der Arbeit mit dem mobilen Post-Trauma-Counseling-Studio mit Hurrikan Katrina-Betroffenen aus New Orleans, zum anderen Bilder aus der Post-Trauma-Counseling-Zusatzausbildung der John-Brinley-Akademie des IHP und aus unserer privaten Praxis.

Bildgestaltungen von Menschen, die den Ausweg aus Naturkatastrophen, Kriegen und Existenzkrisen aus sich heraus gefunden haben, bezeichnen wir grundsätzlich als Resilienz-Bilder. Sie beinhalten hinter dem jeweiligen Bildmotiv offenbar die Struktur der Überlebens- und Widerstandskraft von Menschen, die im Sinne der Entwicklungslehre Pamela Levins aus eigenem Antrieb und aus der Krisensituation heraus auf die Handlungsebene gegangen sind und eigenständig für den Wiederaufbau ihres Lebensfeldes gesorgt haben, den deutschen Trümmerfrauen nach dem Zweiten Weltkrieg vergleichbar.

Bild 136: Resilienz-Bild von Hurrikan Katrina-Opfern

Ein Teil der in diesem Beitrag veröffentlichten Resilienz-Bilder entstand als Überlebens-Resonanz überwiegend im Osten von New Orleans, wohin unser mobiles Post-Trauma-Counseling-Studio gemeinsam mit betroffenen Musikern aus der Stadt (Patrice Fisher und Carlos Valladares) zur Unterstützung von Grundschulkindern eingeladen war. Wir hatten damit gerechnet, dass gerade dort, wo das Gelände bereits von Natur aus viel Wasser und Sumpf aufweist, die Menschen ganz besonders auf Hilfe von außen angewiesen waren, doch sie belehrten uns eines Besseren. Hier leben überwiegend eingewanderte Vietnamesen, die bereits zwei Jahre nach dem großen Sturm »ihren« Stadtteil wieder in Ordnung gebracht hatten, und zwar gänzlich aus eigener Kraft – sogar verbunden mit einem hervorragend und aus eigenen Mitteln strukturiertem Aufbau neuer Schulen, den sogenannten Charter Schools, in denen überwiegend die Eltern selbst den gesamten Unterricht (dreisprachig Englisch, Spanisch, Vietnamesisch) gestalteten. Von daher änderten wir die bislang in anderen Stadtteilen erprobte Vorgehensweise. In dem Bewusstsein, dass die uns hier anvertrauten Kinder die Handlungskraft ihrer Eltern (und Lehrer) hautnah mitbekommen hatten, richteten wir die Klassenzimmer so ein, dass jeweils vier Kinder an einem Tisch sitzen und malen konnten.

Jeder hat Papier, bunte Malstifte und einen Anspitzer vor sich liegen. Es gibt ein Malthema, eine Aufgabenstellung für alle, und jeder malt an »seinem« Papier etwa fünf Minuten, was ihm zum Thema einfällt. Dann wechselt jeder auf den Stuhl des linken Nachbarn und malt dort an dessen Bild zum selben Thema weiter. Mit dem vierten Wechsel ist er dann wieder bei seinem eigenen Bild angekommen. Erstaunlich ist, dass alle sehr schnell damit einverstanden sind, dass jemand an »ihrem« Bild malt, wenn ihnen der Hintergrund für diese Vorgehensweise klar ist: Wir arbeiten als Team – so wie wir die Katastrophe auch nur durch Kooperation überlebt haben.

Bild 137: Resilienz-Bilder in Vierergruppen malen

Die Aufgabenstellung lautet: »Woran erinnerst Du Dich nach Hurrikan Katrina? Was ist Dir wichtig? Was habt Ihr unternommen, um aus dem Desaster rauszukommen?«

Als Resilienz-Bilder dienen außerdem die im Coaching entstandenen Bilder zu existenziellen Themen unserer Klienten und zwar solcher, die ihre Existenzkrise erfolgreich gelöst haben – manche mit Bezug auf die Bilder aus New Orleans, andere mit Bezug auf andere metaphorische Lösungsstrategien wie zum Beispiel den FE-Szenarios.

Bild 138: Bild-Resonanz auf ein Resilienz-Bild aus New Orleans (Inspiration)

Des Weiteren können Resilienz-Bilder während des Coachings entstehen, wenn Klienten sich intensiv mit dem Thema »innerer sicherer Ort« auseinandergesetzt und dazu gemalt haben. Hier dient – symbolisch gesprochen – das Abmalen und Aufnehmen von Bildelementen oder Ausschnittsvergrößern eines Bildes vom inneren sicheren Ort als Grundlage. Die Bilder, die so entstehen, nutzen wir in unserer Praxis für die Resilienz-Entwicklung des anderen.

Bild 139: Resilienz-Bild aus einem inneren sicheren Ort

Alle Resilienz-Bilder, die wir in diesem Handbuch vorstellen, haben sich in unserer Counselor-Praxis bei orientierungsanalytischen Coachings als unterstützende Medien für den Aufbau von Entwicklungs- und Widerstandskraft trotz widriger Umstände bewährt. Eine Auswahl dieser Bilder finden Sie unter www.ihp.de/resilienz-coaching-bild-karten.

Tafel 24 *Resilienz-Bildkarten-Didaktik*

Schritt 1: Eine Auswahl von Resilienz-Bildkarten wird auf dem Boden ausgelegt.

Schritt 2: Es kommt dabei entspannende Musik zum Einsatz.

Schritt 3: Der Klient lässt beim Hören der Musik alle ausgelegten Bilder wie in einer Ausstellung auf sich wirken.

Schritt 4: Wenn das nächste (oder auch erst das übernächste) Musikstück anklingt, entscheidet er sich dafür, eines der Bilder komplett oder einen Ausschnitt der Bildvorlage vergrößert und möglichst genau abzumalen. Er darf dazu eigene Farben benutzen.

Schritt 5: Nach Fertigstellung der bildnerischen Resonanz sollte (mindestens) das gerade angespielte Musikstück noch zu Ende gehört werden können, denn nach dem Malen in Verbindung mit Musik ist es gut, sich langsam aus dem tranceähnlichen Zustand herauszubewegen. Recken und Strecken – im Hier und Jetzt ankommen.

Schritt 6: Das Bild gemeinsam wertschätzen und nachspüren, eventuell gibt es neue Gefühle und Gedanken. Das Bild bei der nächsten Sitzung wieder aufgreifen.

Bild 140: Bildnerische Resonanz zu einem Resilienz-Bild aus New Orleans

Man könnte von Schwingung reden.
Auch von geheimnisvollen Resonanzen.
Gisela Schmeer

Koinzidenz – Aus Ostpreußen vertrieben

Jeder, der uns kennengelernt hat, weiß wie sehr wir uns von den sogenannten »wunderbaren Zufällen« (Koinzidenzen/Synchronitäten) in Leben und Beruf leiten lassen. Indem wir uns zum Beispiel mit dem Thema Resilienz-Bilder beschäftigen, wie sie entstanden sind, wie sie sich aus Resonanzen heraus entwickelt haben und wie man sie nutzen kann, taucht in Brigitte Michels' Erinnerung folgende Geschichte und frühe (unbewusst vorbewusste) Begegnung mit Resilienz auf:

Auf der Jubiläumsaustellung 1982 im Wasserwerk Siegburg bin ich mit meinen Keramiken beteiligt. Es ist noch zu Beginn meiner ersten Beratungsausbildung. Ich erinnere ein fröhliches Fest und Gäste, die an meinen Arbeiten interessiert sind. Als ich Zeit habe, selber durch die Räume zu gehen und die anderen Kunstwerke anzuschauen, fallen mir zwei Drucke auf, die mich stark berühren. Ich kaufe, ohne etwas über die Künstlerin zu wissen. Seit dem hängen sie bei mir, erst im Atelier, dann in meiner Praxis.

Bild 141: Minna Ennulat »Pferde in Ostpreußen«

Heute weiß ich, wer Minna Ennulat ist: Geboren 1901 in Ostpreußen, führte sie mehrere Jahre einen Gutshaushalt. Nach der Flucht 1945 bekommt sie im Lager Friedland ihren ersten Tuschkasten und beginnt zu malen. Ihre Bilder sind lebendig, bunt und behandeln Erinnerungen an ihre ostpreußische Heimat. Sie gewinnt 1972 den zweiten Preis beim Malwettbewerb »Schiffe und Häfen« der Zeitschrift »Stern«.

Bild 142: Minna Ennulat »Das Gutshaus«

4.3 Resilienz-Coaching-Bildkarten einsetzen

Für die Praxis des Counseling haben wir aus den im Rahmen dieses Buches vorgestellten Beratungen Bildkarten entwickelt, die wir gerne für die Coachingpraxis zur Verfügung stellen, siehe www.ihp.de/resilienz-coaching-bildkarten.

Unsere dort zum kostenlosen Herunterladen hinterlegten Bildkarten können beim Resilienz-Coaching als Vorlagen zum Nachzeichnen dienen, um in der beschriebenen Weise Widerstandskraft beim »Nachzeichner« zu aktivieren. Nachzeichnen (mittels Buntstiften, Pinseln oder Modelliermasse) von Bildausschnitten, so ist unsere Erfahrung, dient außerdem der Verbesserung von Feinmotorik und Lernfähigkeit.

Verstehen = Be-Greifen, und das findet am besten mittels Greifen statt: Mit der Hand zu schreiben, zu zeichnen, zu malen und dreidimensional zu gestalten sind fundamentale Übungen für die Ausbildung neuronaler Vernetzungen im Gehirn zwecks weiterer Entwicklung von Handlungskapazität im Hier und Jetzt und in der Zukunft.

Ausgeprägte geistig- und kreativ-gestalterische Fähigkeiten sind Grundvoraussetzung für das Bestehen in einer komplizierter werdenden Welt: Aus diesem Grunde nutzen wir seit unseren Erfahrungen nach Hurrikan Katrina verstärkt Bild-Resonanzen im Rahmen orientierungsanalytischer Coaching-Projekte.

Nachzeichnen (komplett oder Teilmotive der Bildkarten) dient dazu, die in den Bildkarten präsentierte Resilienz über die gestaltende Hand ins eigene Handlungsrepertoire zu übernehmen. Ein zusätzliches Abspielen von Musik fördert diesen Prozess.

Da es immer noch viele Menschen gibt, die in ihrer Entwicklung durch falsche Pädagogik vom Malen (vor allem vom Nachmalen und Ausmalen) abgebracht wurden, müssen wir damit rechnen, dass dieser Vorgehensweise nicht nur Zustimmung, sondern auch Kritik entgegengebracht wird.

Frühes Zeichnen (auch von Kritzelbildern) wirkt sich prägnant auf das Gehirn des Menschen aus. Das Corpus Callosum (der Hirnlappen) übersetzt Bilder in Sprache, auch in kindliches Kauderwelsch. Das heißt: Auch das Anfertigen von Kritzelbildern wirkt sich positiv auf die Entwicklung aus, ebenso wie Ausmalen oder Übermalen. Beliebt zum Beispiel bei Zweijährigen ist das Ausmalen von Sonne, Mond, Sternen. Und man braucht sich nicht zu wundern, wenn das Ausmalen sich über das gesamte Blatt erstreckt (und nicht z. B. nur bis zum Rand der Sonne). Die Logik dahinter: Der Sonnenschein reicht ja auch weiter als die Sonne selbst.

Verstehen hat mit Stehen (Identität) zu tun. Begreifen hat mit Greifen und Gestalten durch die Hände zu tun.

Alles Motorische (Stehen gehört auch dazu, denn es gibt kein wirkliches Stehen ohne Bewegung) wirkt grundsätzlich auf die kreative (rechte) Seite des Gehirns und fördert die Intuitionskraft des Menschen, seine Fähigkeit, etwas intuitiv (aus dem Bauch heraus und ohne rationale Erklärungen) zu erfassen und zu verstehen. Musik beim Gestalten zu hören, verstärkt diese Fähigkeit um ein Vielfaches. Musik hören, Singen und Musik machen assistieren dem Gehirn bei der »Automatisierung« gewisser Funktionen in den Bereichen Ausdrucksstärke und Erinnerung. Musik hat ihre größte Langzeitwirkung aufs Lernen überhaupt, wenn sie zum Be-Greifen hinzugenommen wird. (Siehe: Sally Goddard Blythe: »Music and Movement)

Sechs mal zwei

Zwei und zwei
Du bist mit mir
Ich bin mit Dir
Sechs mal zwei
Krieg ist vorbei

Ist Krieg vorbei?
Wir zwei probiern's
Du und ich
Sechs mal zwei
Krieg ist vorbei

Mehr als zwölf
Es kann uns gelingen
Mit Liebe und Glück
Wir sind auf dem Weg
Zur Brücke zwischen uns

Fats von Gerolstein

Es ist nie zu spät, eine glückliche Kindheit gehabt zu haben.
Milton Erickson

5 Orientierungsanalytische Wegweiser

Projektive Arbeit mit Früh-Erinnerungen

Wir erkennen immer wieder die Verbindung von heutigen Konfliktthemen und Problemfeldern mit früh gelernten Denk- und Handlungsmustern. Frühe Handlungsmuster (Überlebensstrategien) übernehmen bei Stress buchstäblich das Kommando. Sie machen oft auch unfähig, inzwischen erworbene Kompetenzen auch tatsächlich und konfliktsituations-bezogen zu aktivieren. Immer wieder berichten Klienten, dass sie in Konfliktsituationen so etwas wie Panik verspüren und auch keinen Zugang zu Logik und Verstand mehr haben. Sie sind wie paralysiert.

Unsere langjährige Erfahrung lehrt uns, hier mit Früh-Erinnerungen (FE) zu arbeiten. Damit können die Zusammenhänge zwischen dem heutigen Konflikt und früh gelernten Handlungsmustern deutlich gemacht werden. Das löst nicht automatisch die Situation auf, aber es entlastet und gibt Anregung für neues Verhalten. Damit kann der selbstzerstörerische Gedanke: »Ich kann nie…« neu und ohne Selbst-Schuldzuweisung betrachtet werden.

Im Mittelpunkt orientierungsanalytischen Coachings für zukünftige Konfliktsituationen steht deshalb die Beschäftigung mit Früh-Erinnerungen, das heißt mit aktuell eingeholten Erinnerungen an frühere Kindheitserlebnisse, eben mit jenen Erinnerungen, die sich im Zusammenhang mit dem Problemfeld im Gedächtnis zeigen. In biografischer Rückschau kommen Erinnerungen, die Hinweise auf die beteiligten Handlungsmuster geben. Wir dürfen nicht erwarten, dass diese FE ausschließlich sogenannte Schlüsselereignisse zeigen, denn häufig weisen Erinnerungen winzige und banal erscheinende Alltagssituationen auf – scheinbar unwichtig und doch oft sehr typisch. Erst bei der weiteren Beschäftigung damit erkennen die Klienten frühe, prägende Muster, die sich nirgends so deutlich wie in Früh-Erinnerungen offenbaren.

Beim orientierungsanalytischen Coaching geht es also einerseits um das Verstehen solcher Muster aus der eigenen Lebensgeschichte heraus, zum anderen darum, Schuldthemen abzubauen und darüber hinaus neue Handlungsalternativen für bekannte Stresssituationen zu finden und einzuüben. Dabei spielen vor allem die Schuldzuweisungen an die eigene Person eine große Rolle. Glaubenssätze wie: »Ich bin nicht richtig, nicht gut, nicht liebenswert…« verhindern oft das Finden von Handlungsalternativen ohne fremde Unterstützung. Mithilfe eines orientierungsanalytischen Counselors können alte Muster aus den FE herausgelesen und umgebaut werden. (Transaktions-analytisch betrachtet geht es dabei um das sogenannte »Neu-Beeltern«.) So wird das Kapital von hindernden Früh-Erinnungen umgewandelt in konstruktiv wirkende Erinnerungen, die ihrerseits wiederum wie Wegweiser zu neuen Lösungsansätzen bezüglich der Hier- und Jetzt-Situationen des Klienten wirken.

Im Kontext der Entwicklungspsychologie nach der Theorie der Transaktions-Analytikerin Pamela Levin (»Cycles of Power«, siehe dazu auch unser Buch »Quellen der Gestaltungskraft«) lässt sich beobachten, wie auch die Früh-Erinnerungen eines Menschen immer wieder ein besonderes Licht auf seine Entwicklungsphasen werfen und vor allem darauf, welche Erlaubnisse zum Lösen von Herausforderungen reaktiviert werden wollen. Wie das methodisch funktioniert, werden wir anhand von Praxis-Feldstudien bezüglich jeder Entwicklungsstufe deutlich machen. Wir zeigen in den Praxis-Feldstudien vor allem solche Denk- und Handlungsmuster auf, die (wie im Stillen verabredet) von der Ursprungsfamilie übernommen wurden und bei der Entwicklung von Resilienz im Wege stehen. Wir zeigen außerdem anhand von dieser Studien, wie solche frühen Denk- und Handlungsmuster umstrukturiert werden können, damit sie dem aktuellen Leben des Klienten, der Lösung seiner Konflikte und Herausforderungen von Gegenwart und Zukunft dienen.

Die frühen Jahre

Ausgesetzt
In einer Barke der Nacht
Trieb ich
Und trieb an ein Ufer.

An Wolken lehnte ich gegen den Regen.
An Sandhügel gegen den wütenden Wind.
Auf nichts war Verlass.
Nur auf Wunder.

Ich aß die grünenden Früchte der Sehnsucht,
Trank von dem Wasser das dürsten macht.
Ein Fremdling, stumm vor unerschlossenen Zonen,
Fror ich mich durch die finsteren Jahre,

Zur Heimat erkor ich mir die Liebe.

Mascha Kaléko 1933

5.1 Wegweiser zur Kraft des Seins

Praxis-Feldstudie 29 *Josefine*

Josefine ist in ihrem Unternehmen mit einer neuen Leitungsaufgabe betraut worden. Um diese neuen verantwortungsvollen Aufgaben zu leisten, organisiert ihre Firma ein Coaching für sie. Josefine kommt zum ersten Gesprächstermin, doch sie wirkt ziemlich aufgebracht. Statt erster Kontaktaufnahme und Klärung ihrer Themen und Wünsche, konfrontiert sie den Counselor mit Ärger. »Ich wollte nicht zu Ihnen kommen, ich glaube nicht, dass ich hier richtig bin. Ich möchte mir meinen Coach selbst aussuchen. Man hat einfach über mich hinweg bestimmt, und malen kann ich sowieso nicht!«

Josefines Ärger ist sehr viel größer, als der Anlass hergibt, für den Counselor ein Hinweis, dass es wahrscheinlich ein biografisches Muster dazu gibt. Der Vorschlag ist nun, wenn sie nun schon mal hier sei, den Ärger kurz »wegzulegen« und die Zeit zu nutzen, ein Muster zu finden, welches zum Ärger passt. Josefine stimmt zu, und der Counselor erklärt ihr, dass sie in eine kurze Imagination geschickt würde, und danach würden beide – Counselor und Josefine – gemeinsam nach dem Grund für ihren heutigen Ärger suchen. Die Erklärung, das Ganze könne auch so enden, dass gar nichts dabei rauskäme, ist für Josefine sehr entlastend.

Jetzt wird über eine entspannende Imagination eine Früh-Erinnerung eingeholt, und Josefine wird gebeten, Erinnerungen und Bilder aus ihrer Kindheit auftauchen zu lassen und sich zu merken, was sie bereit ist, sich zu merken.

Nach der Imaginationsübung und ihrer Rückkehr ins Hier und Jetzt erfolgt die Aufforderung, das am stärksten wirkende Bild zu skizzieren, ehe sie ein erstes Wort dazu sagt.

Schnell und mit wenigen Strichen skizziert Josefine eine Situation aus ihrer Kindheit. In das Bild schreibt sie in eine Sprechblase: »Du ziehst das blaue Kleid an« und sie setzt vier Ausrufezeichen. Jetzt darf Josefine erzählen: »Ich weiß gar nicht, warum dieses Bild gekommen ist.« Es ist ein karges Bild.

Dann erzählt sie von der Situation: »Es ist morgens vor der Schule, Mutter will. dass ich das blaue Kleid anziehe. Ich hasse es! Es kratzt«. Josefine stampft auf, wie das damalige Schulkind. Sie ist selbst erschrocken über ihre heftige Reaktion. Dann sagt sie: »Immer hat sie über mich bestimmt, nie hat sie meine Wünsche gelten lassen. Ich wollte an diesem Morgen ein ganz anderes Kleid anziehen, keinesfalls das blaue.«

Bild 143: »Du ziehst das blaue Kleid an!!!!«

Die Frage nach dem Zusammenhang von FE und heutigem Ärger kann Josefine jetzt klar beantworten. Sie erkennt, dass sie noch heute ihrer Mutter kein klares Nein entgegenbringt, eher den Ärger bei anderen ablädt, wie hier beim Counselor. Auch ihrem Vorgesetzten hätte sie sagen können, sie wolle nicht zu diesem Counselor. Man hätte ihr einen anderen Vorschlag gemacht. Sie erkennt: Es geht nicht um die Person des Counselors, es geht um das Thema »über mich bestimmen zu lassen und meine Angst, ein Nein dagegen zu setzen«. Immer wieder passiert es ihr im Job, dass sie Mitarbeiter ihre Verstimmung merken lässt. Ihr ist klar, dass das für ihre neue Personalverantwortung schädlich ist.

Ehe die Sitzung beendet wird, bittet der Counselor Josefine, die unangenehme Erinnerung »umzubauen« und die Situation so zu inszenieren, wie sie für das Kind damals gut gewesen wäre.

Im neuen Szenario fragt die Mutter: »Was möchtest Du heute zur Schule anziehen?« Josefine strahlt und ruft spontan: »Das Gelbe mit den Tupfen.« Danach malt sie das Kleid, schneidet es aus und klebt es auf das Bild. Auch die Sprechblase wird geändert. Es kommt Farbe ins Bild.

Bild 144: »Was möchtest Du anziehen?«

In der Reflexion der Stunde benennt Josefine die Leichtigkeit, mit der sie eine so schwierige Situation erkannt und verändert hat. Sie weiß, wenn sie ihre eigenen Wünsche und Bedürfnisse beachtet, dass sie in Zukunft ihren Ärger weniger oft an der falschen Stelle abladen wird. Zum Schluss macht sie Folgetermine aus und trägt sie sorgfältig in ihren Timer ein.

Jetzt ist sie bereit, ihre Ziele zu formulieren. sie hat zur Fähigkeit zurückgefunden, die Botschaften zur Kraft des Seins zu nutzen.

Tafel 25 *Spontan eine Früh-Erinnerung einholen*

Machen Sie es sich bequem, spüren Sie in ihren Körper hinein, ob Sie bequem sitzen –
Sie spüren die Füße auf dem Boden,
ihre Unterarme liegen auf,
und Sie spüren den Atem, das ruhige Aus- und Einatmen,

Sie können jederzeit ihre Körperhaltung korrigieren, bis Sie gut und bequem sitzen,
und wenn Sie mögen, können Sie die Augen schließen.

Schieben Sie Ihre Alltagsdinge einen Moment zur Seite
und lassen Sie Ihre Aufmerksamkeit zurückgehen in Ihre Kindheit,
so weit zurück, wie es möglich ist.

Lassen Sie die Bilder zu, es können verschiedene sein.
Lassen Sie die Bilder und Ereignisse vor Ihrem inneren Auge vorbeiziehen und nehmen Sie alles auf.

Alles was kommt ist richtig.

Und das stärkste Bild,
das Bild, das am deutlichsten ist, nehmen Sie mit zurück,

um es gleich in einer kleinen Skizze auf Papier zu bringen – ohne zu sprechen.

Tafel 26 *Botschaften zur Kraft des Seins* (nach Pamela Levin)

Es ist gut, dass es dich gibt
Du hast ein Recht, hier zu sein.
Du bist richtig, so wie du bist.
Du darfst Bedürfnisse haben und zeigen.

Josefine hört die Botschaften zur Kraft des »Seins« und wiederholt nachdenklich den letzten Satz: »Du darfst Bedürfnisse haben und zeigen«. Befragt nach der beruflichen oder privaten Situation geht ihr noch etwas anderes durch den Kopf. Sie erzählt von ihrem bevorstehenden Geburtstag am kommenden Samstag. Nachmittags kommen Freundinnen, und abends möchte sie gerne mit ihrem Partner in ein schönes Restaurant gehen. Ihre Eltern wollen aber an diesem Tag abends gratulieren kommen. Josefine verdrängt erneut ihr eigenes Bedürfnis und die Frage des Counselors »Wie soll denn der Geburtstag ablaufen?« und bringt zunächst ein ungläubiges »Darf ich überhaupt?« heraus.

Nach kurzer Reflexion beschließt sie: »Ich lade meine Eltern am besagten Festtag zum Sektfrühstück ein.«

Es wird ein schöner Geburtstag, und damit ist bei Josefine ein neues Muster installiert. Sie darf jetzt ihre eigenen Bedürfnisse im Blick behalten und dennoch auch anderen gerecht werden. Jetzt kann sie dieses neue Verhalten in ihrer beruflichen Situation anwenden.

5.2 Wegweiser zur Kraft des Tuns

In der nächsten Entwicklungsphase zwischen dem sechsten und dem 18. Lebensmonat geht es darum, die Welt mit allen Sinnen »in Besitz« zu nehmen. Es geht um Ausprobieren, um das sich Erproben und nicht um richtiges oder falsches Tun. Eine positive Lernerfahrung macht es möglich, im Erwachsenenalter Aufgaben zu übernehmen und erfolgreich zu gestalten.

Tafel 27 *Botschaften zur Kraft des Tuns* (nach Pamela Levin)

Du darfst ausprobieren und experimentieren.
Du darfst neugierig und intuitiv sein.
Du darfst forschen und deine Sinne nähren.
Du darfst die Initiative ergreifen.
Du kannst dir Unterstützung holen.

Nur wenn wir den Menschen ermutigen, kann er die Kraft des Tuns entwickeln. »Ich kann das nicht«, das hören wir immer wieder.

Praxis-Feldstudie 30 *Heikes Studium*

»Tun« heißt Handeln und die Initiative ergreifen. Heike kommt zum Coaching. Sie stecke in einer Schaffenskrise, einer Blockade, wie sie sagt. Ihr fehlt noch eine Hausarbeit, dann kann sie ihr Studium der Sozialpädagogik abschließen. Diese Arbeit schiebt sie schon seit Wochen vor sich her, und die Zeit läuft ihr weg. Will sie diesen Beruf denn überhaupt ausüben, was hat sie bewogen, einen sozialen Beruf zu wählen? Heike ist sich ganz klar darüber, dass sie immer schon andere Menschen auf ihrem Lebensweg unterstützen wollte; das, was sie selber in ihrem Leben am meisten vermisst hat. Und sie berichtet im Eingangsgespräch auch bereits von den Einsprüchen ihrer ängstlichen Mutter: »Das ist nichts für Dich! Mach es Dir nicht zu schwer.« Ermutigung und Unterstützung scheinen schon immer in Heikes Familie gefehlt zu haben, und dennoch hat sie das Gymnasium erfolgreich abgeschlossen und das Studium aufgenommen.

Und jetzt hat sie immer wieder Mutters Worte im Ohr: »Das ist nichts für Dich. Mach es Dir nicht zu schwer, Du schaffst das nicht.« Außerdem ist zurzeit niemand in ihrem Lebenskreis, der sie unterstützt. Von ihrem Freund, der den gleichen Studienschwerpunkt hat, hat sie sich getrennt. Auch den hat ihre Mutter von Anfang an abgelehnt.

Auf Nachfragen fallen ihr keine weiteren Unterstützer ein. Heike weint, und sie denkt daran, das Studium aufzugeben, sich zu verkriechen und endlich Ruhe zu haben (wahrscheinlich solche Ruhe, von der die Mutter träumt und sie nicht verwirklicht). Der Counselor vermutet jedoch, dass es doch Unterstützer gibt, denn ohne einen solchen hätte sie wahrscheinlich bereits vor dem Abitur gekniffen. Sie hat den weiten Weg bis hierher geschafft, und deshalb schlägt er eine Früh-Erinnerungs-Übung vor: »Lass Deine Hände sich erinnern, nimm Farben, die Du magst, und beginne zu malen, was Deine Hände erinnern. Es wird schon etwas auftauchen.« Anfangs ist Heike angespannt, doch dann atmet sie ruhig und langsam; ihr Gesicht wird weich.

Am Maltisch mischt sie lustvoll Farben durcheinander, dann mischt sie die Farben mit den Händen, zum Schluss macht sie einen Handabdruck aufs Papier. Ihre Augen strahlen. »Das war schön«, sagt sie. »Ich habe in den Farben Oma vor meinem inneren Auge gesehen. Wenn ich als kleines Mädchen meinte, ich könne etwas aus diesem oder jenem Grunde nicht, dann hat sie immer zu mir gesagt: ›Setz Heike hin und nimm die Hände‹. Heute verstehe ich den Satz«.

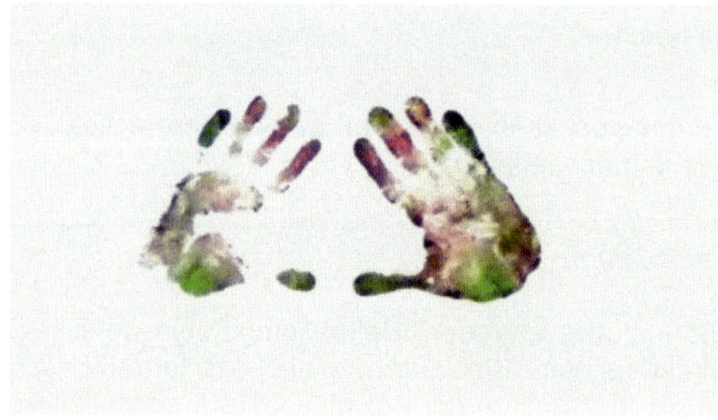

Bild 145: Heikes Hände denken mit

Heike ist nach dieser FE-Übung ziemlich aufgewühlt: »Oma ist immer sehr wichtig für mich gewesen – das bis zu ihrem Tod. Da war ich erst sieben Jahre alt. Oma war immer für mich da, und danach gab es in unserer Familie keinen wie sie. Auch gab es in meiner Ursprungsfamilie keinen Platz mehr für Erinnerungen an Oma. Deshalb habe ich mir heimlich ein Bild von Oma gemopst und in meinem Puppenhaus versteckt.«

Sie holt ein ziemlich vergilbtes, knittriges Bild aus ihrer Tasche und zeigt es. Dabei fließen reichlich Tränen. Nach einer Weile des Weinens atmet Heike tief durch, und sie beschließt, noch heute ihre Diplomarbeit wieder »in die Hand« zu nehmen.

Heike: »Ich nehme meine Hände und schreibe los, genau so, wie ich eben einfach losgemalt habe!« Als sie zwei Wochen später wieder zum Coaching kommt, hat sie ihr Material bereits zusammengeschrieben und ist guter Dinge. Jetzt gilt es, den Stoff zu strukturieren. Auch hat sie inzwischen »zufällig« ihren Freund wieder getroffen und ihn gebeten, Korrektur zu lesen. Heike hat ins »Tun« zurückgefunden, jetzt kann es weitergehen.

Die Arbeit mit »Unterstützern« (in Heikes Beispiel ist es ihre Oma) ist ein wichtiger Baustein im Coaching, und wir gehen davon aus, dass in vielen Erinnerungen von jemandem wie Heike Unterstützer zu finden sind und reaktiviert werden wollen. Allein die Tatsache, dass die Klientin sich zum Coaching angemeldet hat, gilt es deshalb positiv zu konnotieren. Hinter dem Wunsch nach Hilfe findet sich oft eine manchmal »vergessene« Erfahrung aus frühen Jahren. Das kann eine spirituelle Kraft sein oder eine ganz konkrete Person aus dem Umfeld der Ursprungsfamilie. So wie hier Heikes Oma.

Praxis-Feldstudie 31 *Opas Ermutigung*

Immer wieder gelingt es beim Coaching, früh geliebte Bezugspersonen wie Großeltern, Tanten oder Kinderfrauen mit ihren Botschaften als Unterstützer zu aktivieren. So wie bei Tanja. Im Kontext einer ihrer Früh-Erinnerungen malt sie ein Bild, das sie auf Stelzen zeigt. Ihr Opa hat diese Stelzen für sie gebaut. Als sie anfangs zögert aufzusteigen, ruft Opa: »Das schaffst Du schon!«

Dieses Bild trägt Tanja immer bei sich, in sich: »Mut, Lebendigkeit und die Farbigkeit von Opas Garten, da habe ich mich getraut, auf Stelzen zu laufen, und das hilft mir noch heute.«

Bild 146: Tanja auf Stelzen

5.3 Wegweiser zur Kraft des Denkens und Fühlens

Die erste Installation der Kraft des Denkens (sich emotional und rational positionieren) ist im Entwicklungszyklus des Menschen etwa zwischen 18 Monaten und drei Jahren angesiedelt. Aus dem davor geprobten spielerischen Tun, dem Ausprobieren, entsteht durch Wiederholung Erfahrung und Wissen. Kognitive und emotionale Prozesse werden ausprobiert, eigene Gefühle und Bedürfnisse können erkannt und benannt werden. So wird später im Erwachsenenleben Wahlfreiheit und Entscheidungsfähigkeit erst möglich: Ich habe gelernt, mich (für oder gegen das eine oder das andere) zu entscheiden.

Tafel 27 *Botschaften zur Kraft des Denkens* (nach Pamela Levin)

Du darfst wachsen und groß werden.
Du darfst dich ärgern.
Du darfst eigene Gefühle haben.
Du darfst gleichzeitig denken und fühlen.
Du darfst dir über deine Bedürfnisse im Klaren sein.
Du darfst Grenzen ausprobieren und »Nein« sagen.
Du brauchst nicht für die anderen Menschen zu denken.

Immer wieder haben Klienten Schwierigkeiten in Problem- und Entscheidungssituationen. Sie haben nicht gelernt, alte hemmende Denkmuster und die dazugehörigen abgespaltenen Gefühle zu erkennen und zu deaktivieren.

Praxis-Feldstudie 32 *Darias Friseur-Laufbahn*

Daria steht kurz vor dem Scheitern. Sie ist Auszubildende in einem renommierten Friseursalon. Dort erleben wir sie als strahlende junge Frau, die tüchtig, freundlich und selbstbewusst, mit guter sozialer Kompetenz ihre Arbeit macht. Ihr Chef schätzt sie und erzählt, dass er sie übernehmen werde und sie als zukünftige Führungskraft »im Auge« behalte. Gleichzeitig erwähnt er Darias Prüfungsangst. Chef: »In der Zwischenprüfung hatte sie offenbar aus Angst eine Sprechblockade. Ich werde Daria voll dabei unterstützen, dass sie so etwas nicht wieder erlebt.« (what a boss!!!) Ihm ist wichtig, dass sie eine gute Abschlussnote bekommt, und deshalb meldet er Daria zum Coaching an. Sie ist einverstanden.

Sie kommt in die Praxis, und als sie auf ihre Prüfung angesprochen wird, verschwindet bei Daria das sonst so auffällige Strahlen. Sie sackt in sich zusammen und flüstert unter Tränen: »Bei der Zwischenprüfung konnte ich nicht mehr sprechen. Ich habe versagt.«

Der Counselor schiebt Daria Papier und Stift zu und bittet sie: »Malen Sie das Bild, das in ihrem Inneren entsteht, wenn Sie an die Prüfung vom nächsten Montag denken.« Das Bild malt sie ganz schnell. Und dann weiter: »Auf der Rückseite notieren Sie die Gedanken, Fragen und Gefühle, die Ihnen beim Malen gekommen sind.«

Bild 147: Darias verpatzte Prüfung

Daria notiert: »Hoffentlich fragen sie nur Dinge, die ich sicher beantworten kann!«

Darias Bild wirkt bedrohlich, und der auf der Rückseite notierte Satz irritiert auch den Counselor, denn wer kann schon »sicher« jede Prüfungsfrage beantworten. Darias Überforderung und Angst sind deutlich zu spüren.

Jetzt ist sie eingeladen, den Ablauf der Zwischenprüfung zu beschreiben. Erneut wird es still, und es kommen nur Wortfetzen aus Daria heraus, leise, fast unhörbar. Der Counselor lädt dazu ein, mittels Holzfiguren die Prüfungssituation zu stellen. Im Arrangement sind drei Prüfer zu sehen und Daria als kleine Figur gegenüber. Warum diese Angst und Erstarrung? Welches Muster, welche Erfahrung hemmt die sonst so sprechfreudige und lebenslustige Daria? Wie sah ihre Ursprungsfamilie aus?

Daria ist außerdem dazu eingeladen, auch die Ursprungsfamilie mit Holzfiguren aufzustellen. Jetzt sind erneut drei große Personen symbolisch dargestellt – und sie als kleines Kind dazwischen. Daria steht nahe bei Mutter und Stiefvater, der leibliche Vater ist weit weg. Wie sie berichtet, hat sie heute keinen Kontakt mehr zu ihm.

Der leibliche Vater hat die Mutter verlassen, als Daria sechs Jahre alt war, und seitdem fühlt sie sich verantwortlich für ihre Mutter, die in jenen Tagen von schwerer Krankheit heimgesucht war. Den neuen Ehemann (Stiefvater) mag sie sehr, denn er behandelt ihre Mutter und sie sehr liebevoll. Auch als erwachsene Frau geht sie jeden Tag nach der Arbeit erst noch die Mutter besuchen. Die Bindung der beiden Frauen ist sehr eng. Als Daria bezüglich des Kontaktabbruches zum leiblichen Vater befragt wird, berichtet sie unter Tränen von einem Gerichtstermin, bei dem ihr Vater sein Besuchsrecht einfordern wollte. Sie steht dort als kleines Mädchen den Richtern gegenüber und schweigt verstört, weil sie Angst um ihre Mutter hat, sie nicht verlieren will. »Wenn ich etwas Falsches sage, dann weint Mama, weil ich böse bin, wenn ich etwas Falsches sage. Ich versage also auch hier.«

Wieder wird die Situation mit Holzfiguren aufgestellt: Daria steht im Gericht zwischen Mutter und leiblichem Vater. Die Bilder gleichen sich, die Wiederholung des Nicht-Redens ist das alte Muster des Kindes, das in einer schwierigen Situation nur dieses Überlebensmuster kennt. Daria kann das erst sehen, nachdem sie vom Counselor darauf aufmerksam gemacht wird, und sie bewertet jetzt auch die Prüfungssituation mit der Angst vor Autoritäten, Gericht und Prüfungskommission ganz neu: »Wenn ich etwas Falsches sage, weint Mama und ich bin böse. Dann habe ich versagt.«

Ihr fallen noch ähnliche, nicht so schwerwiegende Situationen ein, und sie begreift immer mehr den Zusammenhang mit ihrer Entwicklungsgeschichte. Jetzt kann sie auch damit beginnen, sich gezielt und mit neuer Erkenntnis auf die anstehende mündliche Prüfung einzustellen, »Mit welcher Erlaubnis möchten Sie in die Prüfung gehen?«, fragt der Counselor. Sie schreibt eine neue Erlaubnis auf: »Ich darf die Prüfung bestehen, und ich schaffe das auch, denn ich werde sprechen! Ich darf sprechen, so wie jetzt hier bei Ihnen!« Die zu erwartende Prüfungssituation wird nunmehr nochmals aufgestellt, und Daria wählt jetzt für sich eine Holzfigur, die erwachsener aussieht als die vorher benutzten.

Darias Unruhe ist deutlich zu spüren in dieser Visualisierung. Ihr wird bewusst, dass sie sich sehr alleingelassen fühlt. Sie darf (erstmals?) eine unangenehme Situation spüren und auch »zur Sprache bringen« (wie hier in der Counselor-Praxis). Nachdem die ganze Gefühlspalette zur Sprache gekommen ist, kann die Realität der Prüfungssituation durchgesprochen werden. Der Counselor: »Angst scheint bei Prüfungen immer beteiligt zu sein, und das hat gar nichts mit Dir, Deinem Vater und Deiner Mutter zu tun. Außerdem ist es so, dass in kaum einer Prüfung jeder alle Fragen beantworten kann. Welche Unterstützung könntest Du einfordern, um dieses Mal in der Prüfung sprechen zu können?«.

Daria antwortet: »Meine Mama kann mich unterstützen, doch ich kann sie ja leider nicht mit in die Prüfung nehmen.«

Der Counselor bittet nun darum, dass Daria ihre Mutter zur Unterstützung in ihr inneres Team aufnimmt. Das Ganze wird nochmals als Prüfungssituation visualisiert, allerdings so, dass Daria zwei Holzfiguren hinter die ihre stellt: Mama und Stiefvater. Mit ihrem Handy fotografiert sie diese geänderte Prüfungssituation, und mit ihrem Erlaubnisblatt verlässt sie dann die Praxis. Und es klappt tatsächlich alles am kommenden Tag: Daria kann ihre Sprechangst in der Prüfung überwinden.

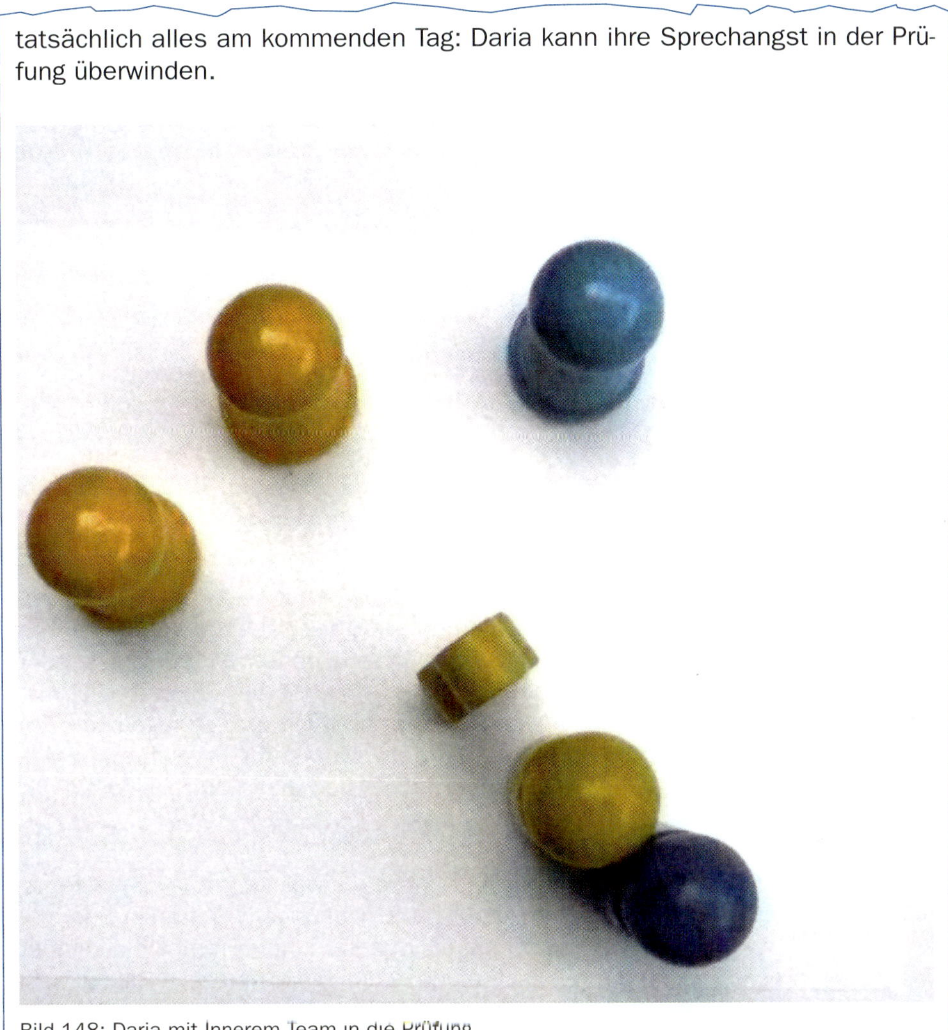

Bild 148: Daria mit Innerem Team in die Prüfung

Gerald Hüther hat sich in seinen Forschungsprojekten ausgiebig mit dem Thema Lernen beschäftigt. Er sagt deutlich, dass gerade im Erwachsenenalter Neues nicht kognitiv gelernt wird, sondern nur durch emotionale Erfahrungen können auch neue Lernschritte ermöglicht UND verankert werden. Kunst- und gestaltungstherapeutische Methoden wie das Aufstellen von Holzfiguren sind dazu ein sehr praktikables Transportmittel. Um alte Denk- und Handlungsmuster zu verändern, braucht es einen emotionalen Prozess, wie wir ihn bei Daria erleben. Nur so wird ein Transfer möglich zwischen den beiden Hirnhälften, damit sich Denken und Fühlen verbinden können. Wie bei Daria, die wenige Wochen nach ihrer Gesellenprüfung außerdem ihre Fahrprüfung macht. Darauf freut sie sich jetzt schon – ohne große Angst, wie sie stolz berichtet.

5.4 Wegweiser zur Kraft der Identität

Erstmals im Alter von drei bis sechs Jahren beginnen wir, unsere Individualität als eigenständige Person zu entwickeln. Eigene Entscheidungen und Abgrenzungen werden immer wichtiger. Es geht um die Identität der eigenen Persönlichkeit, die Identität als Mädchen (und Frau) oder die Identität als Junge (und Mann). Daraus
- erwächst das Rollenverhalten für alle späteren Aufgaben.
- entsteht auch die Fähigkeit, Visionen und Vorstellungen zu entwickeln von jenem Platz, den wir später (im Erwachsenenalter) in der Welt einnehmen möchten.

Konflikte, die auf diese Zeit zurückgehen, werden immer wieder somatisiert, also unbewusst auf die Körperebene verschoben. Konflikte präsentieren sich dann in anderem Gewand, zeigen sich umgewandelt als körperliche Beschwerden oder als Hilferuf nach Versorgung.

Praxis-Feldstudie 33 *Birgits Stress bei der Umstrukturierung*

Birgit meldet sich zum Coaching an, und als Thema nennt sie beruflichen Stress als Folge von Umstrukturierungen im Betrieb und ganz nebenbei merkt sie ihre Hautprobleme an – man hätte dies glatt überhören können. Birgit ist eine sehr große, schlanke, sportlich gekleidete Frau Anfang 50. Als sie zum ersten Termin kommt, fallen zu allererst ihre Augen auf. Die sind von großen roten Kreisen umgeben, und Birgit wirkt dadurch maskenhaft. Daneben gibt es rote, rissige Stellen an Mund und Nase. Wie sie sagt, finden sich diese Auffälligkeiten nur im Gesicht, nirgends sonst am Körper.

Sie berichtet, dass Tests keinen Hinweis auf irgendwelche allergischen Reaktionen gebracht haben, aber die Verfärbungen zeigen sich mal stärker und mal weniger stark. Die Kollegen versuchen daran vorbeizusehen, Fremde sind immer wieder erschrocken. Birgit hat beobachtet, dass die Verfärbungen in Belastungssituationen zunehmen. Wie jetzt auch. Gelegentlich kommen Migräneanfälle dazu, dann muss sie zwei Tage im Bett bleiben.

Die berufliche Situation ist angespannt, es gibt Umstrukturierung und Verlegung der Betriebsstätte in eine andere Stadt. Birgits Weg zur Arbeit wird sich dadurch um 20 Kilometer verlängern. Angst und Unsicherheit breiten sich offenbar bei allen Beschäftigten aus. Es gibt häufige Wechsel der Vorgesetzten, die momentane Vorgesetzte kommt täglich mit neuen Aufträgen, die ihrer Meinung nach nie richtig erledigt werden. Birgit fühlt sich gemobbt und versucht trotz aller Belastungen ihr Arbeitspensum zu steigern.

Birgits Wunsch fürs Coaching ist, ihre berufliche Situation zu klären und zu erkennen, warum sie immer mehr arbeitet als zu ihrem Auftrag gehört und warum sie immer die Arbeit für Kollegen und Vorgesetzte mitmacht.

Unsere FE-Übung bringt Birgit ins Kindergartenalter.

Bild 149: Birgit auf der Wippe

Die Früh-Erinnerung bringt eine Szene aus dem Kindergarten, den sie zusammen mit ihrem 15 Monate älteren Bruder Martin besucht. Sie soll ihren Bruder beschützen. Sie ist zwar jünger, aber sehr viel größer, und es wird viel zu viel von ihr erwartet. Ihre Mutter ist sehr ängstlich, schwächlich und darf sich nicht anstrengen. So wird Birgit für Martin als mütterliche Beschützerin da sein müssen, bis er erwachsen ist.

Sie malt eine Szene im Kindergarten, in der sie zusammen mit anderen Kindern auf der Wippe sitzt. Birgit sitzt hinten, um dem Bruder den sicheren Platz in der Mitte zu überlassen. Sie selber fällt immer wieder hinten runter, aber es ist für sie selbstverständlich, ihm den sicheren Platz zu lassen. Auch nachts kümmert sie sich um den Bruder. Martin hat Angst, allein zur Toilette zu gehen, und dann steht sie auf, begleitet ihn und wartet schlafend vor der Toilettentür bis er wieder herauskommt. So beschützt sie ihn bis ins Erwachsenenleben, während des Studiums, und später hilft sie ihm neben ihrer eigenen Arbeit, als er sich selbstständig macht. »Das ist doch selbstverständlich!«

Ist es das wirklich? Wo bleiben Birgits Bedürfnisse? Sie selbst hat auf ein Studium verzichtet, hatte keine Zeit für eine eigene Familie, und heute (wo der Bruder aus dem Gröbsten raus ist, wie sie immer sagt) kümmert sie sich um die alten Eltern.

Birgit konnte nie wirklich Mädchen und Frau sein, hat nie ihre eigenen Wünsche gelebt.

Sie erlebt in dem »Bild auf der Wippe« ganz deutlich ihr Muster von Selbstaufgabe und Verantwortung für das Wohl der anderen. Es scheint bislang zu ihrer Identität zu gehören. Nachdenklich verlässt sie die Praxis. In den nächsten Tagen hat sie (natürlich wieder) eine heftige Migräneattacke, die sie auch selbst als Folge der emotionalen Erschütterung ansieht. Für Birgit wird der Zusammenhang schnell klar: Zum ersten Mal nimmt sie ihre eigenen Bedürfnisse so richtig wahr und macht sich offen für eine Erlaubnis, die da lautet: »Ich darf für mich sorgen.«

Im Beratungsprozess wird auch ihre berufliche Situation analysiert und vor allem ihre bisherige Unfähigkeit, sich abgrenzen zu können. Zu dieser Zeit kommt das Angebot ihrer Firma, auf einen anderen Arbeitsplatz zu wechseln: noch mehr Präsenzzeit und noch mehr Verantwortung. Zum ersten Mal spricht sie aus, dass sie das nicht will, und das wird als ein erster Schritt gewertet, ab jetzt die eigenen Wünsche mehr zu beachten. Es braucht noch einige Gespräche, bis sie bereit ist, ihr »Nein« zu formulieren. Außerdem informiert sie den Personalrat über das Mobbing in der Abteilung. Sie ist ganz erstaunt, als sie dann tatsächlich ernst genommen wird.

Als ihre Wünsche und Bedürfnisse beim Coaching in den Mittelpunkt gestellt werden, erzählt sie außerdem ganz nebenbei von ihrer Begeisterung für Vögel, vor allem für Kraniche. Ein Hobby, das sie mit ihrem Vater teilt, der in Mecklenburg-Vorpommern aufgewachsen ist. Drei Wochen später fährt sie mit dem Vater dorthin, um die Kraniche an ihren Sammelplätzen zu beobachten. Sie hat sich Urlaub genommen, weil es ihr Wunsch war, diese Reise zu machen. Die Verantwortung für die Abläufe am Arbeitsplatz hat sie erstmals der Abteilungsleitung überlassen.

Birgit hat ihre geänderte Identität integriert, die Rolle einer erwachsenen, berufstätigen Frau, die allerdings auch ihren Hobbys nachgehen darf. Ab und zu in belastenden Situationen hat sie noch rote Flecken im Gesicht, aber die leuchtend »rote Brille« ist Vergangenheit geworden.

Tafel 29 *Botschaften zur Kraft der Identität* (nach Pamela Levin)

Du darfst wissen, wer du bist.
Du darfst stark sein und gleichzeitig Bedürfnisse haben.
Du musst nicht auffällig sein, damit sich jemand um dich kümmert.
Du darfst deine Gefühle haben.
Du darfst die Konsequenzen deines Handelns herausfinden.
Du darfst dir ohne Angst Dinge vorstellen,
dadurch werden sie nicht zur Wirklichkeit.

5.5 Wegweiser zur Kraft der Geschicklichkeit

In dieser Entwicklungsphase, etwa im Alter von sechs bis zwölf Jahren, lernt der Mensch erstmals, sein Ausprobieren immer mehr auf ein bestimmtes Ziel hin auszurichten und dabei eigene Wege und eigene Lösungen zu erproben. Dazu gehört unbedingt die Erlaubnis, dies auf ganz individuelle Art und Weise tun zu dürfen. So wird Gelingen ermöglicht.

Tafel 30 *Botschaften zur Kraft der Geschicklichkeit* (nach Pamela Levin)

Du kannst es auf DEINE Art und Weise tun.
Du kannst überlegen, bevor du handelst.
Du darfst eine andere Meinung haben und sie vertreten.
Vertraue deinem Gefühl und lass' es dein Handeln leiten.
Du kannst Dinge bekommen, die du brauchst, ohne dafür leiden zu müssen.
Du darfst lernen und dabei deine eigenen Werte und Handlungsweisen entwickeln.

Praxis-Feldstudie 34 *Frau Sommer mit klaren Zielen*

Frau Sommer kommt zum Coaching. In ihrem Auftrag formuliert sie ganz genau, was sie in ihrem beruflichen und privaten Umfeld verändern will. Sie möchte
- ihre Arbeitszeit von 80 Stunden auf ein normales Niveau senken,
- wieder Freizeit gestalten, die sie jetzt nicht hat,
- wieder Sport treiben,
- ihr Gewicht reduzieren.

Frau Sommer hat die frühe Erfahrung gemacht, nicht richtig zu sein. Dennoch hat sie bislang ihren Lebensweg gemeistert und lebt heute in einer Partnerschaft, in der sie sich gesehen und geliebt fühlt. Sie hat eine qualifizierte Ausbildung, gleich zwei Hochschulabschlüsse und eine gute Position als Trainerin für Führungskräfte in einem Elektrokonzern. Dort macht sie erfolgreiche Arbeit, die Leitungsposition jedoch überlässt sie selbstverständlich ihrem männlichen Kollegen. Dabei kann sie klar erkennen, dass ihre eigene Kompetenz weiter reicht und sie diesen Kollegen immer wieder stützt, damit er seine Rolle ausüben kann.

Frau Sommer ist Mitte dreißig, groß, kräftig und sportlich. Der gesamte Eindruck ist männlich, kraftvoll. Frau Sommer ist sehr offen für neue Lernerfahrungen. Sie hat sehr schnell guten Kontakt zum Counselor.

Es wird mit Früh-Erinnerungen gearbeitet, um alte Muster aufzudecken und dann gegebenenfalls auch zu ändern. Schon in einer ersten Früh-Erinnerung wird deutlich, wie gefangen sie in dem rigiden, abwertenden Raster ihrer Ursprungsfamilie lebt, in der sie es niemandem recht machen kann. Als Mädchen ist sie falsch und wird schon als Säugling zur Oma abgeschoben. Nur der ein Jahr ältere Bruder zählt. Mit sieben Jahren wird sie mehrere Monate zur Kur verschickt, sie ist dort einsam und bekommt als einziges Kind keinen Besuch von den Eltern. Nur essen und zunehmen kann sie wieder nach Hause bringen; seitdem ist sie übergewichtig. Später kompensiert sie durch Leistung, der Bruder hat nicht einmal eine abgeschlossene Berufsausbildung, doch in den Augen der Eltern ist nur er das richtige Kind; sie wird nie so wichtig sein wie er. Nur Übergewicht und Leistung bringen ihr als Kind ein wenig Aufmerksamkeit.

Im Gespräch erkennt sie schnell, dass diese frühen Erfahrungen sie konditioniert haben. Weitere Schritte sind lange nicht möglich. Auf die Frage, was sie ihren eigenen Teilnehmern in solcher Situation vorschlagen würde, lächelt sie: »Den ersten Schritt machen! Aber ich kann es nicht.«

Wochen später fällt Frau Sommer ein Gedicht ein, dass sie in ihrer Jugendzeit sehr mochte und beschreibt es folgendermaßen: »Das Gedicht erzählt von einem edlen und stolzen Tier, von einem schwarzen Panther, der in einen Käfig eingesperrt ist. Das Gedicht endet damit, dass der Panther immer hinausblickt, bis sein Auge bricht – also ohne jemals seine Freiheit zu erlangen und aus dem Käfig herauszukommen.«

Bei dem Gedicht handelt es sich um Rilkes »Der Panther«. Es wird in den Coaching-Prozess einbezogen und vom Counselor vorgelesen. Frau Sommer erkennt sich in diesem Panther wieder und weint: »Ich will aus diesem Käfig raus, und gleichzeitig macht mir das Angst.« Sie darf das Gedicht mit nach Hause nehmen und sich auch in anderer Hinsicht als dem Eingesperrt-Sein mit dem Panther identifizieren. Dabei lernt sie, sich selber besser und vielschichtiger wahrzunehmen, ihre Gefühle, ihre Trauer um sich selbst als das damals vernachlässigte Kind, das (ob des Bruders als Stammhalter) nicht gesehen und geliebt wurde, wie sie es verdient hätte. Daneben spürt sie allerdings auch Kraft aufkommen – wie durch die Magie des Rilke-Textes, und sie wird sich immer mehr ihrer beruflichen Fähigkeiten bewusst.

Einige Zeit später, als sie sich im Coaching wieder einmal auf den Panther im Käfig bezieht, wird Frau Sommer eingeladen, ein Bild zu dieser Szene zu malen.

Bild 150: Frau Sommers Panther im Käfig

Sie sagt dazu: »Ich drehe mich auf der Stelle. Der Panther geht an den Stäben vorbei, doch er verlässt seinen Käfig nicht. Er hat viel Wissen, doch wenig Mut. Seinen Käfig kennt er in- und auswendig.«

Und nun die Überraschung: Frau Sommer sieht erst gar nicht, dass die Käfigtür weit offen steht, und erst als der Counselor sie darauf hinweist, nimmt auch Frau Sommer diese »Freiheit« wahr.

Frau Sommer wird gebeten, bildhaft auszuprobieren, wie es ist, wenn der Panther den Käfig verlassen hat. Sie überlegt lange, und dann schneidet sie ihn vorsichtig aus, dreht ihn herum. Sie greift nach der schwarzen Farbe, er bekommt ein schwarzes Fell und wird außerhalb des Käfigs platziert – und dort bleibt er auch während des weiteren Lernprozesses.

Frau Sommer ist symbolisch aus ihrem Käfig heraus, doch sie weiß, sie kann jederzeit zurück in die Sicherheit des Käfigs. Und dieser symbolisch-geschickte Akt beginnt sofort mit Wirkungen in der Realität, denn Frau Sommer ändert sich tatsächlich: sie verkleinert ihr Arbeitspensum bereits in den kommenden Wochen, und sie nimmt sich wieder mehr Zeit für ihren Sport.

Bild 151: Frau Sommers Panther ist frei

In der letzten Stunde, in der der gesamte Coaching-Prozess reflektiert wird, liegen alle Bilder aus. Ohne Selbstvorwurf benennt Frau Sommer jetzt erneut das langjährige Festhalten an den alten Mustern aus der Ursprungsfamilie und dann auch die neu gewonnene Fähigkeit, sich die Sicherheit des Käfigs zu erhalten und jederzeit die Möglichkeit zu haben, nach draußen in die Freiheit zu gehen und auch wieder zurückzukehren. Eine sehr geschickte Lösung.

5.6 Wegweiser zur Kraft von Loslösung und Erneuerung

Eigenständigkeit entwickeln

In der Phase der Erneuerung geht es darum, die Verantwortung für die eigene Rolle im Leben zu übernehmen. Dazu gehört es, Ja oder Nein sagen zu dürfen. Es ist Aufgabe, ganz konkrete Perspektiven für die spätere Orientierung zu finden. Dazu gehört die Planung und Umsetzung privater und beruflicher Ziele. Elterliche Unterstützung macht den Weg einfacher und klarer.

Tafel 31 *Botschaften zur Kraft von Loslösung und Erneuerung* (nach Pamela Levin)

Es ist in Ordnung, allein zu sein.
Meine Liebe begleitet dich überall hin.
Es ist in Ordnung, wenn du sexuell bist,
und es ist in Ordnung, einen Platz unter Erwachsenen einzunehmen und erfolgreich zu sein.
Du darfst für deine eigenen Bedürfnisse, Gefühle und Verhaltensweisen verantwortlich sein.

Praxis-Feldstudie 35 *Horst übersteht einen Schicksalsschlag*

Horst stammt aus einer einfachen, bodenständigen Familie. Sein Vater war Facharbeiter, die Mutter ohne Beruf. Er selber hat nach der Lehre ein Studium gemacht und abgeschlossen.

Zusammen mit seiner Frau hat er den mittelständischen Betrieb des Schwiegervaters übernommen. Horst ist ein guter Fachmann. Er war immer im Betrieb, und seine Frau hat in den zurückliegenden Jahren schwerpunktmäßig die Rolle der Hausfrau und Mutter übernommen und die drei Kinder aufgezogen.

Horst wirkt unsicher, er sagt lieber »man« statt »ich«. Außerdem vermeidet er es, sein Gegenüber anzusehen. Er äußert den Wunsch, sich weiterzubilden, um den Anforderungen des Marktes gewachsen zu bleiben.

Als er zum Coaching kommt, hat er gerade eine schwere Belastungssituation erlebt. Seine Schwester, die im gleichen Ort wie die Eltern lebt, hat einen schweren Autounfall und liegt im Koma. Die Eltern sind im Schockzustand, Horst übernimmt die Verantwortung für das Abschalten der lebenserhaltenden Maschinen. Heute hat er deshalb Schuldgefühle, obwohl sein Kopf ihm sagt, dass seine Entscheidung unumgänglich war.

Eine erste Arbeit mit Früh-Erinnerungen bringt uns an die Grundmuster der Ursprungsfamilie. Der für ihn markante Satz ist für ihn wie ein Auftrag »Dräng Dich nicht vor! Warte bis Du an der Reihe bist!« Mit seiner aktiven Rolle im Krankenhaus hat er eindeutig gegen diesen Auftrag verstoßen, und er wird auch prompt von Schuldgefühlen eingeholt.

Ihm wird auch klar, dass seine Selbstunsicherheit ihre Wurzeln in der Ursprungsfamilie hat. Nachdem wir die Belastungen, die mit dem Tod der Schwester verbunden sind, sortiert haben, rückt seine berufliche Situation in den Fokus.

Horst bekommt die Aufgabe, seine Situation zu skizzieren, er nennt das Bild »Im Laufrad«. Es stellt ihn selbst im Laufrad zwischen Mitarbeitern und Kunden dar, und dabei spielt das Thema Geld eine markante Rolle. Im Gespräch stellt er alle seine Kompetenzen infrage.

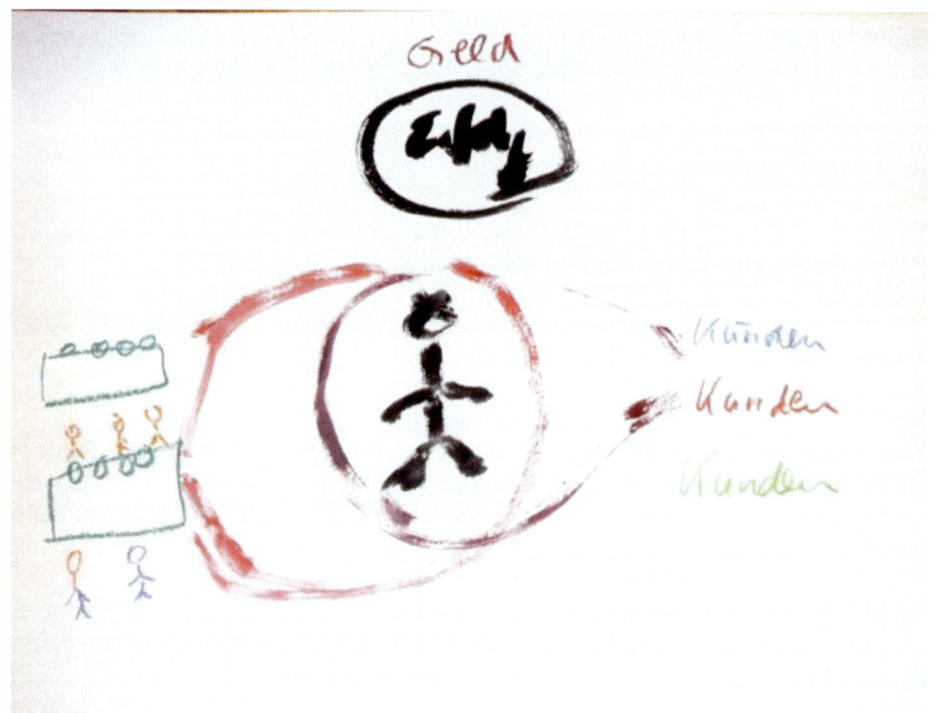

Bild 152: Horst im Laufrad

Auf Nachfragen berichtet er, dass die finanzielle Situation der Firma stabil ist, es genügend Aufträge gibt. Seine Angst hängt damit zusammen, dass er oft allein vor wichtigen Entscheidungen steht. Horst wünscht sich mehr Unterstützung durch aktive Mitarbeit seiner Frau. Für ihn ist es wichtig zu lernen, seinen Gefühlen und Bedürfnissen Raum zu geben. Und es ist außerdem wichtig, seine Gefühle und Bedürfnisse auch mit seiner Frau zu besprechen. Als er sie bittet, zu einem gemeinsamen Termin mitzukommen, ergibt sich daraus ein intensiver Austausch. Beide lernen, ihre Arbeitssituation neu zu gestalten.

An einem weiteren Termin geht es um Zielplanung. Auch hier wird wieder ein Bild gemalt. Es geht um mittelfristige Ziele und Visionen für die nächsten drei bis fünf Jahre. Auf dem Bild stehen Arbeit, Familie und Freizeit in ausgeglichenem Verhältnis zueinander – doch er fragt sich, wie er dahin kommen kann, dass es auch im realen Leben so ist und nicht nur auf seinem Bild. Ihm wird bewusst, wie sehr er in den letzten Monaten die positiven Seiten seines Lebens hat zu kurz kommen lassen.

Horst plant nun konkret, in den nächsten Wochen einen Tag pro Woche nicht im Betrieb zu verbringen. Er bespricht diesen Plan mit seiner Frau, und beide verabreden, dass sie dann zu Hause sein wird, sodass er Sport treiben, Radfahren und auch mit den Kindern zusammen sein kann. Es gelingt ihm mit ihrer Unterstützung, diesen Plan tatsächlich umzusetzen.

Bild 153: Horsts Vision

Daneben besucht er eine Rhetorik-Weiterbildung. In der Gruppe erkennt er, dass er trotz einiger Schwachpunkte ganz gut dasteht, dass auch andere nicht perfekt sind. Sein Auftreten wird sicherer, und statt »man« heißt es jetzt »ich« bei ihm. Er kann über seine Anliegen und Bedürfnisse reden – und dabei Augenkontakt halten. Ganz bewusst übernimmt er seinen Teil der Aufgaben eines Geschäftsführers in Partnerschaft mit seiner Frau.

Als Horst zur Abschlussreflexion kommt, zeigt sich, dass seine Situation von Arbeit, Familie und Freizeit tatsächlich ausgeglichen ist – wie auf dem Bild. Er hat gelernt, dass Angst zum Leben dazu gehört, und dass er seine Gefühle und Bedürfnisse wahrnehmen darf.

5.7 Wegweiser zur Kraft des Recycling

Lernen, sich Herausforderungen zu stellen und dabei situativ alle Entwicklungskräfte zu nutzen

Im Erwachsenenleben macht es die positive Erkenntnis »Jetzt ist meine Zeit« möglich, das eigene Leben aktiv zu gestalten, die Verantwortung für Beruf und Partnerschaft zu entwickeln und zu erhalten.

Auch dann kann es immer wieder dazu kommen, sich blockiert und nicht mehr handlungsfähig zu fühlen, bedingt durch psychodynamische Wirkungen aus der eigenen Biografie und/oder Ereignisse aus dem aktuellen Lebenskontext.

Beim Counseling finden wir dann in den Problemsituationen Verhaltensweisen, die auf frühe und heimliche Aufträge aus der Herkunftsfamilie zurückgehen. Solche Aufträge wirken im Erwachsenenleben selten konstruktiv, und sie führen noch seltener zu guten Lösungen für die anstehenden Aufgaben.

Tafel 32 *Botschaft zur Kraft des Recycling* (nach Pamela Levin)

Jetzt ist meine Zeit.
Ich darf alle meine Fähigkeiten situativ nutzen.

Hier setzen wir mit unserem Coaching an, diese Kraft neu und im direkten Bezug zu einer der vorangehenden Entwicklungskräfte so zu stärken, dass die Klienten ihr Lebenskonzept situativ neu überprüfen und lernen, es bewusst selbst in die Hand zu nehmen anstatt sich von heimlichen Aufträgen aus Kindertagen (fehl-)leiten zu lassen.

Praxis-Feldstudie 36 *Sven macht seinen Traum wahr*

Wir erinnern uns an den fünfjährigen Sven aus der Nachbarschaft. Eines Tages zieht er mit seinen Eltern weg und ist uns aus dem Blick geraten. Fast 30 Jahre später steht er vor der Praxistür des Counselors und sagt: »Ich habe gehört, was Du machst. Ich brauche einen Termin bei Dir.«

Sven hat inzwischen ein Studium erfolgreich absolviert und ist nun Studienrat für Mathematik und Physik. Er ist verheiratet und hat zwei Söhne, die im Fußballverein spielen. Beim Wort Fußball leuchten seine Augen. Der Trainer der Jungen ist erkrankt, und jetzt hat man Sven gefragt, ob er die Mannschaft in der Zwischenzeit trainieren möchte, damit die nächsten Spiele gut vorbereitet werden können. Er kennt alle Jungen aus der Mannschaft, weil er bislang seine Kinder immer zum Training begleitet hat. Sven hat inzwischen auch ein Probetraining gemacht, und das hat ihm Freude gemacht. Dennoch sind da ganz starke Bedenken in ihm wie eingemeißelt. Werden da die alten Glaubenssätze aus seiner Kindheit deutlich?

Mittels der spontan eingeholten Früh-Erinnerung kommt Sven mit tiefer Traurigkeit in Kontakt, und er braucht einige Minuten, bis er wieder sprechen kann. Seine Stimme ist bedrückt: »Ich habe etwas Ernsthaftes gemacht, Mathe und Physik studiert. Das sind ja beides auch sehr interessante Fächer, und sie werden mit Sicherheit immer gebraucht, doch eigentlich wollte ich Sport studieren und Trainer statt Lehrer werden. Ich war auch schon an der Sporthochschule eingeschrieben, doch meine Mama war dagegen. ›Ernsthaft‹ und ›Sicherheit‹, diese Worte kamen ziemlich häufig in ihrem Wortschatz vor.« Sven verstummt.

Er wird jetzt eingeladen, eine Vision zu malen: »Was ich in den nächsten Monaten gerne tun würde.« Nach kurzem Zögern greift er zum Pinsel und malt mit schnellen Strichen sein Bild. »Es geht los!« sagt er. Seine Augen glänzen.

Erfolg ohne Traum, ohne Vision ist nicht möglich! In den darauffolgenden Coaching-Terminen wird die Umsetzung der Vision realitätsgerecht; »es geht los« findet tatsächlich statt.

Sven hat zurückgefunden zu einem befriedigenden Lebenskonzept. Ein paar Monate später kommt eine E-Mail von ihm: »Wir sind Vizemeister!«

Bild 154: Svens Umstrukturierungs-Botschaft

Gemeinsam in Frieden

Kleister und Finger
Erlebnis von früher
Finger und Farben
Wovon Du auch träumst

Malen und Gleiten
Entgegengesetztes
Finger und Farben
Was immer Dir einfällt

Erzählen von Träumen
Bringt Abstand zu früher
Es ist ein Geschenk
Dass wir uns begegnen

Ein Ausgleich für Trümmer?
Loslösung nach Munk?
Die Seele ~ sie dankt's Dir
Gemeinsam in Frieden

Fats von Gerolstein

Psychotherapie gilt als heilkundlich definierte Behandlung von Krankheitsbildern der Psyche. Counseling ist pädagogisch-therapeutisch oder berufsbezogen angelegte Begleitung psychodynamischer, interaktioneller und struktureller Lernprozesse im Kontext von Erziehung, Bildung und Beratung.

6 100 Jahre Counseling-Geschichte in Kurzform

Als es auf das Jahr 2012 zuging und ich realisierte, dass die erste deutsche Ausbildungsstätte für Counseling, das IHP Institut für Humanistische Pychologie, 40 Jahre alt wird, kam die Frage auf, wie alt denn nun das Counseling überhaupt sei. Ich erinnere dabei gern an Fred Massarik, der mich einerseits zur Gründung des Institutes und der Deutschen Gesellschaft für Humanistische Psychologie (IHP und DGHP e.V.) motivierte, uns dann in den ersten 15 Jahren immer am ersten Montag eines jeden Monats für Supervision per Telefon zur Verfügung stand, hin und wieder als Kursleiter im Ausbildungsprogramm erschien und auch wissenschaftliche Recherchen voll und ganz unterstützte.

Als wir 1972 mit dem IHP begannen, da nannten wir das, was seit etwa 2000 auch in Deutschland offiziell als Counseling firmiert, Pädagogische Psychotherapie. Doch Fred Massarik, aus Wien vor den Nazis nach Los Angeles geflohen und dort amerikanisch sozialisiert, sprach immer schon vom Counseling mit seinen »Abteilungen« Consulting, Facilitating, Guidance, Supervision, Mental Health Counseling, Coaching und noch einigen anderen mehr.

Im Rahmen meiner Mitwirkung im »International Development Committee« der amerikanischen Gesellschaft für Humanistische Psychologie (AHP) stieß ich immer wieder auf den Namen Rollo May, und auch innerhalb der individualpsychologischen Ausbildung bei Lucy Ackerknecht kam dieser kalifornische Psychologe zur Sprache, weil auch er offenbar bei Alfred Adler gelernt hatte – und zwar im Wien der Jahre 1930 bis 1933. Zurück in Kalifornien war er dann derjenige, der als späterer Mitbegründer der Humanistischen Psychologie um Charlotte Bühler und Fred Massarik das erste pädagogisch-therapeutische Fachbuch über Counseling schrieb (»The Art of Counseling«) und dabei auch diesen Fachbegriff benutzte. Er bezog sich dabei fachlich vor allem auf das, was ihn in der Beratungskonzeption des Alfred Adler so inspiriert hatte.

Doch wie die Counseling-Geschichte in Kurzform zeigt, gab es tatsächlich auch schon vor Rollo May offizielles Counseling, und zwar im Feld der amerikanischen Fürsorge von Kindern und Jugendlichen, ausgehend von Frank Parsons systematisiertem Konzept der Berufung und berufsbezogenen Beratung und Begleitung.

Anhand der »Counseling-Geschichte in Kurzform« wird deutlich, dass es mehrere Jahre gibt, in denen sich »100 Jahre Counseling« feiern ließen. Doch wenn man dem geschichtlichen Rückblick inhaltlich das hinterlegen würde, was mit dem individualpsychologischen und dem humanistisch-psychologischen Menschenbild auf den Weg gekommen ist, so ließe sich der Übergang von 2012 auf 2013 als markantes Jubiläum des Counseling feiern – vor allem wenn wir zur Fachrichtung Counseling, ebenso wie die Amerikaner es tun, auch »vocational guidance«, also Beruf(ung)sberatung (Supervision) zählen.

Ich habe den geschichtlichen Abriss in unterschiedlichen Schriftfarben markiert: Das blau Geschriebene symbolisiert jene Linie, die aus Wohlfahrt, Fürsorge und Psychiatrie im Sinne von Seelenleben und berufsbezogener Beratung ins Leben gerufen wurde. Das schwarz Geschriebene bezieht sich auf die Entwicklung seit Alfred Adler, und das grün Geschriebene auf die Humanistische Psychologie als Grundlage des Counseling.

1800 Dorothea Lynde DIX advocates in the early 1800s for the establishment of institutions that would treat people with emotional disorders in a human manner. Dorothea Lynde DIX setzt sich für Institutionen ein, die Menschen mit psychischen Störungen auf menschliche Weise behandeln.

1870 Wilhelm Wundt gründet in Leipzig das erste Psychologie-Laboratorium zur Erforschung der Seele.

1883 Max Taube, Leiter der Leipziger Ziehanstalt, berät Pflegemütter unehelicher Kinder und entwickelt 1886 das System der Amtsvormundschaft.

1886 Gründung der »Psychological Clinic Lightner Witmer« an der University of Pennsylvania.

1902 Alfred Adler wird Mitglied in Siegmund Freuds Wiener Psychologischer Mittwochsgesellschaft, aus der später die Internationale Psychoanalytische Vereinigung entsteht.

1903 Cimbal eröffnet als Kriminalpsychologe eine heilpädagogische Beratungsstelle.

1906 Dr. med. Walter Fürstenheim eröffnet in Berlin die Medico-pädagogische Poliklinik für Kinderforschung, Erziehungsberatung und ärztlich-erzieherische Behandlung.

1907 Jessie B. Davies wendet als erster »Systematized Guidance« an.

1908 Frank Parsons, »The Father of Guidance«, gründet in Boston das Vocational Bureau, eine Berufungs- und Berufsbezogene Anleitungsstelle.

1909 Frank Parsons veröffentlicht das Buch »Choosing a Vocation« und verwendet darin den Begriff Counseling für das Feld der Berufung und berufsbezogenen Beratung und Begleitung (heute: Coaching Supervision).

1909 Eröffnung der ersten Child-Guidance-Clinic in Chicago.

1911 Alfred Adler initiiert den Verein für Freie Psychoanalyse.

1912 Alfred Adler wird 1. Obmann (Vorsitzender) dieses Vereins und beschäftigt sich wissenschaftlich mit der Beratungskonzeption, die später in »Heilen und Bilden« publiziert wird.

1913 Gründung der NVGA National Vocational Guidance Association, der ersten in den USA.

1913 Der Verein für Freie Psychoanalyse wird umbenannt in ÖPIP Österreichischer Verein für Individualpsychologie, in dem Beratung und Therapie gemeinsam vertreten sind, wie später in Rollo Mays Buch »The Art of Counseling« (1939/1989) und in »Die Kunst der Beratung« (1991) verdeutlicht wird.

1914 Alfred Adler gründet die Zeitschrift für Individualpsychologie (ZfIP).

1914 Alfred Adler publiziert »Heilen und Bilden« mit dem Ziel einer Auflösung der scharfen Grenzziehung zwischen Medizin und Pädagogik. Adler plädiert dafür, Phänomene des Lebensalltags als Ausdruck einer »zielgerichteten Einheit der Persönlichkeit« zu verstehen, die »in erfahrungsabhängiger Weise ausgebildet wird« und zeigt anhand von konkreten Beispielen immer wieder, in welcher Weise die Befassung mit der Biografie und der aktuellen Lebenssituation »hilft, aus individualpsychologischer Perspektive das Zustandekommen entsprechender Phänomene zu verstehen.«

1916 Dr. med. Walter Fürstenheim eröffnet in Frankfurt am Main die Jugendsichtungsstelle für Erziehungs- und Ausbildungsberatung.

1918 Alfred Adler installiert die erste Wiener Erziehungsberatungsstelle im Volksheim Ottakring (Volkshochschule); dort startet er auch die erste individualpsychologische Beraterausbildung. Im Laufe der folgenden Jahre entstehen in Wien rund 30 solcher Beratungsstellen.

1920 Alfred Adler entwickelt sein Modell zur Einbeziehung ganzer Familien in die Familien- und Erziehungsberatung: Er macht fast immer und von Beginn an alle Familienmitglieder zu seinen Gesprächspartnern.

1920 Die Münchener Ortsgruppe für Individualpsychologie installiert unter der Leitung des Neurologen Leonhard Seif eine Erziehungsberatungsstelle.

1922 Neuauflage von Alfred Adlers »Heilen und Bilden« mit einem Kapitel über Erziehungsberatung: »In der Familie entstanden, kann die Verwahrlosung durch die Familie nicht geheilt werden.«

1923 Gründung des Pädagogischen Instituts Wien, dessen Aufgabe es ist, zukünftige Lehrer mit (individual-)psychologischer Kompetenz auszustatten.

1924 Alfred Adler wird Professor für Pädagogik am neuen Pädagogischen Institut der Stadt Wien.

1924 Der Nervenarzt Fritz Künkel gründet die Berliner Ortsgruppe für Individualpsychologie.

1925 Zertifizierung der ersten Counselor in Boston und New York.

1927 Alfred Adler ist Gastprofessor an der Columbia University in New York.

1928 Sophie Freudenberg veröffentlich das Werk »Erziehungs- und heilpädagogische Beratungsstellen«.

1929 Abraham and Hanna Stone begründen das erste »Marriage & Family Counseling Center« in New York.

1929 Das Jugendamt Köln richtet eine Stelle für Erziehungsberatung ein.

1930 5. Internationaler Kongress für Individualpsychologie in Berlin mit mehreren tausend Teilnehmern.

1930 Rollo May reist nach seinem Studium von seiner Lehrtätigkeit am Anatolia College (Griechenland) nach Wien, um an Individualpsychologie-Seminaren von Alfred Adler teilzunehmen. Er bringt dessen Ideen nach Kalifornien und veröffentlicht dort 1939 das erste international genutzte Fachbuch zum Thema Counseling: »The Art of Counseling«.

1932 Alfred Adler wird Professor für medizinische Psychologie am Long Island College of Medicine.

1933 Abbau der Beratungsstellen in Deutschland durch die Nazis; zugelassen sind in Deutschland ausschließlich Erziehungsberatungsstellen mit nationalsozialistischer Orientierung; Träger ist die NSV Nationalsozialistische Volkswohlfahrt.

1933 Die Nationalsozialisten lassen Bücher vieler humanistischer Autoren verbrennen, darunter auch Alfred Adlers Schriften. Verhaftung und Emigration vieler Individualpsychologen.

1934 Das austrofaschistische Regime zerschlägt die Sozialdemokratie in Österreich; die Wiener pädagogische Beratungsinnovation endet in einem autoritären System.

1935 Alfred Adler emigriert in die USA.

1939 Rollo May publiziert in den USA »The Art of Counseling«, das als erste Veröffentlichung zum Fachbereich Counseling gilt. May wurde zu dieser maßgeblich durch Alfred Adler beeinflusst. Zurück von seinen Wiener Studienaufenthalten motivierten die kalifornischen Kollegen Rollo May dazu, seine Erfahrungen mit Alfred Adlers Konzept in ein Buch zu kleiden. Es ist auch auf Deutsch erschienen (»Die Kunst der Beratung«) und war das erste Fachbuch für beratende Berufe, das in Amerika erschien. Mit grundlegenden Informationen über die menschliche Persönlichkeit führt es in die empathische Begegnung als Schlüssel von Beratungsprozessen ein. Zudem wird die Persönlichkeit des Beraters und die Bedeutung der Religion für die seelische Gesundheit erörtert.

1940 Die NSV Nationalsozialistische Volkswohlfahrt installiert Erziehungsberatungsstellen zur Vorbeugung von Erziehungsschäden für »erbgesunde« Kinder. Damit wird die Ideologie der »Rassenhygiene« offiziell im deutschen Beratungswesen propagiert und praktiziert.

1940 Rudolf Dreikurs wird Herausgeber der Individual Psychology News, später umbenannt in Individual Psychology Bulletin.

1941 Carl Rogers publiziert in den USA das Werk »Counseling & Psychotherapy«.

1946 Wiedereröffnung des Wiener Vereins für Individualpsychologie von 1913 mit Birnbaum als Festredner.

1948 Gründung der Schweizerischen Gesellschaft für Individualpsychologie SGIP durch Dr. Louis und Wolfensberger.

1950 Haus Schwalbach-Installation des angelsächsischen Umerziehungsprogramms durch Magda Kelber: Haus Schwalbach verstand und lehrte Gruppenpädagogik als eine Form der bewussten Nutzung und Steuerung von Gruppenprozessen durch Pädagogen und unterschied auf diese Weise Gruppenpädagogik von der naturwüchsig verlaufenden Gruppenarbeit, die des Pädagogen nicht bedarf. Magda Kelber formulierte den pädagogischen Anspruch in acht Grundsätzen wie: Mit der Stärke arbeiten; anfangen, wo die Gruppe steht ... und sich mit ihr – ihrem Tempo entsprechend – in Bewegung setzen; Raum für Entscheidungen geben ... und notwendige Grenzen positiv nutzen; Zusammenarbeit mehr pflegen als Einzelwettbewerb; sich überflüssig machen; weniger durch traditionelle, persönliche Führungsmittel (Lohn und Strafe, Lob und Tadel) wirksam werden als durch das Gruppenprogramm.

1951 Gründung der BUKO Bundeskonferenz für Erziehungsberatung.

1952 Gründung der APGA American Personnel and Guidance Association; 1983 umbenannt in AACD American Association for Counseling and Development, 1992 umbenannt in ACA American Counseling Association (mit 17 Abteilungen für unterschiedliche Beratungsansätze).

1952 Gründung der ASAP American Society of Adlerian Psychology.

1954 Internationaler Kongress für Individualpsychologie in Zürich (Präsidentin Alexandra Adler).

1956 Die Weltgesundheitsorganisation WHO empfiehlt, je 45 000 Einwohner eine Beratungsstelle mit vier bis fünf Fachleuten zu installieren.

1957 Internationaler Kongress für Individualpsychologie in Oosterbeck (Präsidentin Alexandra Adler).

1960 Internationaler Kongress für Individualpsychologie in Wien (Präsidentin Alexandra Adler).

1961 Carl Rogers publiziert in den USA das Werk »On Becoming A Person«.

1962 Gründung der AHP Association for Humanistic Psychology durch Abraham Maslow, Carl Rogers, Charlotte Bühler, Rollo May, Virginia Satir, Fred Massarik u. a. als Protestbewegung gegen die Reduzierung der Psychologie auf naturwissenschaftlich-experimentelle Techniken und gegen die kausal-determinstische Auffassung vom Menschen: Start der Encounter & Personal Growth-Bewegung in den USA. Abraham Maslow mit seiner Entwicklungstheorie, Carl Rogers mit seinem personenzentrierten Beratungskonzept, Charlotte Bühler und Fred Massarik mit ihren Forschungsarbeiten über Lebensstil, Lebensziel und Verhalten in Kleingruppen, Rollo May und Virginia Satir als Bindeglied zu Alfred Adlers Ideen der Familien- und Erziehungberatung sind die ersten Schlüsselfiguren. Der Counselor wird im Rahmen der Humanistischen Psychologie verstanden als Anbieter einer wachstumsfördernden Beziehung. Es geht um Empathie (Einfühlen in das Erleben des Klienten), Akzeptanz (Verstehen wollen, worum es genau geht) und um Kongruenz (Übereinstimmung von Haltung und Handeln). Die Humanistische Psychologie ist unabhängig von allein medizinischen Vorstellungen. Sie hat einen emanzipatorisch aufklärerischen Fokus und versteht Beratung immer in Verbindung mit einem Bildungsauftrag.

1962 Gründung der AAG Alfred Adler Gesellschaft in München durch Prof. Dr. Metzger, Brachfeld und Seelmann.

1964 Konferenz in Old Saybrook, Connecticut: Hier werden wichtige Impulse zur Entwicklung der Humanistischen Psychologie mit Wissenschaftlern wie Rollo May, Clark Moustakas und James Bugenthal diskutiert. James Bugenthal wird später erster Preisträger des »Rollo May Award« in Saybrook.

1966 Lucy Ackerknecht gründet in Berkeley, Kalifornien das Western Institute for Research & Training in Humanics, kurz WIRTH. Es wird 1969 als Incorporation offiziell registriert. Das WIRTH wirkt von Beginn an international, so beteiligt sich Lucy Ackerknecht als ordentliche Professorin der John F. Kennedy University in Pleasant Hill, Kalifornien und Präsidentin der dortigen psychologischen Fakultät am 10. Internationalen Kongress der Internationalen Vereinigung für Individualpsychologie 1966 in Salzburg (Präsident: Dr. Kurt Adler). Aufgrund ihres Referates wird sie im Oktober 1967 von der deutschen AAG Alfred Adler Gesellschaft (namentlich von Dipl. Psych. Seeger und Prof. Dr. Metzger) eingeladen, Grundseminare für Psychotherapie und tiefenpsychologische Heilpädagogik in Münster und Aachen durchzuführen.

1968 folgen weitere Aufbauseminare und Ausbildungsgruppen für Berater und Psychotherapeuten. Lucy Ackerknecht war damit eine der ersten IP-Dozenten in Deutschland: Sie bildete neben dem emeritierten Studienrat Paul Rom (London) und Dr. Rudolf Dreikurs die erste Generation von individualpsychologischen Beratern und Therapeuten in Nachkriegsdeutschland aus. Weitere bekannte Dozenten waren Prof. Dr. Metzger, Prof. Dr. Pauleikhoff und Dr. Mensen. Innerhalb des Vorstandes der AAG Alfred Adler Gesellschaft wirkt Lucy Ackerknecht gemeinsam mit Erik Blumenthal. Es werden regionale Arbeitskreise gebildet und erste zentrale Ausbildungsrichtlinien erarbeitet.

1968 Charlotte Bühler und Fred Massarik publizieren in den USA »The Course of Human Life. A Study of goals in the Humanistic Perspective«, 1969 unter dem Titel »Lebenslauf und Lebensziele. Studien in Humanistisch-psychologischer Sicht« auch auf deutsch erschienen.

1969/ 1970 Gründung der DGIP Deutschen Gesellschaft für IndividualPsychologie, entstanden durch die Umbenennung der AAG Alfred Adler Gesellschaft. Lucy Ackerknechts Engagement auf zwei Kontinenten lässt ihr nach der Gründung der DGIP keine Zeit für weitere Vorstandsarbeit in der DGIP, doch sie arbeitet viele Jahre als Dozentin für einzelne Regionalkreise, ist als Lehranalytikerin und Prüferin tätig. Auch in der Schweiz wirkt sie als Gastdozentin. So pendelt sie in diesen Jahren zwischen ihrem amerikanischen Ausbildungsinstitut WIRTH in den USA und Europa und gründet 1977 in Köln eine Niederlassung ihres Instituts.

1971 Gründung des HPI Humanistic Psychology Institute in San Francisco; es wird später zu Ehren der Konferenz von 1964 umbenannt in Saybrook Graduate School and Research Center, wobei die Konferenzdozenten von 1964 Mitglieder des Lehrkörpers der neuen Universität werden. Installation des ersten M. A.-Studienganges in Humanistic Psychology durch Dr. Eleanor Criswell und Dr. Thomas Hanna.

1972 Gründung des IHP Institut für Humanistische Psychologie in Eschweiler durch Klaus und Dagmar Lumma, später mit Beteiligung der Familien Gerhard und Annegret Kern, Detlef Braun und Doris Niepalla und supervidiert durch Fred Massarik, Lucy Ackerknecht, John Brinley und Ruth C. Cohn. Aufbau dreijähriger Weiterbildungsgänge mit anschließender Graduierung (erst pädagogische Psychotherapie, dann ab 2000 unter dem Counseling- Begriff) in unterschiedlichen Verfahren der Humanistischen Psychologie: Gestalttherapie und Orientierungsanalyse, Kunst- und Gestaltungstherapie, Supervision und Coaching, Systemische Beratung (vormals Familientherapie). Schirmherr des Instituts ist der englische Pädagoge Alexander Sutherland Neill, der schon sehr früh Schülerberatung an seiner privaten englischen Summerhill School praktizierte. Neill hatte selbst eine vegetotherapeutische Analyse bei Wilhelm Reich absolviert, um seine hemmenden Persönlichkeitsanteile konstruktiv zu bearbeiten, und er wandte in seinen »private lessons« ein Konzept der Berufungs-Beratung (vocational guidance) an, das dem von Frank Parson aus dem Jahre 1909 ähnelte.

1977 Die von Berlin über Argèles, Frankreich nach Berkeley geflohene Adlerianerin Lucy Ackerknecht installiert in Köln die europäische Niederlassung ihres Western Institute for Research & Training in Humanics (kurz WIRTH, Hauptsitz in Berkeley). Sie setzt dort die bereits bei der DGIP begonnene Lehrtätigkeit fort, zudem auch in Argèles. Die deutsche Niederlassung des WIRTH betont ihr eigenständiges Wirken innerhalb der Adlerianischen Individualpsychologie. Lucy Ackerknechts Devise ist dabei: Therapeutisches Wissen sollte jedermann zugänglich gemacht werden, der es für sich persönlich und für seinen Beruf braucht – also auch den sogenannten »Laienberufen«. Therapeutisches Geschick sollte nicht nur den heilkundlich oder pädagogisch tätigen Berufsgruppen vermittelt werden.
Diese Devise ist identisch mit der des 1972 von Klaus Lumma gegründeten IHP Instituts für Humanistische Psychologie im Rahmen des Weiterbildungsgesetzes NRW. Aufgrund dieser konzeptionellen Übereinstimmung wird Lucy Ackerknecht vom IHP unter anderem für die Supervision der dort Lehrenden eingeladen. Klaus Lumma bringt bei ihr auch seine im Alfred Adler Institut in Aachen begonnene individualpsychologische Ausbildung zum Abschluss (MFCC Marriage, Family & Child Counselor) und arbeitet später bis zu ihrem Tod (1997) innerhalb der Bildungsurlaub-Seminare des IHP auch in Berkeley mit ihr zusammen (Tom Frazier-Seminar zu den Wurzeln der Humanistischen Psychologie).

1986 Aufbau des BVPPT, des Berufsverbandes für Beratung, Pädagogik & Psychotherapie – zunächst als Tochter des IHP, dann als selbstständiger eingetragener Verein.

1993 Lucy Ackerknecht unterstützt die Gründung des Tiefenpsychologischen Instititus für Persönlichkeitsentwicklung (tip e.v.) unter Leitung von Dr. Markus Jensch, Thomas Kopetzky und Bernd Kowol (Sitz: Düsseldorf).

1999 Klaus Lumma publiziert das Buch »Counseling, Theorie und Praxis der Beratungs-Pädagogik, Zur Neu-Orientierung pädagogisch-therapeutischer Interventionen in Bildung und Beratung.«

2004 Gründung der DGfB Deutschen Gesellschaft für Beratung – German Association for Counseling in Berlin.

2006 Gründung NfB Nationales Forum Beratung in Bildung, Beruf und Beschäftigung in Berlin.

Die beiden frühen Hauptwurzeln des Counseling werden an dieser Stelle kurz inhaltlich erörtert, zunächst der individualpsychologische Hintergrund der Konzeption von Alfred Adler, dann die Ideen von Frank Parsons zur Berufungsberatung (vocational guidance).

Alfred Adler

Sein Gedankengut lernte ich innerhalb der individualpsychologischen Ausbildung in Ehe- und Familienberatung (Marriage, Family & Child Counselor) bei Lucy Ackerknecht kennen, und ich beziehe mich hier inhaltlich bezüglich der Adlerianischen Konzeption in der Hauptsache auf Jürgen Fricks »Anmerkungen zur Aktualität der Individualpsychologie« (FflP, 36. Jg, Nr. 3/2011, Seite 217–237.) und in den oben aufgeführten geschichtlichen Bezügen bezüglich Lucy Ackerknecht auf die Aufzeichnungen unseres Kollegen Bernd Kowol, ihrem langjährigen leitenden Mitarbeiter in der deutschen Niederlassung des Western Institute for Research & Training in Humanics (WIRTH).

Die Individualpsychologie beschäftigt sich im Feld der Beratung mit der Psychodynamik und den Interaktionsmustern des Ratsuchenden und benutzt dabei folgende Begriffe: Verwöhnung – Geschwisterkonstellation – Ermutigung – Lebensstil – Finalität – Machtstreben – Lebensaufgaben – Gemeinschaftsgefühl.

Der Mensch wird aus Sicht Alfred Adlers grundsätzlich als entwicklungsfähiges und veränderbares Wesen beschrieben. Die Konstellation der Geschwister ebenso wie das Verhalten der Eltern und der anderen, frühen Bezugspersonen nehmen auf den heranwachsenden Menschen solchen Einfluss, dass er sich aus diesen beiden Komponenten heraus affektlogisch unbewusst für einen ganz bestimmten Lebensstil (Script würde Eric Berne dazu sagen) entscheidet. Auch nehmen diese beiden Faktoren großen Einfluss auf die Entwicklung von Gemeinschaftsgefühl, Geltungs- und Machtstreben. Grundsätzlich erkennt Alfred Adler des Menschen Handeln immer als geprägt eben vom unbewusst gewählten Lebensstil und der darin angelegten Finalität, dem Ausgerichtet-Sein auf ein ganz bestimmtes Ziel – schlicht gesprochen auf Erfolg oder Misserfolg.

In der individualpsychologischen Beratung werden mit Rücksichtnahme auf die genannten Komponenten Entwicklungsaufgaben gestellt, die zum Ziel haben, aus

Verwöhnung entstandenes, überzogenes Macht- und Geltungsstreben zu begrenzen, Ansprüche an sich selbst (elterliche Einschärfungen/Antreiber) herunterzuschrauben, Selbstzentrierung abzubauen, ein Gefühl für die Notwendigkeit von Gemeinschaft zu erkennen und Leben in Gemeinschaft anzustreben.

Erinnerungen und Träume werden in der Beratung als wichtiges »Kapital« des Klienten erkannt, weil sie die besten Daten bezüglich der Haltung zur aktuellen Lebenssitituation (Hier und Jetzt), Finalität und zum Gemeinschaftsgefühl, bzw. Macht- und Geltungsstreben beinhalten.

»Was treibt den Menschen, was ist seine Melodie des Lebens, wie geht er mit den Herausforderungen, den Anforderungen des Lebens um, wie antwortet er? Der Lebensstil bildet die konkreten Erfahrungen, Meinungen, auch Fiktionen und Ziele des Individuums ab, in ihm sind sozusagen Vergangenheit, Gegenwart und Zukunft erhalten.« (Jürg Frick 2011, Seite 230)

Frank Parsons

Während Alfred Adler seine Beratungsideen primär aus der Medizin heraus entwickelte, kommt das Konzept des US-Amerikaners Frank Parsons grundsätzlich aus interdisziplinärem Denken heraus. Parsons war sowohl Ingenieur als auch Sozialreformer, Erziehungswissenschaftler und Jurist. Er nannte sein Beratungskonzept Berufungsberatung (vocational guidance – career guidance), wandte es erstmals 1905 in der Stadtverwaltung von Boston an und gründete wenig später das erste Bureau of Vocational Guidance. Man beachte, dass es hier nicht Beratungspraxis heißt, sondern Büro, von dem aus der Klient »an die Hand« genommen wird. Von diesem Büro aus trainierte er Counselor und Manager des YMCA (Young Men Christian Association), und einige Jahre später wurde seine Konzeption zum Grundstein der ersten Counselor-Zertifizierung an der Harvard University. Sein Buch »Choosing a Vocation« (»Eine Berufung wählen«) wurde 1909, ein Jahr nach seinem Tod, publiziert.

Sein Konzept ist pragmatisch und einfach:

1. First, a clear understanding of yourself, aptitudes, abilities, interests, resources, limitations, and other qualities (die psychodynamische Seite der Beratung)

2. Second, a knowledge of the requirements and conditions of success, advantages and disadvantages, compensations, opportunities, and prospects in different lines of work (die Tatsachen, auf die sich Beratung bezieht, Rahmenbedingungen, Anforderungen etc.)

3. Third, true reasoning of the relations of these two groups of facts (das rational-emotive Ausbalancieren der genannten beiden Gruppen im Beratungsprozess)

Zur Vorbereitung solcher dreistufiger Beratungsprozesse entwickelte Parsons einen persönlichen Analysebogen mit 116 ganz konkreten und zum Teil sehr persönlichen Fragen.

Parsons schreibt sinngemäß: Man kann kein Generalrezept für den Aufbau von Beratung geben; es gibt kein Rezept, das auf alle Fälle passt. Die Vorgehensweise muss grundsätzlich der persönlichen Situation des Kunden angepasst werden. Und in manchen Fällen ist es ratsam, wenn der Kunde durch Hausaufgaben auf ganz konkrete Fragen vorbereitet wird. Zu diesem Zweck habe ich einen Fragenkatalog entwickelt, bei dem sich zwar einiges wiederholt, der jedoch dem Ratsuchenden zu Hause schon dabei helfen kann, im Stile eines Selbststudiums herauszukristallisieren, wozu ganz konkret er die Beratung in Anspruch nehmen möchte, insbesondere wenn es um berufliche Entwicklungsthemen geht: Wahrhaftigkeit und Aufrichtigkeit zu sich selbst und zum Counselor sind für die besten Ergebnisse unabdingbar.

Erst bei meinen Recherchen über die geschichtliche Entwicklung des Counseling erfuhr ich von Frank Parsons und seinem hochqualifizierten, interdisziplinären Beratungskonzept, einem Konzept, das urtümlich pädagogisch-beraterisch und ganz ohne medizinisch-therapeutischen Bezug ist – das deute ich als wunderbare Synchronität, a wonderful coincidence. Was mich ganz besonders beeindruckt hat, das ist seine zeitlose und bereits 1909 ausgeprägte Counselor-Identität, die sich wie folgt ausdrückt:

»Der Fragebogen kann dazu beisteuern, sich selbst gut kennenzulernen und den Counselor allein daraufhin zu konsultieren, zu beantworten, was Ihnen nach dem Aufspüren der Selbst-Einsichten noch unklar ist. Fragen, die Sie selbst beantworten können, sollten Sie dem Counselor nicht mehr stellen, denn damit behindern Sie die Weiterentwicklung Ihrer Person: sie machen sich kleiner, als Sie es sind.

Vergleichen Sie sich (auch im Detail) mit Personen, die Sie bewundern und mit Personen, die Sie verabscheuen – und bemühen Sie sich darum, die Exzellenz der ersteren zu entdecken und die Fehler der letzteren zu vermeiden.«

Einige Links zum Thema:

www.bvppt.de
www.ihp.de
www.counseling.org/resources
www.newworldencyclopedia.org/entry/Rollo_May
www.coachingplus.ch/documents/28AlfredAdler.pdf
www.counseling.org/resources/consumersmedia.aspx
www.dachverband-beratung.de
www.forum-beratung.de
www.dachverband-beratung.de
www.forum-beratung.de
www.counseling.org/AboutUs/OurHistory/TP/Home/CT2.aspx
www.ablongman.com/helpingprofessions/coun/ppt/other/historyofcounseling.ppt(darin: »A History of Counseling«: view a lifetime from 1907 till today of the counseling profession)

Der Rosenstrauch	**The Rosebush**
Als Rose erblüht ~ Deinen Stand Du begreifst, Sei froh, dass Du lebst, Dank Dir und den andern.	Blooming as a rose Understanding your life Be glad you're alive ~ Thank God and the others
Er wacht über Dich, Düngt Dich mit Wasser und Licht. Freut sich mit Dir und dem Duft. Es ist Deiner, sonst keiner. ET	He watches over you Gives rain and gives light He's keen on your fragrance It's you * The one & only ET
Im Herbst bist Du traurig. Der Winter bringt Ruh'. Die Knospen im Frühling bringen Duft für den Sommer.	In the fall you are sad Ev'ry winter brings Peace The buds of your springtime Make the odour of our summer

Fats von Gerolstein

Hot Stuff – Guter Boden

Ich forme den Ton
im Sinn meiner Schwingung
So gebe ich Ton an
Hot Stuff

Ich forme den Ton
im Sinn Deiner Schwingung
So gibst Du den Ton an in mir
Hot Stuff

Deine Schwingung – meine Resonanz
Sie zu kennen formt Liebe
in mir – in Dir – in uns
Hot Stuff

Meine Schwingung – Deine Resonanz
Unser Eros im Ganzen
in mir – in Dir – in uns
Millennium Stuff

Fats von Gerolstein

Literaturverzeichnis

Abilgaard, Pierre: »Takt und Taktgefühl« in Doris Tietze: Resonanz und Resilienz, Dresden (Hochschule für Bildende Kunst) 2008, Seite 57 ff.

Ackerknecht, Lucy K.: »Frühe Kindheitserinnerungen und ihre Bedeutung für die Lebensstilanalyse« in Zeitschrift für Individualpsychologie, 3. Jg. 1978, S.117–127.

Ansbacher, Heinz L.: »Adler's Interpretation of Early Recollections: Historical Account« in Journal Individual Psychology, 1973, Nr. 29.

Braak, Jens: Zufallstreffer – Vom erfolgreichen Umgang mit dem Unplanbaren, Zürich (Orell Füssli) 2011.

Brand, Katrin: Persönliche und berufliche Orientierung für Freiwillige im Sozialen Jahr, Eschweiler, IHP Manuskript 2013 G2.

Brinley, John, Freunde und Schüler: Wege der Gestalttherapie, Eschweiler (DGHP Jahrbuch) 1984.

Brinley, John: »Anmerkungen zur Kunst des Überlebens – ein autobiografisches Plauderstündchen«, in BRINLEY, John, Freunde und Schüler: Wege der Gestalttherapie, Eschweiler (DGHP Jahrbuch) 1984, S. 130–163.

Bühler, Charlotte/Massarik, Fred: Lebenslauf und Lebensziele, Stuttgart (Fischer) 1969.

Capra, Fritjof: Wendezeit, Bausteine für ein neues Weltbild, München (Scherz) 1983.

Cassou, Michele: Point Zero – entfesselte Kreativität. Frei und schöpferisch leben, Zwickau (Aurum) 2005.

Caspers, Claus: »Verwendung von Musik«, in Lumma + Knüdeler (Hrsg.): Medien für kreative Gestaltarbeit, Eschweiler (Lumma & Kern) 1984, S. 146–158

Counseling Journal: 99 Jahre Counseling. 12 Fragen an Dr. Klaus Lumma zu 99 Jahren Counseling, CJ 6, Mai 2012, Seite 8–10.

Cooper, J. C.: Illustriertes Lexikon der traditionellen Symbole, Wiesbaden (Drei Lilien) 1986.

Crutcher, Michael Eugene: Tremé · Race and Place in a New Orleans Neighborhood, Athens (University of Georgia Press) 1969.

Cyrulnik, Boris: Mit Leib und Seele. Wie wir Krisen bewältigen, Hamburg (Hoffmann & Campe) 2007.

Cyrulnik, Boris: Rette dich, das Leben ruft!, Berlin (Ullstein) 2012.

DeBono, Edward: The Use of Lateral Thinking, London (Cape) 1967.

DePree, Max: Leadership Jazz, The Art Of Conducting Business Through Leadership · Followership · Teamwork · Touch · Voice, New York (Dell) 1992.

Dammann, Gerhard/Thomas Meng (Hg.): Spiegelprozesse in Psychotherapie und Kunsttherapie, Göttingen (Vanderhoek & Ruprecht) 2010.

Emhardt, Erna/Margrit Tellenbach: Wie Gott die Welt erschaffen hat – Nach der biblischen Überlieferung erzählt, Herrsching (Schuler) 1979.

Farau, Alfred & Cohn, Ruth C.: Gelebte Geschichte der Psychotherapie. Zwei Perspektiven, Stuttgart (Klett-Cotta) 1984.

Floyd, Samuel A. Jr.: The Power of Black Music · Interpreting Its History From Africa To the United States, New York/Oxford (Oxford University Press) 1995.

Gardella, Lorrie Greenhouse: Louis Lowy, Socialwork through the Holocaust, Syracuse (University Press) 2011.

Gruhl, Monika: Die Strategie der Steh-auf-Männchen, Krisen meistern mit Resilienz, Freiburg (Kreuz) 2010.
Hammerer, Maria/Kanelutti, Erika/Ingeborg Melter (Hrsg.): Zukunftsfeld Bildungs- und Berufsberatung. Neue Entwicklungen aus Wissenschaft und Praxis, Bielefeld (Bertelsmann) 2011.
Hampe, Ruth/Peter B. Stalder (Hg.): Multimodalität in den Künstlerischen Therapien, Berlin (Frank & Timme) 2011.
Heimes, Silke: Kreatives und therapeutisches Schreiben. Ein Arbeitsbuch. Göttingen: (Vandenhoeck & Ruprecht) 2008.
Heimes, Silke: Schreib es dir von der Seele. Kreatives Schreiben leicht gemacht. Göttingen: (Vandenhoeck & Ruprecht) 2010.
Heimes, Silke: Warum Schreiben hilft. Die Wirksamkeitsnachweise zur Poesietherapie, Göttingen (Vanderhoek & Ruprecht) 2012.
Heller, Jutta: Resilienz. 7 Schlüssel für mehr innere Stärke, München (Gräfe und Unzer) 2013.
Herr, E. L.: »Career development and mental health«, in: Journal of Career Development, 1989, No 16, page 5–18.
Herr, E. L./Cramer, S. H.: Career guidance and counselling through life-span, New York (Harper Collings) 1996.
Hesse, Hermann: Eigensinn, Autobiographische Schriften, Frankfurt (Suhrkamp) 1972.
Hillman, James: The Soul's Code. In Search of Character and Calling, Toronto, London (Bantham) 1997.
Hof, Kerstin: Kreatives Schreiben + Biografiearbeit, Hamburg (epubli) 2013.
Howard, Davis: Frank Parsons · Prophet Innovator Counselor, Chicago (Southern Illinois University Press) 1969.
Hüther, Gerald/Christa Spannbauer (Hrsg.): Connectedness. Warum wir ein neues Weltbild brauchen, Bern (Huber) 2012.
Jacobi, Jolande: Vom Bilderreich der Seele – Wege und Umwege zu sich selbst, Olten (Walter) 1969.
Janson-Michl, Cornelia: Gestalten, Erleben, Handeln, Handbuch für kreative Gruppenarbeit, München (Pfeiffer) 1980.
Jucker, Emil: Baumtest, im Buch Karl Kochs angesprochen, doch die genaue Quelle ist nicht auffindbar.
Koch, Karl: Der Baumtest. Der Baumzeichenversuch als psychodiagnostisches Hilfsmittel, Bern (Hans Huber) 1986.
Köhler, Wolfgang: The Place of Value in a World of Facts, New York (Liverigth) 1938.
Krutte-Rüping, Monika: »Zur Wechselbeziehung von Kausalität und Finalität«, in Z. f. Indiv. Psych., Heft 4, 1984, S. 218–232.
LeDoux, Rev. Jerome G.: War Of The Pews. A Personal Account of St. Augustine Church in New Orleans, Donaldsonville (Margaret Media) 2011.
Leonhard, Hans-Walter: Pädagogische Menschenkunde. Deskiptive Phänomenologie des Fühlens, Denkens und Wollens, Weinheim/München (Juventa) 1996.
Leutkart, Christine/Elke Wieland/Irmgard Wirtensohn-Baader: Kunsttherapie – aus der Praxis für die Praxis, Dortmund (modernes lernen) 2004.
Levin, Pamela: Becoming The Way We Are, A Transactional Guide To Personal Development, Ukiah 1974.

Levoy, Grepp: Callings. Finding and Following an authentic Life, New York (Harmony) 1997.

Lumma, John Frederick: »Street and Jazz« · Aufsuchende Jugendarbeit in der Tradition des Tuba Fats am Beipiel der Social Aid and Pleasure Clubs von New Orleans, Bachelorarbeit Aachen (Katholische Hochschule NW) 2010, darin insbesondere das Kapitel »Die Second Line Kultur«, S. 30–45.

Lumma, Klaus (Hrsg.): Asco Mentalità – Kunst, Struktur- und Persönlichkeitsentwicklung. Halbjahrbuch Humanistische Psychologie 1/98, Eschweiler (IHP).

Lumma, Klaus (Hrsg.): Auf neuen Wegen. Halbjahrbuch Humanistische Psychologie 1/2000, Eschweiler (IHP).

Lumma, Klaus (Hrsg.): Counseling · Theorie und Praxis der Beratungspädagogik, Humanistische Psychologie Halbjahrbuch 1/99, Eschweiler (IHP Bücherdienst).

Lumma, Klaus: Die Teamfibel · Das Einmaleins der Team- und Gruppenqualifizierung, Hamburg (Windmühle) 1994.

Lumma, Klaus: »Orientierungsanalytische Aspekte aus der Verbindung von gestalttherapeutischen mit individualpsychologischen Arbeitshypothesen«, in Brinley, John, Freunde und Schüler: Wege der Gestalttherapie, Eschweiler (DGHP Jahrbuch) 1984b, S. 64–88.

Lumma, Klaus: Zur Begründung konfliktorientierter Erwachsenenbildung als Angebot pädagogisch-therapeutischer Interventionen im Kontext von Gruppen- und Einzelarbeit, Aachen (RWTH) Doctoral Dissertation 1986.

Lumma, Klaus: »PTSD Post-Trauma-Stress-Disorder Counseling in New Orleans«, in Ruth Hampe und Peter B. Stalder (Hg.): Multimodalität in den Künstlerischen Therapien, Berlin (Frank & Timme) 2011, S. 535– 544.

Lumma, Klaus/Michels, Brigitte, et al.: »Coaching von Teams & Einzelnen mit gestalterischen Mitteln«, in: Art & Grafic Magazine Nr. 26; Januar 2009.

Lumma, Klaus/Michels, Brigitte/Lumma, Dagmar: Quellen der Gestaltungskraft, Hamburg (Windmühle) 2009.

Lumma, Melanie: »Asco Mentalità – Ein orientierungsanalytisch-kunsttherapeutisches Seminarporjekt zum ressourcenorieniterten Arbeiten mit künstlerischen Werken und Früherinnerungen«, in Klaus Lumma (Hrsg.): Counseling Methoden in Aktion, Eschweiler (IHP) 2003, S. 36–55.

McLean, Paul: The Triune Brain in Evolution, Role in Paleocerebral Functions, New York/London (Plenum) 1990.

Mann, Christine/Schröter, Erhart/Wangerin, Wolfgang: Selbsterfahrung durch Kunst. Methodik für die kreative Gruppenarbeit mit Literatur, Malerei und Musik, Edition Sozial, Weinheim und Basel (Beltz) 1995.

Marsalis, Wynton: Sweet Swing Blues, Hamburg (Hoffmann & Campe) 1995.

Massaquoi, Hans J.: Neger, Neger, Schornsteinfeger! Meine Kindheit in Deutschland, Bern, München, Wien (Scherz – Fretz & Wasmuth) 1999.

Massarik, Fred: »Mentale Systeme«: Ein praktischer Ansatz einer Phänomenologie von Systemen, in Gruppendynamik 1983, S. 369–376.

Massarik, Fred: »Seeking Essence in Executive Mind: A Phenomenological View«, Working Paper, Los Angeles (UCLA) 1983.

May, Rollo: The Art of Counseling, 1939; zu Deutsch: Die Kunst der Beratung, Mainz (Matthias Grünewald) 1991.

Mayer, Christian: Mit Fokus-Karten zum Ziel – Ein Navigationssystem für Psychotherapeuten und Coaches, Paderborn (Junfermann) 2010.

McFarlane, Evelyn und James Saywell: Wie weit würdest Du gehen? Teste Deine Grenzen. Das Buch der provokativen Fragen, Bern & München (Scherz) 2001.

Menzen, Karl-Heinz: Grundlagen der Kunsttherapie, München (Reinhardt) 2004.

Michels, Brigitte: »Alle meine Farben« (Coaching und Multimodalität) in Ruth Hampe, und Peter B. Stalder (Hg.): Multimodalität in den Künstlerischen Therapien, Berlin (Frank & Timme) 2011, S. 545–553.

Michels, Brigitte/Lumma, Klaus: »Ein kleines Mädchen starr vor Angst. Drei Beispiele zur Reaktivierung der Identitäts-Kraft«, in: Art & Grafic Magazine Nr. 35; April 2011. Michels, Brigitte: »Bilder – Geschichten – Lösungen.Methoden der Kunst- und Gestaltungstherapie im Counseling«, in: Counseling Journal, Dezember 2012.

Michels, Brigitte/Lumma, Klaus: »Besuch bei den alten Meistern«, in: Art & Grafic Magazine Nr. 17, Oktober 2006.

Michels, Brigitte/Lumma, Klaus: »Der Panther verlässt seinen Käfig. Kunsttherapeutisches Counseling mittels Früherinnerungen«, in: Art & Grafic Magazine, Mai 2005.

Möller, Heidi: »Der Dialog im Coaching – ein metaphernanalytischer Zugang« in: Positionen · Beiträge zur Beratung in der Arbeitswelt, Kassel (kassel university) Ausgabe 1/2013.

Monti, Raffaele: Leonardo, London (Thames and Hudson) 1967.

Morgan, Gary: Bilder der Organisation, Stuttgart (Klett) 1996/2006.

Mosak, H. H./Kopp, R. R.: »The Early Recollections of Adler, Freud and Jung«, in J. Indiv. Psych., 1973, Nr. 29.

Museo Epper: Mischa Epper Quarles van Ufford 1901-1978, Ascona (Fondazione Ignaz & Mischa Epper) 1998.

Nestmann; Frank: »Anforderungen an eine nachhaltige Beratung in Bildung und Beruf. Ein Plädoyer für die Wiedervereinigung von Counselling und Guidance, in: Hammerer, Maria, Kanelutti, Erika und Ingeborg Melter (Hrsg.): Zukunftsfeld Bildungs- und Berufsberatung. Neue Entwicklungen aus Wissenschaft und Praxis, Bielefeld (Bertelsmann) 2011, S. 59–80.

Ostendorf, Berndt: New Orleans. Creolization and all that Jazz, Innsbruck (Studienverlag) 2013.

Papenek, H.: »The Use of Early Recollections in Psychotherapy«, in J. Indiv. Psych., 1972, Nr. 28.

Parsons, Frank: Choosing a Vocation, Boston (Houghton Mifflin) 1909.

Pöggeler, Franz: Erwachsenenbildung · Einführung in die Andragogik, Band 1: Handbuch der Erwachsenenbildung, Stuttgart (Kohlhammer) 1974.

Rampe, Micheline: Der R-Faktor, Das Geheimnis unserer inneren Stärke, Books on Demand, 2010.

Reddemann, Luise: Imagination als heilsame Kraft. Zur Behandlung von Traumafolgen mit ressourcenorientierten Verfahren, Stuttgart (Klett-Cotta) 2001/2006 12. Auflage.

Reddemann, Luise: Eine Reise von 1000 Meilen beginnt mit dem ersten Schritt. Seelische Kräfte entwickeln und fördern, Freiburg (Herder) 2004.

Reddemann, Luise: Überlebenskunst · Buch & CD mit Kantaten von J. S. Bach, Stuttgart (Klett-Cotta) 2006.

Rilke, Rainer Maria: Werke in drei Bänden, Frankfurt (Insel) 2000.

Roth, Gerhard: Fühlen, Denken, Handeln. Wie das Gehirn unser Verhalten steuert, Frankfurt (Suhrkamp) 2001.

Satir, Virginia; »Selbstwert und Kommunikation«, München 1975.

Scharmer, C. Otto: Theorie U – Von der Zukunft her führen – Presencing als soziale Technik, Heidelberg (Carl-Auer) 2009.

Schiff, Jacqui Lee/DAY, Beth: Alle meine Kinder, Heilung der Schizophrenie durch Wiederholen der Kindheit, München (Kaiser) 1980.

Schmeer, Gisela: Heilende Bäume, (Pfeiffer bei Klett-Cotta) 1990/2002, Leben Lernen 70.

Schmeer, Gisela: Das Ich im Bild. Ein psychodynamischer Ansatz in der Kunsttherapie, Stuttgart (Pfeiffer bei Klett-Cotta) 1998/2007, Leben Lernen 79.

Schmeer, Gisela: Kunsttherapie in der Gruppe. Vernetzung – Resonanzen – Strategeme, Stuttgart (Pfeiffer bei Klett-Cotta) 2003, Leben Lernen 160.

Schmeer, Gisela: Die Resonanzbildmethode. Visuelles Lernen in der Gruppe. Selbsterfahrung – Team – Organisation, Stuttgart (Pfeiffer bei Klett-Cotta) 2006, Leben Lernen 190.

Schmeer, Gisela: »Resonanz und Verfremdung – Unbewusstes und Absichtliches Ausscheren aus der Spiegelresonanz« in Gerhard Dammann/Thomas Meng (Hg.): Spiegelprozesse in Psychotherapie und Kunsttherapie,Göttingen (Vanderhoek & Ruprecht) 2010.

Schnell, Hans (Hrsg.: Wenn Worte fehlen, sprechen Bilder. Band 3: dafür & dagegen, München (Kösel) 1994.

Schottenloher, Gertraud (Hrsg.): Wenn Worte fehlen, sprechen Bilder. Band 1: Künstler als Therapeuten?, München (Kösel) 1994.

Schottenloher, Gertraud (Hrsg.): Wenn Worte fehlen, sprechen Bilder. Band 2: Reflexionen, München (Kösel) 1994.

Schulz von Thun, Friedemann: Miteinander reden: Störungen und Klärungen, Psychologie der zwischenmenschlichen Kommunikation, Reinbek (Rowohlt) 1981.

Sheldrake, Rupert: »Morphische Felder«, Doris Titze: Resonanz und Resilienz, Dresden (Hochschule für Bildende Kunst) 2008, S. 35.

Sickendick, U./F. Nestmann/F. Engel/V. Bamler (Hg.): Beratung in Bildung, Beruf und Beschäftigung, Tübingen (dgvt) 2007.

Spera, Keith: Groove Interrupted. Loss, Renewal, and the Music of New Orleans, New York (St. Martin's) 2011.

Super, D. E.: »A life-span, life-space approach to career development", in: Journal of Vocational Behavior, 1980 – No 16, page 282–298.

Super, D. E.: »A life-span, life-space approach to career development«, in: Brown, D./L. Brooks & Associates (Editors): Career choice and development, San Francisco (Jossey Bass) 1990, page 197–261.

Tannenbaum, Robert/Wechsler, Irving R./Massarik, Fred: Leadership and Organisation. A Behavioral Science Approach, New York (McGraw-Hill) 1961.

Teachworth, Anne: Why we pick the mates we do, New Orleans (Gestalt Institute) 1999.

Titze, Doris: Resonanz und Resilienz, Dresden (Hochschule für Bildende Kunst) 2008.

Titze, Michael: »Zur Finalität Sozialen Handelns«, in Z. f. Indiv. Psych., 1984, Heft 1 S. 30–40.

Tomalin, Elisabeth/Lumma, Klaus: Art Therapy · Gestalten und Lernen, Eschweiler (IHP) 2000.

Van Stegeren, W. F.: »Agologie: Entwicklung zu einer Handlungswissenschaft«, in Sozialarbeit/Travail Social 9, 1979, S. 2–9.

Völker, Ulrich: Humanistische Psychologie, Ansätze einer lebensnahen Wissenschaft vom Menschen, Weinheim (Beltz) 1980.

Von Troschke, Jürgen: »Gesundheits- und Krankheitsverhalten« in: Hurrelmann, Laaser (Hsg.): Gesundheitswissenschaften, Weinheim (Beltz) 1993, S. 155–175.

Watts, A. G./Kidd, J. M.: »Guidance in the United Kingdom: past, present and future«, in. British Journal of Guidance and Counselling, 2000 – No 8, page 351–357.

Watzlawik/Weakland/Fisch: Lösungen, Zur Theorie und Praxis menschlichen Wandels, Bern (Huber) 1974.

Welzer, Harald: »Die Revolution des ›Wir‹. Über die Sozialität der menschlichen Lebens- und Überlebensform«, in: Hüther, Gerald und Christa Spannbauer (Hrsg.): Connectedness. Warum wir ein neues Weltbild brauchen, Bern (Huber) 2012, S. 61–80.

Wieland, Elke/Kessler, Wolfgang: Plastisches Gestalten in der Kunsttherapie. Ton – Gips – Holz – Stein. Techniken, Methoden, Einsatzmöglichkeiten, Dortmund (modernes lernen) 2005.

Williams, Tennessee: Memoiren, Frankfurt (Fischer) 1977.

Wundt, William Maximilian: Erlebtes und Erkanntes, Stuttgart (Kröner) 1920.

Yetman, Norman R. (Editor): Voices From Slavery – 100 Authentic Slave Narratives, New York (Holt, Rinehart & Winston) 1970.

Zeig, Jeffrey K.; »Die Weisheit des Unbewussten«, Heidelberg 1995.

Verzeichnis der Gedichte

Verzeichnis der Bilder

Verzeichnis der Praxis-Feldstudien

Verzeichnis der Tafeln

Verzeichnis der Resilienz-Bildkarten

Alle genannten Bildkarten stehen unter www.ihp.de/resilienz-coaching-bild-karten zum kostenlosen Download bereit:

1 Inspiration
2 Feuerblume
3 Trompete
4 Boot
5 Harfe & Trommel
6 Fabelwesen
7 Mädchen & Herz
8 Mond & Turm
9 Lernen
10 Hund im Haus
11 Zentrierung & Bewegung
12 Komet
13 Figuren im Licht
14 Maske
15 Krone
16 Abstrakt
17 Königin
18 Schwimmer
19 Junge mit Auto
20 Häusergruppe
21 ICS mit Harfe
22 Wunder
23 Regen
24 Bunter Kreis

I’ve known the rivers

I’ve known the rivers
ancient as the world
And older than the flow of human blood
in human veins

My soul has grown deep like the rivers
I bathed in the Euphrates
when dawns were young

I build my hut near the CONGO
and it lulled me to sleep
I looked upon the Nile
and raised the pyramids above it

I heard the songs of the Mississippi
When Abe Lincoln went down to New Orleans

And I’ve seen its muddy bosom
Turn all golden in the sunset

I’ve seen the rivers
My soul has grown deep in the rivers

Langston Hughes

Die Autoren

Dagmar Lumma, Dr. Klaus Lumma und Brigitte Michels (v. l.)

Dr. Klaus Lumma, geboren am 11. Juni 1944 in Gerolstein: Studium der Anglistik, Philosophie, Musik, Pädagogik und Psychologie; Associate of the College of Preceptors (A. C. P., englisches Lehrerdiplom), M. A. und Doktor in Erziehungswissenschaften (Pädagogik, Philosophie, Musik). Gründer und Senior Advisor des IHP Institut für Humanistische Psychologie und der John-Brinley-Akademie. Begründer der Orientierungsanalyse, Marriage, Family & Child Counselor (MFCC, Kalifornien), Psychotherapeut (Österreich), Ausbildungsleiter und Lehrcounselor für Kunst- und Gestaltungstherapie bei der Akademie Faber-Castell, Senior Advisor der Kinder- und Jugendkunstschule Faber-Castell, Lehrbeauftragter für Teamentwicklung im Master-Studiengang »Kooperationsmanagement« der Katholischen Hochschule Nordrhein-Westfalen.

Brigitte Michels, geboren am 7. April 1943 in Hildesheim: Pädagogikstudium in Gießen und Braunschweig; verschiedene therapeutische Weiterbildungen: Ehe-, Familien- und Lebensberatung (VDPP), Rational-Emotive Therapie (DIREKT), Supervision, Psychoanalytisch-Systemische Führungskräfteeinzelberatung. Kunst- und Gestaltungstherapie bei Elisabeth Tomalin und Gisela Schmeer. Lehrcounselor für Kunst- und Gestaltungstherapie am Institut für Humanistische Psychologie e.V. (IHP) und an der Akademie Faber-Castell. Vorstandsmitglied und Lehrtherapeutin bei der DGKT. Praxis für Counseling/Beratung und Therapie, für Supervision und Coaching in Mettmann.

Dagmar Lumma, geboren am 12. Juni 1951 in Eschweiler: Counselor grad. BVPPT, Orientierungsanalytikerin, Grundberuf Röntgenassistentin. Ausbildung in Transaktionsanalyse, Gestalttherapie und Systemisch-Struktureller Familientherapie. Gründungsmitglied des IHP Institut für Humanistische Psychologie, Erste Vorsitzende IHP e.V., Leiterin der John-Brinley-Akademie, einer staatlich anerkannten Weiterbildungseinrichtung. Lehrtrainerin für die Counselor-Ausbildung am IHP und der Akademie Faber-Castell. Mitglied im Vorstand des Berufsverbandes für Beratung, Pädagogik und Psychotherapie (BVPPT).